U0382791

三维工程环境构建理论与实践

王国锋 刘晓东 刘 玲 张蕴灵 著

科学出版社

北 京

内 容 简 介

　　本书基于工程环境构建发展历程和三维工程环境构建应用背景,提出三维工程环境构建理论,从数据获取、数据处理、数据管理、三维工程环境构建等几个方面介绍三维工程环境构建的方法,形成基于三维工程环境的公路勘测及可视化管理成套技术,并通过具体工程案例介绍其在工程实践中的应用效果和社会经济效益。

　　本书可作为遥感及工程测量等相关专业本科生和研究生的参考教材,还可作为摄影测量与遥感、地理信息系统、工程测量等领域的研究人员和技术人员的指导书。

图书在版编目(CIP)数据

三维工程环境构建理论与实践/王国锋等著. —北京:科学出版社,2021.11
ISBN 978-7-03-033571-5

Ⅰ.①三… Ⅱ.①王… Ⅲ.①工程建设—环境管理—研究 Ⅳ.①X322

中国版本图书馆 CIP 数据核字(2012)第 024376 号

责任编辑:周 炜 梁广平/责任校对:杨 赛
责任印制:吴兆东/封面设计:蓝正设计

科 学 出 版 社 出版
北京东黄城根北街 16 号
邮政编码:100717
http://www.sciencep.com
北京建宏印刷有限公司 印刷
科学出版社发行　各地新华书店经销
*
2021 年 11 月第 一 版　开本:720×1000 1/16
2021 年 11 月第一次印刷　印张:16 1/2
字数:330 000
定价:118.00 元
(如有印装质量问题,我社负责调换)

前　　言

三维地形场景及其可视化是摄影测量与遥感、地理信息系统发展的前沿,高精度、高真实感的三维工程环境更是代表着工程测量的发展趋势。随着计算机科学、计算机图形学以及现代科学计算、虚拟现实技术的发展,三维工程环境构建逐渐吸引了越来越多的研究者。与此同时,我国工程建设逐渐向西部复杂地形区域倾斜,西部地区公路、铁路、水利等行业工程建设规模、难度越来越大,质量、效率、效益、环保的要求越来越高。二维工程建设环境是抽象的,数据获取手段单一、数据精度低、效率低、劳动量大、破坏环境。随着各种新型遥感和测量手段的应用,工程测量技术在数据获取方面取得了较大突破,数据获取效率和精度大大提高,但应用模式尚未成熟,数据挖掘的深度也远远不够。高精度三维工程环境的构建、可视化技术等是众多领域需突破的难题,只有通过多学科的融合和技术上的集成,才能解决三维工程环境构建,并在高精度、大场景三维工程环境的可视化上找到突破口,将三维地形应用于工程勘测,解决三维地形的可视化、真实性、可量测性等问题。

本书在已有技术发展的基础上,通过多年来的理论研究和大量的工程实践,提出三维工程环境构建的新理论,突破了基础数据采集、数字高程基础构建、高精度真三维工程环境构建、真三维公路智能设计、三维动态参数化建模等一系列关键技术,实现了高精度真三维工程环境构建理论和高精度真三维工程环境支持下的公路勘察设计成套技术,开创了工程勘察设计及建设管理的新模式。全书以三维工程环境构建为主线,理论与实际紧密联系,结构清晰,内容充实,极具研究价值。

本书介绍三维工程环境构建的原理、方法和应用。第1章为总体介绍,介绍工程环境构建发展历程和三维工程环境构建应用背景,并通过介绍三维工程环境构建方法引出全书主要内容。第2章和第3章为基础理论部分,第2章介绍几种高程基准、平面基准的理论与构建方法,第3章在分析已有三维工程环境基础数据类型的基础上,介绍工程基础地形数据获取、工程基础数据质量评价及控制。第4章针对三维工程环境,介绍模型设计方法、地形表达与建模方法以及工程模型的建模方法。第5章主要介绍如何存储与管理海量数据,以提高数据交互和显示效率,并介绍了几种数据的常用存储方案。第6章介绍当代计算机可视化理论和方法,并结合现有技术发展介绍两种常用三维图形技术以及实时渲染的编程方法,阐述虚拟三维工程环境平台的设计原理和构建方法。第7章和第8章分别介绍其在公路建管养一体化、智能交通、灾区公路勘察设计等交通领域的应用,以及平台构建的方法。第9章为应用前景分析。

　　本书在撰写过程中,集合中国公路工程咨询集团有限公司、武汉大学、浙江大学、中交宇科(北京)空间信息技术有限公司的各自优势,汇聚了各个专业的人才,同时,武汉大学张祖勋院士、李建成院士亲自给予了指导。本书由中国公路工程咨询集团有限公司王国锋研究员主笔,得到了浙江大学刘仁义教授、武汉大学闫利教授等国内知名教授的大力支持。在本书的写作和有关科研项目的研究过程中,中交宇科(北京)空间信息技术有限公司刘晓昕、孟庆昕、刘玲、许振辉、秦涛、刘士宽、刘兴虎、杨璇,中国公路工程咨询集团有限公司科研所张蕴灵、宋鹏飞、王小忠、赵晓峰等多位研究人员付出了辛勤的劳动。在本书完成之际,对所有给予关心和帮助的单位和个人表示衷心感谢。

　　在撰写过程中,作者深感知识的浩瀚和个人的渺小,但仍深信三维工程环境构建理论和方法在未来工程应用上必将取得重大进展,未来也必将有更多有识之士投入到这一领域中来。这些关键技术的突破,将带动工程测量技术从二维到三维甚至四维,从点信息获取到面信息获取,从静态到动态,从后处理到实时处理,从人工测量到无接触遥测,从周期观测到持续测量,测量精度从毫米级到微米级乃至纳米级。本书引用和参考了大量已经出版的论文、论著以及网络资料,在此向各位作者表示诚挚的感谢,如有引述错误或曲解之处,敬请予以谅解。

　　由于作者水平有限,书中难免存在疏漏之处,敬请同行专家和读者批评指正。

目　　录

第 1 章　三维工程环境发展概述

工程建设与工程环境紧密相连,二维工程环境过于抽象,且数据获取手段单一、数据精度低、效率低、劳动量大、破坏环境,迫切需要一种新型的工程环境来满足现代工程建设的需要。本章主要介绍从二维到三维工程环境的发展,从二维和三维工程环境构建技术及其发展历程,引出三维工程环境构建应用背景,并通过介绍三维工程环境构建方法引出全书主要内容,包括数据采集、数据建模、数据管理、可视化理论、虚拟场景构建以及质量评价等三维场景创建的理论和实践。

1.1　工程环境构建发展历程

俗话说"百闻不如一见",以图形的方式观察和认识客观事物,是人类最便捷的认知方式。人类所感受到的外界信息中有 80% 以上来自视觉,图形技术的重要影响由此可见一斑。真实三维环境重建和可视化表示,是地理信息工程领域,包括测绘、遥感(remote sensing, RS)和地理信息系统(geographic information system, GIS)等领域的研究热点之一。地理空间信息可视化是信息可视化中的重要技术,是把所有对象都置于一个真实的三维环境中,实现数据的可视化,实现真正意义上的"所见即所得"。可视化技术为记录现象、发现规律、预测结果提供了独到的方法。

所谓工程环境,即通过大量的数据建立起一种可视化的服务于工程建设的环境。相对于数据和文字,人们对图形图像具有更强的信息获取能力。海量数据通过可视化变成图像,可以更好地激发形象思维,找出数据中的规律,为科学发现、工程开发、业务决策等提供依据。例如,地质勘探,采集的地质数据都是离散数据,做分析时通常要把这些离散数据可视化。又如,城市规划,设计方案是零碎的、抽象的,缺乏对设计效果的直观感性表达。如果将方案可视化,无需很多的语言描述,就可以一目了然。众多领域和行业的现实需求形成了计算机表达工程环境的研究课题。该技术在城市规划、工程设计、环境保护、灾害防治、军事工程等领域受到广泛关注,吸引了相当多的研究人员投身其中。从现有可视化技术的发展来看,工程环境经历了从二维到三维发展的过程,本节主要介绍二维工程环境及三维工程环境的发展历程。

1.1.1　二维工程环境构建技术

20 世纪 80 年代末期至 90 年代中期,随着计算机图形学和 AutoCAD 等图形支撑软件的发展,计算机辅助设计(computer aided design,CAD)技术也从单纯的数值计算分析发展为图形交互式自动设计,开发出了集地形资料处理、工程费用计算、图形交互设计、断面自动设计等于一体的计算机辅助设计系统。通过在用户界面菜单操作就可以实现工程设计、工程费用计算、图形显示、数据修改和图形自动绘制。在此期间,随着现代勘测设计技术的迅速发展和测量仪器的现代化[1],地形信息数字化的困难也基本得以解决。但 CAD 电子文档数据在设计、审图、预算、施工各环节之间无法共享,结果的准确性因受阅图者主客观因素的影响而难以估计。

到 20 世纪 90 年代中期,国内已经能方便地获得可供计算机辅助设计使用的数字地形信息,现场设计部门在航测技术的研究与应用、计算机辅助勘测与设计,以及计算机辅助成图等方面均做了大量的研究与开发工作,已研制了一批实用软件。交通部组织实施的国家"九五"重点科技攻关项目"GPS、航测遥感、公路计算机辅助设计集成技术",基于国内已有的公路计算机辅助设计系统的水平和起点较高的硬件、软件平台,着重研究地形数据采集(如全球定位系统(global positioning system,GPS)、航测及数字测图、遥感、地面速测等)、工程数据库、系统的三化(集成化、可视化、智能化)、三维设计、动态仿真、高交互性等先进技术在公路设计领域内的应用,将我国的公路计算机辅助设计基础理论及实际应用推上了一个新台阶,大幅度提高了我国公路的勘测设计水平。以航测、遥感、物探技术等为主的工作模式已广泛应用于铁路前期勘测工作中,各种比例尺地形图、路线平面图、路线平纵断面图、纵横断面图,各种工点图、全线工程地质图,各种水文图件、施工布置图、砂石产地图等,都采用航测遥感方法以及计算机可视化成图。2003 年,中南大学道路与铁道工程研究所结合湖南省科委课题"公路数字地形图机助设计系统"开发了道路设计的动态实时的三维可视化系统,可以将三维可视化融入设计过程。

国内一些生产单位针对勘测设计中的三维景观模型的建立和浏览方法提出了直接支持设计成果数据的实现途径,主要可分成以下两类:一类是保持原有计算机辅助设计数据结构和文件组织方式,使用计算机辅助设计系统的二次开发工具对计算机辅助设计系统进行扩展,增加三维设计成果景观模型贴图和动态浏览的插件。这种方法的优点是将二维和三维设计及表现真正集成到同一平台[2],能借助商用计算机辅助设计系统获得很强的三维几何编辑能力,便于设计成果几何模型的修改,但由于受到计算机辅助设计系统本身数据结构的制约和二次开发能力的限制,很难生成真实感较强的景观模型,无法实现勘测信息与图形的关联查询、修改,另外还受到计算机辅助设计数据内存管理方式的影响,对大数据量地形和模型动态调度处理能力很弱。另一类是设计新的三维数据结构和场景组织方式,开发独立于计算机辅助设计系统的三维建模、浏览和分析应用平台,它把勘测设计的成果数据看成是外部数据源,依据勘测设计成果数字地面模型(digital terrain model,DTM)、平纵横断面数据进行设计成果三维景观模型的建立和浏览,从而生成设计成果的真实感景观模型。

空间信息技术、计算机技术的发展,为现实工程环境的模拟提供了更为有效的数据获取手段和管理模式;虚拟现实和可视化技术的发展,使二维工程环境逐渐向三维工程环境过渡,下面介绍三维工程环境构建技术。

1.1.2　三维工程环境构建技术

随着计算机硬件技术的不断进步,渲染技术、三维可视化技术已经从早期的理论研究中解放出来,开始广泛地应用到各行各业中,并创造出巨大的经济效益。三维工程环境是对真实地理环境的表达、模拟、仿真、延伸和超越,以计算机技术、可视化技术、多媒体技术和大规模存储技术为基础,运用 GIS 技术、RS 技术、GPS 技术等在计算机中对真实工程环境进行数字三维模拟,并可在此基础上进行虚拟仿真和三维分析[3]。因此,三维虚拟现实技术也越来越受到开发者们的关注。三维工程环境构建技术从数据采集、数据处理到三维虚拟场景建立主要包括如下技术:

第一,三维工程环境信息的获取。地理环境三维空间信息,是地理环境三维模型的展示,也是三维工程环境建设的基础工程,主要包括三维地形、地质、建筑物/工程数据以及地表纹理图像数据。工程环境三维空间信息可以应用于构建工程环境三维模型所需要的真三维的空间数据(包括平面位置、高程或高度数据)和真实影像数据(包括建筑物/工程顶部和侧面纹理)。所需获取的具体数据包括地形数据、数字化地图数据、建筑物/工程高度数据、航摄像片、地面近景照片以及纹理图片等,将其抽象,可以归为 4 大类:数字线划数据、影像数据、数字高程模型(digital elevation model,DEM)和地物的属性数据。其中,DEM 的获取途径有:① 直接使用已有二维 GIS 中的 DEM;② 通过数字摄影测量系统,处理航摄影像生成;③ 由机载激光扫描系统直接扫描并经后续处理得到;④ 用合成孔径雷达获取。

另外,GPS 是空间信息系统的空间数据的重要采集和更新手段之一。数字地图数据的获取可以通过地图数据采集的方法得到虚拟地理环境三维建模所需的数据。对基于扫描矢量化得到的数字地图处理,通过 CAD 软件可以完成一定的三维建模工作。

第二,通过 3S(RS、GIS、GPS)一体化技术建成新型的地面三维信息和地理编码影像的实时或准实时获取与处理系统,形成高速、高精度的信息处理流程。

第三,虚拟三维工程场景构建。主要包括 OpenGL(open graphics library)、智能化实时建模技术、数据仓库集成与数据挖掘技术等[4]。OpenGL 是开放式图形工业标准,是绘制高度真实感三维图形、实现交互式视景仿真和虚拟现实的高性能的开发软件包。智能化实时建模技术包括建模过程中的数字图形信息智能提取及优化、建模流程的智能化更新和随设计效果变化的自动建模。虚拟地理环境系统包含多种来自不同系统的数据(RS、GIS、大型科学计算结果、虚拟现实(virtual reality,VR)系统中的建模数据以及 Internet 数据等),单一的常规数据库技术远远满足不了大型的多源空间数据融合、集成、交互和信息提取,为满足大型应用要求,还可能需要利用数据仓库集成和数据挖掘技术。

1.1.3　计算机及可视化技术

三维工程环境的构建离不开计算机可视化技术。在 1987 年美国国家科学基金委员会报告中,将计算机可视化定义为通过研制计算机工具、技术和系统,把大量抽象数据转换为人的视觉可以直接感受的计算机图形图像,从而可进行数据探索和分析。

计算机可视化自 20 世纪 80 年代被提出以来,迅速发展成为一门新兴的学科,其理论和技术对地学信息的表达和分析产生了很大影响,这种影响可以归纳为两个方面:一方面是从技术层面上,将可视化技术与 GIS 技术相结合,促进 GIS 地学数据的图形表达;另一方面是在理论研究上,促进了地学研究的进展。下面就这两个方面对科学计算可视化与地学分析结合的研究情况做简单介绍。

1. 可视化技术对 GIS 的影响

当前计算机可视化侧重于研究复杂三维体的可视化,大型数据场的可视化和空间变化过程的可视化。而 GIS 从 20 世纪 60 年代发展以来,一直侧重于二维空间数据管理和二维可视化,缺乏高效、自动的三维空间数据的可视化工具,如无法有效表达地质体、矿山、海洋、大气等地学三维数据场,也无法有效表达海洋运动、大气运动等自然过程。可视化技术对三维体数据和数据场的研究可以弥补 GIS 在三维数据图形表达上的不足,推动三维 GIS 的发展。

2. 可视化理论对地学研究的影响

可视化与信息的交流、分析和认知理论受到地学界,特别是地理学家的高度重视。国际地图学协会(International Cartographic Association,ICA)在 1995 年成立了一个新的可视化委员会,并在 1996 年 6 月与国际计算机协会(Association for Computing Machinery,ACM)计算机图形专业组(Special Interest Group on Graphics,SIGGRAPH)合作,开始一个名为"Carto-Project"的研究项目,其目的是探索利用计算机图形学的进展把可视化方法有效地运用到地图学与空间数据分析上,促进科学计算可视化与地图学或地理学的连接。一些地学专家也从不同角度对可视化理论在地学中的地位和作用进行了探讨,并提出了探析地图学、地图可视化和地理可视化等理论,强调了可视化在人们与地学信息交流、认知分析和可视地学思维中的作用。可视化技术与虚拟现实技术的结合,受到了从事可视化技术研究和虚拟现实技术研究双方的重视。可视化技术为从复杂的抽象数据生成虚拟图形空间提供了可能,而虚拟现实系统先进的显示方式和多种用户交互途径则为可视化技术研究提供了理想的技术平台,特别是虚拟现实系统提供的多种交互手段,为可视化分析提供了理想的手段。

1.2　三维工程环境本质

在二维工程环境下,将 Z 值定义的表面投影到 (X,Y) 二维坐标系,因而只能处理二维平面上的信息,不能处理 Z 轴铅垂方向上的信息。例如,处理城市高层建筑群时,能描述二维平面上建筑物的地基边界,但却无法描述建筑物顶部高程及其复杂的空间形态,其本质上是基于抽象符号的系统不能给人以自然界的本原感受。随着应用的深入,高程信息显得越来越重要。虽然某些二维 GIS 已能处理高程信息,但它们并未将高程作为独立的变量来对待,而仅将其视作附属的属性变量,即将 Z 值定义的表面投影到 (X,Y,Z) 三维坐标系,并同时显示出三个坐标轴,它能模拟从某一特定点进行观察的效果,使三维对象看起来具有一定的真实感,被称为 2.5 维工程环境。

国内外一些 GIS 软件已经具有用 2.5 维模拟三维模型表面和三维景观模型的能力,但是它们只能显示一个单值面,在遇到一对 (X,Y) 值对应于多个 Z 值的情况时却无能为力。自然界中许多待研究的对象都是真三维的空间实体,如矿体、水体、建筑物等。对于这些真三维的实体或现象,无法在二维工程环境或 2.5 维工程环境中得以有效表达和处理,这使得 GIS 软件在环境、城市、矿山、交通等众多领域的应用受到很大限制。不断发展的许多需求如军事作战模拟、城市地下管道、高层建筑、立交道路等都需要真三维信息的支持。为此,人们开始考虑,必须在工程环境中定义三维空间坐标系 XYZ,即用一组 (X,Y,Z) 来表示一个空间位置,而不再像二维环境中那样用一组 (X,Y) 来表示一个空间位置;其中的 Z 值可以独立变化,而不再像 2.5 维工程环境中那样处于附属的地位。这样的工程环境称为三维工程环境。

三维工程环境,是指通过多源(地面、航空、航天)数据采集、融合,在室内 GIS 环境下实现海量异构数据的管理,构建高精度、可量测、真实的野外地表数据场景。在三维工程环境下,空间目标通过 X、Y、Z 三个坐标轴来定义,它与二维工程环境中定义在二维平面上的目标具有完全不同的性质。在二维工程环境中已存在的

0、1、2维空间要素必须进行三维扩展,在几何表示中增加三维信息,同时增加三维要素来表示体目标。通过三维坐标定义,空间目标的空间拓扑关系也不同于二维GIS,其复杂程度更高。因此,本书认为三维工程环境的本质特征在于,三维对象的空间坐标由(X,Y,Z)来表示,数学表示为$F=f(x,y,z)$。其中,Z与平面坐标(X,Y)一样,不再因平面投影而被作为属性(二维工程环境中通常将Z值作为高度属性)对待。

从二维工程环境到三维工程环境,虽然空间维数只增加了一维,但基于此既可以包容几乎所有丰富的空间信息,也可以突破常规二维表示形式的束缚,为更好地洞察和理解现实世界提供了多种多样的选择。尽管由此也面临大量更加复杂的问题,如数据量急剧增加、空间关系错综复杂、真实感实时可视化等,在空间上从二维表示到三维表示仍日益成为空间信息技术的主要发展方向之一。

1.3　三维工程环境构建应用背景

三维工程环境的构建过程主要包括空间数据模型建立、系统集成技术、空间分析和模型分析能力三个方面。

1.3.1　空间数据模型建立

三维工程环境的一个重要目标就是在虚拟空间中表达客观世界的地学现象和地学过程。由于客观世界中地学现象和地学过程的多样性和复杂性,三维工程环境构建涉及多方面的数据集成,需要采用较复杂的数据模型。下面从三维工程环境数据的多样性和三维工程环境数据模型两个方面介绍三维工程环境数据集成研究情况。

(1) 海量的空间数据。三维工程环境主要涉及以下几方面的数据:地表 DEM数据,为地表仿真提供基础高程数据;遥感影像数据,为真实地表仿真提供地表覆盖信息;河流、道路等矢量数据;房屋、桥梁等 CAD 模型数据,提供准确的位置信息;草地、树木、森林数据;纹理图像数据,为虚拟空间中的房屋、桥梁等人造设施提供逼真的外观;地质构造、不良地质体等工程地质信息;气象、水文、资源(如土壤、湿地和植被)、文化、人口等数据[5]。

(2) 三维工程环境数据模型。为了有效管理和分析三维工程环境中的各种数据,要求数据模型有很强的数据表达能力,能表达三维工程环境中的矢量数据、栅格数据,以及 CAD 模型数据等。三维工程环境数据模型不但要满足三维空间分析的需要,也要满足三维图形空间生成和管理的需要。应该说,当前还没有能满足上述要求的三维工程环境数据的模型,与之相近的是一些三维工程环境数据模型和自然环境仿真系统所使用的数据模型。

1.3.2 系统集成技术

当前三维工程环境系统集成还处在初级层次上,而且很大程度上受到底层数据模型的影响。三维工程环境系统正从三维可视化系统与 GIS 的松散结合发展到三维可视化系统与 GIS 的紧密集成,但离建立三维可视化系统与 GIS 一体化的三维工程环境仍有很大的差距。三维可视化与 GIS 的松散结合,是利用公用数据接口,通过动态数据转换器在三维可视化与 GIS 之间有限交换信息,三维可视化系统与 GIS 是松散的平行关系,用户在虚拟环境中执行的操作被翻译成对 GIS 空间数据库的操作传送到 GIS 中,由 GIS 完成操作,再将操作结果转换到三维可视化系统中提交给用户[6]。

三维可视化系统与 GIS 的紧密结合,是借助当前流行的面向对象的软件开发技术和组件式软件体系结构,通过对象间的互操作实现虚拟环境与 GIS 之间的信息流通,从而将三维可视化系统与 GIS 在软件上集成为一个整体。虽然这种方式在软件实现上是一体化的,但就其功能而言,目前还停留在数据共享阶段。

1.3.3 空间分析和模型分析能力

当前三维工程环境系统集成的功能主要体现在空间数据的图形表达上,空间数据的分析功能还很有限,特别是在虚拟空间中的分析功能非常有限,集成到三维工程环境中的分析模型更为罕见。将当前 GIS 的分析功能和建模能力转移到三维工程环境中,实现真三维环境下的空间分析和智能分析是当前三维工程环境系统发展的重要方向。另外,三维工程环境的专用分析功能的开发也受到重视。二维工程环境提供的一般分析功能包括空间对象的查询、检索以及部分基于地形图的空间分析等,需要实现三维环境下空间对象的专用分析功能。

1.4 三维工程环境构建方法

三维工程环境构建的前提是三维工程模型的建立,三维工程模型主要是地形和地物模型,这方面的研究已经取得了一些成果,如运用数学形态学、分形理论、小波理论等理论和方法对三维建模和数据结构进行优化和改进,利用先进的计算机可视化技术对实验、计算数据进行可视化实现,以及将大量的工作投入到三维显示的算法设计上面[7]。

三维工程环境构建框架如图 1-1 所示。

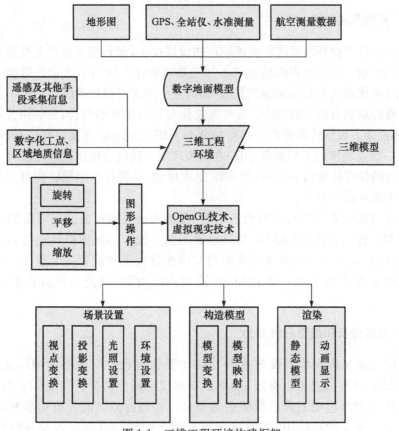

图 1-1　三维工程环境构建框架

在三维地形的生成及实时显示技术的研究方面,大致可以分为三类:

(1) 基于真实地形数据的地形生成及实时显示技术。这是实际工作中使用的最多的一类,目前,大多数是基于 DEM 来生成的,DEM 数据由规则网格地形上采样所得的高程值构成,然后与遥感影像数据相叠加,纹理影像在重构地形表面时被映射到相应的部位生成具有真实感的三维景观[8]。但是,对于大范围的 DEM,即使是在高性能的图形硬件平台上进行实时渲染,生成也是非常困难的,必须要对地形模型做必要的、适当的简化。Lindstrom 提出了实时连续细节层次高度场绘制算法,Duchaineauy 提出了实时优化自适应性地形生成算法,Hoppe 提出了基于视点相关递进网格的实时地形绘制算法,Blowa 提出了高细节的地形绘制算法等,这些算法都解决了一定问题,但都还需要进一步的研究和完善[9]。

(2) 基于分形技术的地形可视化。分形布朗运动(fractional Brownian motion,FBM)能有效表达自然界中许多非线性现象,是迄今为止能够描述真实地形的最好的随机过程方法,但其对地形的生成和可视化基本停留在"视觉上可以接受"上,没有同实际所需的地形地貌联系起来[10]。

（3）基于数据拟合的地形仿真技术。一类方法是由稀疏分布点的高程值构成一些简单的三角形平面,从而形成框架,并贴以纹理图像的方法。另一类方法则是注重根据地学图形数据的精确描述来进行真实地形的仿真的方法,如根据地形特征参数进行地形生成[11]。

在地形地貌及地物可视化建模方面,主要存在三种方法:

（1）利用现有商业软件,如 Skyline、MultiGen、Vega、IMAGIS、3DMAX 等,直接构建建筑物等地物的模型,并在该系统中实现三维工程环境的构建。

（2）基于 OpenGL 函数库和 Visual C++等可视化高级语言,直接从底层做起,模型搭建和系统功能都在自己编制的程序中实现。

（3）建筑物等复杂地物的模型在 CAD、3DMAX 等软件中制作,然后将模型转成 OpenGL 识别的数据类型,并在由 OpenGL 编制的程序中调用,实现城市地貌地物的虚拟仿真。

三维工程环境系统集成及构建涉及多种技术,包括计算机技术、传感器与测量技术、仿真技术、三维建模技术等,并且许多问题还需要开发人员解决。需采用的关键技术有:

（1）数据获取技术,指利用研究区域的基础资料,采用野外测量、地形图数字化、数字摄影测量与遥感[8]等方法,获取研究区域的地理数据,包括 DEM、数字线划地图（digital line graphic,DLG）、地质信息、建筑外表结构纹理数据等。三维源数据的数据模型及数据存储格式与获取方法、应用软件系统有关。

（2）三维实体快速建模技术,指根据采集到的数据,利用建模软件建立各种地理实体,如地形、建筑物、道路、水面、树木、草地等在虚拟现实系统中的模型[12]。

（3）可视化技术,建立真三维可视化工程环境,实现研究区域的真实环境再现以及场景中量测、分析功能[13]。

（4）接口技术,包括 DEM 数据、矢量数据的转换,虚拟现实系统的数据格式转为国家标准空间数据交换格式,以及国家标准空间数据交换格式转为虚拟现实系统的数据格式[14]。

（5）集成技术,将遥感、GIS、科学计算可视化系统、VR 系统进行集成[15-17]。

参 考 文 献

[1] 李德仁,周月琴. 空间测图:现状与未来. 测绘通报,2000(1):3-7.
[2] 卓亚芬,赵友兵,石教英. 实时地形绘制算法综述. 计算机仿真,2005,22(3):3-7.
[3] 刘占平,王宏武,汪国平,等. 面向数字地球的虚拟现实系统关键技术研究. 中国图象图形学报,2002,7A(2):160-164.
[4] 常燕卿. 大型 GIS 空间数据组织方法初探. 遥感信息,2000(2):28-31.

[5] 谭兵,徐青,周扬. 大区域地形可视化技术的研究. 中国图象图形学报,2003,8A(5):578-584.

[6] 骆剑承,周成虎,蔡少华,等. 基于中间件技术的网络 GIS 体系结构. 地理信息科学,2002,4(3):17-25.

[7] Moons T, Gool L V, Vergauwen M. 3D reconstruction from multiple images. Foundations and Trends® in Computer Graphics and Vision,2010,4(4):287-404.

[8] 张顺谦. 遥感影像三维可视化研究. 气象科技,2004,32(4):233-236.

[9] Ahl V, Allen T. Hierarchy Theory: A Vision, Vocabulary, and Epistemology. New York: Columbia University Press,1996.

[10] 林晖,龚建华. 论虚拟地理环境. 测绘学报,2002,31(1):1-6.

[11] 袁杰. 数字地形模拟-地形数据获取与数字地形分析研究. 武汉:武汉大学,2004.

[12] 张磊,黄金明. 三维规则数据场交互式可视化系统的研究与实现. 科技信息,2009,10:25-26.

[13] 唐泽圣,等. 三维数据场可视化. 北京:清华大学出版社,1999.

[14] 翟巍. 三维 GIS 中大规模场景数据获取、组织及调度方法的研究与实现. 大连:大连理工大学,2003.

[15] 王铮,丁金宏,等. 理论地理学概论. 北京:科学出版社,1994.

[16] 王军. 公路工程地质三维建模研究. 南京:东南大学,2006.

[17] 刘振平. 工程地质三维建模与计算的可视化方法研究. 武汉:中国科学院研究生院(武汉岩土力学研究所),2010.

第 2 章　三维工程环境基准构建原理

三维工程环境的构建基础是测绘基准的建立。测绘基准作为各类测绘活动的基础和支撑,是国民经济、社会发展和国防建设的重要基础。随着测绘技术的进步,国家基础设施信息化建设对测绘基准的需求和要求日益增长和提高,经济全球化和全球信息化也对国家测绘基准体系提出了与国际接轨的新要求,本书介绍一种基于大地水准面精化技术的现代测绘基准建立方法。本章介绍传统的测绘基准的概念、特征和我国目前的测绘基准。

2.1　传统测绘基准构建

测绘基准体系是国民经济、社会发展和国防建设的重要基础,主要包括大地基准、高程基准和重力基准。测绘基准是进行各种测量工作的起算数据和起算面,是确定地理空间信息的几何形态和时空分布的基础,是表示地理要素在真实世界的空间位置的基准,对保证地理空间信息在时间域和空间域上的整体性具有重要作用[1]。本节介绍传统测绘基准的概念及特征。

2.1.1　测绘基准的概念和特征

1. 测绘基准的概念

测绘基准包括所选用的各种大地测量参数、统一的起算面、起算基准点、起算方位以及有关的地点、设施和名称等。我国采用的测绘基准主要包括大地基准、高程基准、重力基准和深度基准[2]。

1) 大地基准

大地基准是建立大地坐标系统和测量空间点点位的大地坐标的基本依据[3]。我国大多数地区采用的大地基准是 1980 西安坐标系,其大地测量常数采用国际大地测量学与地球物理学联合会第 16 届大会(1975 年)推荐值,大地原点设在陕西省泾阳县永乐镇。2008 年 7 月 1 日,经国务院批准,我国正式开始启用 2000 国家大地坐标系,该坐标系是全球地心坐标系在我国的具体体现[4]。

2) 高程基准

高程基准是建立高程系统和测量空间点高程的基本依据。我国采用的高程基准为 1985 国家高程基准。

3) 重力基准

重力基准是建立重力测量系统和测量空间点的重力值的基本依据。我国先后使用了 57 重力测量系统、85 重力测量系统和 2000 重力测量系统，目前采用的重力基准为 2000 国家重力基准。

4) 深度基准

深度基准是海洋深度测量和海图上图载水深的基本依据。我国采用的深度基准因海区不同而有所不同，中国海区从 1956 年起采用理论最低潮面（即理论深度基准面）作为深度基准，内河、湖泊采用最低水位、平均低水位或设计水位作为深度基准。

2. 测绘基准的特征

1) 科学性

任何测绘基准都是依靠严密的科学理论、科学手段和方法经过严密的演算和施测建立起来的，其数学基础和物理结构都必须符合科学理论和方法的要求，因此测绘基准具有科学性。

2) 统一性

为保证测绘成果的科学性、系统性和可靠性，满足科学研究、经济建没和国防建设的需要，一个国家和地区的测绘基准必须是严格统一的。测绘基准不统一，不仅使测绘成果不具有可比性和衔接性，也会对国家安全和城市建设以及社会管理产生不良影响。

3) 法定性

测绘基准由国家最高行政机关国务院批准，测绘基准数据由国务院测绘行政主管部门负责审核，测绘基准的设立必须符合国家的有关规范和要求，使用测绘基准由国家法律规定，即测绘基准具有法定性特征。

4) 稳定性

测绘基准是一切测绘活动和测绘成果的基础和依据，测绘基准一经建立，便具有相对稳定性，在一定时期内不能轻易改变。

2.1.2　现行国家测绘基准

大地水准面是大地测量基准之一，确定大地水准面是国家基础测绘中的一项重要工程。它将几何大地测量与物理大地测量科学地结合起来，使人们在确定空间几何位置的同时，还能获得海拔高度和地球引力场关系等重要信息。大地水准面的形状反映了地球内部物质结构、密度和分布等信息，对海洋学、地震学、地球物理学、地质勘探、石油勘探等相关地球科学领域的研究和应用具有重要作用[3]。

1. 大地基准

大地基准是指绝对重力值已知的重力点,并以其作为相对重力测量(两点间重力差的重力测量)的起始点。世界公认的起始重力点称为国际重力基准。各国进行重力测量时都尽量与国际重力基准相联系,以检验其重力测量的精度并保证测量成果的统一。

1) 1954 年北京坐标系(P54)

新中国成立初期,为了迅速开展我国的测绘事业,鉴于当时的实际情况,将我国一等锁与苏联远东一等锁相连接,然后以连接处呼玛、吉拉宁、东宁基线网扩大边端点的苏联 1942 年普尔科沃坐标系的坐标为起算数据,平差我国东北及东部区一等锁,这样传算过来的坐标系就定名为 1954 年北京坐标系。因此,P54 可归结为:

(1) 属参心大地坐标系;

(2) 采用克拉索夫斯基椭球的两个几何参数;

(3) 大地原点在苏联的普尔科沃;

(4) 采用多点定位法进行椭球定位;

(5) 高程基准为 1956 年青岛验潮站求出的黄海平均海水面;

(6) 高程异常以苏联 1955 年大地水准面重新平差结果为起算数据。按我国天文水准路线推算而得。

自 P54 建立以来,在该坐标系内进行了许多地区的局部平差,其成果得到了广泛应用。

2) 1980 西安坐标系(C80)

1980 西安坐标系是为了进行全国天文大地网整体平差而建立的。根据椭球定位的基本原理,在建立 1980 西安坐标系时有以下先决条件:

(1) 大地原点在我国中部,具体地点是陕西省径阳县永乐镇。

(2) 1980 西安坐标系是参心坐标系,椭球短轴 Z 轴平行于地球质心指向地极原点方向,大地起始子午面平行于格林尼治平均天文台子午面;X 轴在大地起始子午面内与 Z 轴垂直指向经度 0 方向;Y 轴与 Z 轴、X 轴成右手坐标系。

(3) 椭球参数采用国际地理学联合会(International Geographical Union, IUG)1975 年大会推荐的参数。因而可得 C80 椭球两个最常用的几何参数:

长轴 6 378 140±5m

扁率 1:298.257

椭球定位时按我国范围内高程异常值平方和最小为原则求解参数。

(4) 大地高程以 1956 年青岛验潮站求出的黄海平均水面为基准。

3) WGS-84 大地坐标系

WGS-84(World Geodetic System,1984 年)是美国国防部研制确定的大地坐

标系,其坐标系的几何定义是:原点在地球质心,Z 轴指向 BIH 1984.0 定义的协议地球极(CTP)方向,X 轴指向 BIH 1984.0 的零子午面和 CTP 赤道的交点。Y 轴与 Z 轴、X 轴构成右手坐标系。

对应于 WGS-84 大地坐标系有一个 WGS-84 椭球,其常数采用国际大地测量与地球物理联合会(International Union of Geodesy and Geoghysics,IUGG)第 17届大会大地测量常数的推荐值。下面给出 WGS-84 椭球两个最常用的几何常数:

长半轴 6 378 137±2m

扁率 1:298.257 223 563

4) 2000 国家大地坐标系(CGCS2000)

2000 国家大地坐标系是全球地心坐标系在我国的具体体现,其原点为包括海洋和大气的整个地球的质量中心。2000 国家大地坐标系采用的地球椭球参数如下:

长半轴 a=6 378 137m

扁率 f=1/298.257 222 101

地心引力常数 GM=3.986 004 418×10^{14}m^3·s^{-2}

地球自转角速度 ω=7.292 115×10^{-5}rad·s^{-1}

现行的大地坐标系由于其成果受技术条件制约,精度偏低、无法满足新技术的要求。空间技术的发展成熟与广泛应用迫切要求国家提供高精度、地心、动态、实用、统一的大地坐标系作为各项社会经济活动的基础性保障。从技术和应用方面来看,1980 西安坐标系具有一定的局限性。主要表现在以下几点[5]:

(1) 二维坐标系统。1980 西安坐标系是经典大地测量成果的归算及其应用,它的表现形式为平面的二维坐标。只能提供点位平面坐标,而且表示两点之间的距离精确度也仅为用现代手段测得的 1/10 左右。高精度、三维与低精度、二维之间的矛盾是无法协调的。例如,将卫星导航技术获得的高精度的点的三维坐标表示在二维平面地图上,不仅会造成点位信息的损失,同时也将造成精度上的损失。

(2) 参考椭球参数。随着科学技术的发展,国际上对参考椭球的参数已进行了多次更新和改善。1980 西安坐标系所采用的 IAG1975 椭球,其长半轴要比国际公认的 WGS-84 椭球长半轴的值大 3m 左右,而这可能导致地表长度产生 10 倍左右的误差。

(3) 随着经济建设的发展和科技的进步,维持非地心坐标系下的实际点位坐标不变的难度加大,维持非地心坐标系的技术也逐步被新技术所取代。

(4) 椭球短半轴指向。1980 西安坐标系采用指向(JYD1968.0 极原点),与国际上通用的地面坐标系如 ITRS,或与 GPS 定位中采用的 WGS-84 等椭球短轴的指向(BIH1984.0)不同。

天文大地控制网是现行坐标系的具体实现,也是国家大地基准服务于用户最根本和最实际的途径。面对空间技术、信息技术及其应用技术的迅猛发展和广泛普及,在创建数字地球、数字中国的过程中,需要一个以全球参考基准框架为背景的、全国统一的、协调一致的坐标系统来处理国家、区域、海洋与全球化的资源、环境、社会和信息等问题。单纯采用目前参心、二维、低精度、静态的大地坐标系统和相应的基础设施作为我国现行应用的测绘基准,不仅制约了地理空间信息的精确表达和各种先进的空间技术的广泛应用,无法全面满足当今气象、地震、水利、交通等部门对高精度测绘地理信息服务的要求,而且也不利于与国际上民航图和海图的有效衔接,这必然会带来愈来愈多不协调问题,产生众多矛盾,制约高新技术的应用。采用地心坐标系已势在必行,地心坐标系也为三维工程环境的构建提供了统一的坐标基准[6]。

2. 高程基准

高程基准是国家统一高程控制网中所有水准高程的起算依据,它包括一个水准基面和一个永久性水准原点。

水准基面,理论上采用大地水准面,它是一个延伸到全球的静止海水面,也是一个地球重力等位面,实际上确定水准基面则是取验潮站长期观测结果计算出来的平均海面。中国以青岛港验潮站的长期观测资料推算出的黄海平均海面作为中国的水准基面,即零高程面。中国水准原点建立在青岛验潮站附近,并构成原点网。用精密水准测定水准原点相对于黄海平均海面的高差,即水准原点的高程,定为全国高程控制网的起算高程。

目前被定为中华人民共和国国家标准的高程基准是 1985 黄海高程基准,其正式名称为 1985 国家高程基准,系采用青岛水准原点和根据青岛验潮站 1952～1979 年的验潮数据确定的黄海平均海水面所定义的高程基准,其水准原点起算高程为 72.260m。

国家第二期一等水准网高程起算点为水准原点。高程系统为"1985 国家高程系统",共有 292 条线路、19 931 个水准点,总长度为 93 341km,形成了覆盖全国的高程基础控制网(其中台湾资料暂缺)。

3. 重力基准

重力基准是指绝对重力值已知的重力点,作为相对重力测量(两点间重力差的重力测量)的起始点。世界公认的起始重力点称为国际重力基准。各国进行重力测量时都尽量与国际重力基准相联系,以检验其重力测量的精度并保证测量成果的统一。国际通用的重力基准有 1909 年波茨坦重力测量基准和 1971 年的国际重力基准网(IGSN-71)。

中国于 1956~1957 年建立了全国范围的第一个国家重力基准,称为 1957 国家重力基准网,该网由 21 个基本点和 82 个一等点组成。1985 年,中国重新建立了国家重力基准,它由 6 个重力基准点,46 个基本重力点和 5 个引点组成,称为 1985 国家重力基准网。

2.2　基于大地水准面精化技术的高程基准构建

建立一个高精度、三维、动态、多功能的国家空间坐标基准框架、国家高程基准框架、国家重力基准框架,以及由 GPS、水准、重力等综合技术精化的高精度、高分辨率似大地水准面,将为基础测绘、数字中国地理空间基础框架、区域沉降监测、环境预报与防灾减灾、国防建设、海洋科学、气象预报、地学研究、交通、水利、电力等多学科研究与应用提供必要的测绘服务,具有重大的科学意义[7]。

2.2.1　大地水准面精化理论

1. 基本概念

1) 大地水准面

大地水准面是由静止海水面并向大陆岛屿延伸所形成的不规则的封闭曲面,是重力等位面。大地水准面是描述地球形状的一个重要物理参考面,也是海拔高程系统的起算面。大地水准面的确定是通过确定它与参考椭球面的间距,即大地水准面差距(对于似大地水准面而言,则称为高程异常)来实现的。正高是指从一地面点沿过此点的重力线到大地水准面的距离。

2) 似大地水准面

似大地水准面是指从地面点沿正常重力线量取正常高所得端点构成的封闭曲面。似大地水准面不是水准面,但接近于水准面,只是用于计算的辅助面。它与大地水准面不完全吻合,差值为正常高与正高之差。但在海洋面上时,似大地水准面与大地水准面重合。从似大地水准面至地球椭球面的高度称为高程异常。

大地高等于正常高与高程异常之和,GPS 测定的是大地高,求正常高必须先知道高程异常。在局部 GPS 网中已知一些点的高程异常(它由 GPS 水准算得),考虑地球重力场模型,利用多面函数拟合法求定其他点的高程异常和正常高[8]。

GPS 大地高、水准高和似大地水准面的关系如图 2-1 所示。

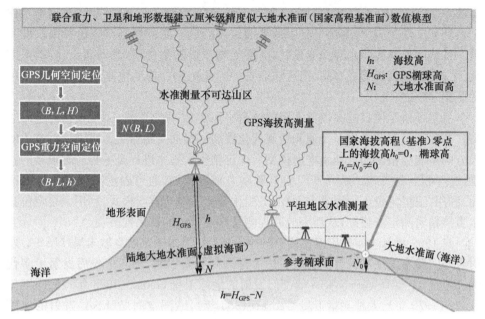

图 2-1　GPS 大地高、水准高和似大地水准面的关系图

设点 A 的大地高为 H_A，水准高为 h_A，该点的高程异常为 ξ_A，则有

$$h_A = H_A - \xi_A \tag{2-1}$$

同理设点 B 的大地高为 H_B，水准高为 h_B，该点的高程异常为 ξ_B，则有

$$h_B = H_B - \xi_B \tag{2-2}$$

A、B 两点之间的水准高差 Δh_{AB} 可表述为

$$\Delta h_{AB} = h_B - h_A = (H_B - \xi_B) - (H_A - \xi_A)$$
$$= (H_B - H_A) - (\xi_B - \xi_A) = \Delta H_{BA} - \Delta \xi_{BA} \tag{2-3}$$

式中，ΔH_{BA} 为 A、B 两点之间的大地高差，$\Delta \xi_{BA}$ 为 A、B 两点之间的高程异常差。

在实际工程应用如隧道的贯通测量中，如果精确测得隧道两端的两点之间的大地高高差，同时已知精确的两点之间的高程异常之差，则可利用式 (2-3) 进行水准高程的传递。似大地水准面成果的应用不受地域限制，在平原、山区均可以应用。平坦地区的三四等水准测量相对容易，但山区水准测量由于道路崎岖不平、拐弯多、坡度大，施测起来很困难，GPS 控制测量则能迅速提供控制点的大地经纬度和大地高。有效利用现有的似大地水准面成果，完成山区高程控制是一个非常有价值的工作，可极大地提高测量工作效率。

2. 发展趋势

20 世纪 70 年代出现的卫星导航定位技术，揭开了地面定位"颠覆性"技术革命的序幕,并经 30 多年的发展完全淘汰了传统落后的平面定位技术,在测绘工作中得到了广泛的应用,解决了其中的平面定位问题。高程控制至今仍采用水准测量。传统测定高程的水准作业模式,高度受制于自然条件,作业周期长、劳动强度大、工作效率低、工程成本高、山区作业难。因此精密高程的快速测定成为测绘中的瓶颈问题之一。

卫星导航定位只能提供可实用的精密平面定位,即经纬度,不能直接测定海拔高。高程测量问题是当今大地测量现代化发展的最后一道难关。突破这一难关的大方向是建立精密的大地水准面模型。确定精密大地水准面是一种非常艰难的科学技术问题,要实施一系列专门的卫星重力测量计划,通过确定高精度大地水准面,利用"卫星定位+大地水准面"的工程化精密三维定位新模式,利用卫星定位技术直接精密测定海拔高,从而完成高程测量作业模式的革命性改变。

自 1969 年 Kaula 提出卫星测高构想,1970 年美国国家航空航天局(NASA)发射天空实验室卫星进行首次卫星雷达海洋测高实验以来,国际上先后发射了多代测高卫星,主要有美国 NASA 等部门发射的地球卫星 Geos-3(1975 年)、海洋卫星 Seasat(1978 年)、大地测量卫星 Geosat(1985 年),欧洲空间局(ESA)发射的遥感卫星 ERS-1(1991 年)和 ERS-2(1995 年),NASA 和法国国家空间研究中心(CNES)合作发射的海面地形实验/海神卫星 Topex/Poseidon(T/P,1992 年)。

卫星遥感技术经历了改进和完善的过程,技术和性能已趋成熟,测高精度已提高了三个数量级。T/P 和 ERS-2 卫星在星载 GPS 定位和最新 JGM-3 及 EGM 全球重力场模型的支持下,测高精度已达厘米级,数据分辨率达 10km 水平。Geos-3、Seasat 和 Geosat 的主要任务是测绘海洋大地水准面,恢复海洋重力场,其中 Geosat 大地测量任务(GM)的数据分辨率为 20km,重力异常推估精度可达 3mGal,高于陆地重力测量格网平均值精度水平,1995 年美国国防部制图局(DMA)把该数据集解密;T/P 的主要任务是更精确地测定海面动力地形,研究全球大洋环流,要求有更高的测高精度,实际精度宣称优于 5cm,但数据分辨率相对较低(约300km);ERS 是一种多目标海洋遥感卫星,载有多种遥感仪器,ERS-1/2 的测高精度最终可达 10cm,其 168d 重复周期的大地测量任务(ERS/GM)可给出 617km 的数据分辨率。

Geosat 的后续卫星 Geosat Follow-On(GFO)已于 1998 年 4 月 22 日发射,由于军事上的考虑和卫星运行状况不佳,数据已释放;T/P 的后续卫星 Jason-1 已于 2001 年 12 月发射,其目的是进行高精度海面高监测和为海洋环流及气候研究提供更科学的数据,其轨道精度达到 1cm;ERS-1/2 的后续卫星 Envisat-1 已于 2002 年 2 月成功发射,数据已释放,它将为海况预报、海冰预报、雪冰探测及制图和水文的应用、近海环境和资源管理、船运监测、渔业支持、农业和森林管理、DTM、灾害监测(InSAR 的应用)、自然灾害(森林火灾、洪水、地震)、污染监测、地矿资源的研究提供丰富的遥测和遥感数据。

地球重力场结构由地球物质分布结构所决定,重力场信息反映地球内部密度分布信息。重力异常,即实际重力场与处于流体静力平衡理想地球体的正常重力场之差,揭示地球内部物质分布的非平衡状态,对应地球内部的密度异常,是地球内部动力学过程的动因。测定重力异常是探索地球内部结构的三种手段之一(另两种是地震波传播分析和地磁场测定)。地震波层析成像可提供地震波速度异常的三维图像,但直接由波速异常转换为密度异常还很困难。联合重力异常和三维地震层析成像,结合地球表面的形变和位移信息(由大地测量获得)以及对地幔物质物理化学性质的实验研究,加之地壳及岩石圈的磁异常信息,可以加深对地球内部密度异常结构及其动力过程的了解和认识。

确定高精度大地水准面对研究海洋动力环境和海洋地球物理问题有重要意义。大地水准面是地球重力场中代表地球形状的一个特定重力等位面,仅由地球物质引力和自转离心力决定,不受外力干扰且最接近静止海洋表面,是描述包括海洋在内的地球表面地形起伏和地球形状的理想参考面。利用卫星雷达测高技术可精密测定平均海面。由于受各种非保守力的作用,海水处于运动状态,平均海面并非重力等位面,其相对于大地水准面的起伏为稳态海面地形,决定全球大洋环流,产生海水热能的传递和物质的迁运,与大气互相作用影响全球气候变化。厄尔尼诺和拉尼娜现象就是其中一种灾害性气候变化,这两种现象都会引起平均海面高的异常变化。海洋大地水准面也是反映海底地形起伏及海底大地构造的物理面,洋中脊、海沟、海山和海底断裂带可经过频谱分析而从海洋大地水准面起伏图像中进行识别,为海洋地球物理研究和矿产资源勘探提供基础信息。准确测定海面动力地形和描述海洋环流,研究海底构造,以至监测人类关注的海平面变化及南极和格陵兰冰层的变化和运动,都对确定高精度高分辨率大地水准面有很高的要求,新一代卫星重力探测计划对满足这一要求起决定性作用。

确定具有厘米级精度的大地水准面将是大地测量学发展新的里程碑。大地水准面是大地测量的一个基本参考面,它的精密确定需要有高精度高分辨率的全球重力数据[9]。大地水准面的精度在中长波段大致处于米级或分米级水平,而中长波在地球重力场谱结构中绝对占优,大于 95%,提高中长波分量的准确度是进一步精化地球重力场和大地水准面的关键。新的卫星重力探测计划是解决这一问题的最有效途径,可以低成本高效率地提供高精度的分辨率为 50~100km 的全球分布的重力数据。如果实现厘米级精度大地水准面,就可将由 GPS 测定的椭球高(大地高)直接转换为正高,并达到厘米级精度,在实用上可替代相应精度要求的繁重的水准测量,这将是大地测量学解决正高或正常高测定难点的重大进展[10]。地面点正高数据是社会经济发展和地球科学研究需要的基础信息。各个国家都采用各自由特定验潮站所确定的平均海面作为本国的高程起算面,并非大地水准面,由于海面地形的存在,各国高程基准不统一,相差可达 203m,统一全球高程基准也是大地测量目标和任务之一,以适应经济发展全球化和构造数字地球实现信息共享的发展趋势。卫星定位是现代大地测量的基本手段,精密卫星定位取决于卫星精密定轨,而后者必须有精密全球重力场模型的支持,新一代卫星重力探测计划将对大地测量学科的发展产生深远影响。

精化大地水准面对于测绘工作具有重要意义:首先,大地水准面或似大地水准面是获取地理空间信息的高程基准面。其次,GPS 技术结合高精度高分辨率大地水准面模型,可以取代传统的水准测量方法测定正高或正常高,真正实现 GPS 技术对几何和物理意义上的三维定位功能。再次,在 GPS 定位时代,精化区域性大地水准面与建立新一代传统的国家或区域性高程控制网同等重要,也是一个国家或地区建立现代高程基准的主要任务,以满足国家经济建设和测绘科学技术的发展以及相关地学研究的需要。近年来,我国经济发达地区及中小城市在地形图测绘方面对厘米级似大地水准面的需求十分迫切[11]。高精度的似大地水准面结合 GPS 定位技术所获得的三维坐标中的大地高分离求解正常高,可以改变传统高程测量作业模式,满足 1:10000、1:5000 甚至更大比例尺测图的迫切需要,加快数字中国、数字区域、数字城市等的建设,不但节约大量人力物力,产生巨大的经济效益,而且具有特别重要的科学意义和社会效益。

2.2.2　基于大地水准面精化技术的高程基准构建方法

1. GPS 数据处理

GPS 数据处理前的主要工作包括:

(1) 天线高的检核。根据 GAMIT 软件的要求,列出并仔细检查天线高的信息,包括天线的类型、天线高的量测方式等。

(2) RINEX 格式的转换。为了便于统一处理,进行数据处理前,将不同接收机格式的原始数据转换为 RINEX 格式的数据。

(3) 数据归类。以时段号建立目录,将同一时段不同测站的数据拷贝至该目录下。每个测站包含两个文件,一个为观测数据 O 文件,另一个为观测星历 N 文件。以时段号建立目录。目录的字符为六位,结构为 YYDAYS,其中,YY 为年的后两位,DAY 为年积日,S 为时段号,如 2009 年 1 月 5 日第二个时段的目录名为 090052。

(4) 全球站数据及 IGS 精密星历的下载。

下面介绍 GPS 数据处理流程[12]。

1) 基线解算

GPS 基线向量表示了各测站间的一种位置关系,即测站与测站间的坐标增量。GPS 基线向量与常规测量中的基线是有区别的,常规测量中的基线只有长度属性,而 GPS 基线向量则具有长度、水平方位和垂直方位等三项属性。GPS 基线向量是 GPS 同步观测的直接结果,也是进行 GPS 网平差获取最终点位的观测值。

若在某一历元中,对 k 颗卫星进行同步观测,则可以得到 $k-1$ 个双差观测值;若在整个同步观测时段内同步观测卫星的总数为 L,则整周未知数的数量为 $L-1$。在进行基线解算时,一般并不将电离层延迟和对流层延迟作为未知参数,而是通过模型改正或差分处理等方法将它们消除。因此基线解算时一般只有两类参数,一类是测站的坐标参数 X_{C},数量为 3;另一类是整周未知数参数 X_{N}(m 为同步观测的卫星数),数量为 $m-1$。

基线解算的过程实际上主要是一个平差的过程,平差所采用的观测值主要是双差观测值。在基线解算时,平差要分三个阶段进行:第一阶段进行初始平差,解算出整周未知数参数的和基线向量的实数解(浮动解);在第二阶段,将整周未知数固定成整数;在第三阶段,将确定了的整周未知数作为已知值,仅将待定的测站坐标作为未知参数,再次进行平差解算,解求出基线向量的最终解-整数解(固定解)。

(1) 初始平差。

根据双差观测值的观测方程(需要进行线性化)组成误差方程,然后组成法方程,求解待定的未知参数的精度信息。其结果为

待定参数　$\hat{X} = \begin{bmatrix} \hat{X}_C \\ \hat{X}_N \end{bmatrix}$

待定参数的协因数阵　$Q = \begin{bmatrix} Q_{\hat{X}_C \hat{X}_C} & Q_{\hat{X}_C \hat{X}_N} \\ Q_{\hat{X}_N \hat{X}_C} & Q_{\hat{X}_N \hat{X}_N} \end{bmatrix}$

单位权重误差　$\hat{\sigma}_0$

通过初始平差,所解算出的整周未知数参数本应为整数,但由于观测值误差、随机模型和函数模型不完善等原因,其结果为实数,此时与实数的整周未知数参数对应的基线解被称作基线向量的实数解或浮动解。为了获得较好的基线解算结果,必须准确地确定出整周未知数的整数值。

(2) 确定整周未知数。

(3) 确定基线向量的固定解。

当确定了整周未知数的整数值后,与之相对应的基线向量就是基线向量的整数解。在进行基线解算时,按单天解求解(每个时段 24h),求解时,主要考虑如下因素:

- 卫星钟差的模型改正(用广播星历中的钟差参数);
- 接收机钟差的模型改正(用根据伪距观测值计算出的钟差);
- 电离层折射影响用 LC 观测值消除;
- 对流层折射根据标准大气模型用萨斯坦莫宁(Saastamoinen)模型改正,采

用分段线性的方法估算折射量偏差参数,每两个小时估计一个参数;

• 卫星和接收机天线相位中心改正,卫星与接收机天线 L1、L2 相位中心偏差采用 GAMIT 软件的设定值;

• 测站位置的潮汐改正;

• 截止高度角为 15°,历元间隔为 30s;

• 考虑卫星轨道误差,即松弛 IGS 轨道。

2) 网平差

(1) 网平差的分类。

GPS 网平差的类型有多种,根据平差所进行的坐标空间,可将 GPS 网平差分为三维平差和二维平差;根据平差时所采用的观测值和起算数据的数量和类型,可将平差分为无约束平差、约束平差和联合平差等。

三维平差:平差在三维空间坐标系中进行,观测值为三维空间中的观测值,解算出的结果为点的三维空间坐标。GPS 网的三维平差一般在三维空间直角坐标系或三维空间大地坐标系下进行。

二维平差:平差在二维平面坐标系下进行,观测值为二维观测值,解算出的结果为点的二维平面坐标。二维平差一般适合于小范围 GPS 网的平差。

无约束平差:在平差时不引入会造成 GPS 网产生由非观测量所引起的变形的外部起算数据。常见的 GPS 网的无约束平差一般是在平差时没有起算数据或没有多余的起算数据。

约束平差:平差时所采用的观测值完全是 GPS 观测值(即 GPS 基线向量),而且引入了使 GPS 网产生由非观测量所引起的变形的外部起算数据。

联合平差:平差时所采用的观测值除了 GPS 观测值以外,还有地面常规观测值,包括边长、方向、角度等观测值等。

(2) 平差过程。

要进行 GPS 网平差,首先必须提取基线向量,构建 GPS 基线向量网。提取基线向量时需要遵循以下几项原则:必须选取相互独立的基线,若选取了不相互独立的基线,则平差结果会与真实的情况不相符;所选取的基线应构成闭合的几何图形;选取质量好的基线向量,基线质量的好坏可以依据同步环闭合差、异步环闭合差和重复基线较差来判定;选取能构成边数较少的异步环的基线向量;选取边长较短的基线向量。

在构成了 GPS 基线向量网后,进行 GPS 网的三维无约束平差。通过无约束平差,主要达到以下几个目的:根据无约束平差的结果,判别在所构成的 GPS 网中是否有粗差基线,如发现含有粗差的基线,需要进行相应的处理,必须使最后用于构网的所有基线向量均满足质量要求;调整各基线向量观测值的权,使它们相互匹配;约束平差/联合平差。

在进行完三维无约束平差后,进行约束平差或联合平差。平差可根据需要在三维空间进行或二维空间中进行。约束平差的具体步骤是:指定进行平差的基准和坐标系统;指定起算数据;检验约束条件的质量;进行平差解算。

(3)质量分析与控制。

在进行 GPS 网质量的评定时可以采用下面的指标:基线向量的改正数。根据基线向量的改正数的大小,可以判断出基线向量中是否含有粗差。

若在进行质量评定时发现有质量问题,要根据具体情况进行处理。如果发现构成 GPS 网的基线中含有粗差,则需要采用删除含有粗差的基线、重新对含有粗差的基线进行解算或重测含有粗差的基线等方法加以解决;如果发现个别起算数据有质量问题,则应该放弃有质量问题的起算数据。

国际上著名的高精度 GPS 分析软件有瑞士伯尔尼大学的 Bernese 软件、美国麻省理工学院的 GAMIT/GLOBK 软件、德国地学研究中心的 EPOS P. V3、美国喷气推进实验室的 GIPSY 软件等。这些软件对高精度的 GPS 数据处理主要分为两个方面:一是对 GPS 原始数据进行处理,获得同步观测网的基线解;二是对各同步网解进行整体平差和分析,获得 GPS 网的整体解。

在 GPS 网的平差分析方面,Bernese、EPOS 和 GIPSY 软件主要是采用法方程叠加的方法,即先将各同步观测网自由基准的法方程矩阵进行叠加,再对平差系统给予确定的基准,获得最终的平差结果;GLOBK 软件则是采用卡尔曼滤波的模型,对 GAMIT 的同步网解进行整体处理。

国内著名的 GPS 网平差软件有原武汉测绘科技大学研制的 GPSADJ、Power-Adj 系列平差处理软件及同济大学研制的 TGPPS 静态定位后处理软件。

2. 似大地水准面模型

利用 Stokes 积分确定大地水准面仍是局部重力场逼近的主要方法[13]。随着 DTM 模型的建立和数值计算工具愈加高效,在山区已普遍开始加入 Molodenskii 级数的一次项改正,因此,确定似大地水准面转入了在 Molodenskii 理论框架下进行。计算 Stokes 积分和 Molodenskii 级数解需要相当长的计算机时间,因此,引入快速计算法 FFT/FHT(快速傅里叶变换/快速哈特莱变换)来完成 Stokes 积分和 Molodenskii 级数解。

在计算 Stokes 积分的精度方面,Strang 于 1990 年将 Stokes 平面近似卷积公式发展为 Stokes 球面(球坐标)近似公式。球面近似公式虽然比平面近似公式在计算精度方面有较大的提高,但仍存在着近似,并在计算结果中产生一定的误差。王昆杰和李建成 1993 年提出利用坐标转换方法消除因平均纬度近似产生的计算误差。1993 年 Haagmans 等人提出用一维 FFT 技术计算 Stokes 积分,虽然一维 FFT 技术计算 Stokes 公式在时间上较二维 FFT 技术需要得更多,但可以获得与数值积分法一样的精度[14]。

球面上任意一点 P 的扰动位 T 可以表达为[15]

$$T(P) = \frac{R}{4\pi} \int_{\alpha=0}^{2\pi} \int_{\psi=0}^{\pi} \Delta g(\psi,\alpha) S(\psi) \sin\psi \, \mathrm{d}\psi \, \mathrm{d}\alpha \tag{2-4}$$

式中，R 为地球平均半径，且 $R=(2a+b)/3$；Δg 为平均空间重力异常；ψ 为计算点 P 与流动点间的球面距离；$S(\psi)$ 为 Stokes 函数。

$$S(\psi) = \frac{1}{s} - 6s - 4 + 10s^2 - 3(1-2s^2)\ln(s+s^2) \tag{2-5}$$

式中，$s=\sin\left(\dfrac{\psi}{2}\right)$。

根据 Bruns 公式，大地水准面高由式(2-4)可写为

$$N(P) = \frac{T(P)}{\gamma} = \frac{R}{4\pi\gamma} \int_{\alpha=0}^{2\pi} \int_{\psi=0}^{\pi} \Delta g(\psi,\alpha) S(\psi) \sin\psi \, \mathrm{d}\psi \, \mathrm{d}\alpha \tag{2-6}$$

式中，γ 为地球平均正常重力。

从式(2-6)可知，要确定大地水准面高，必须已知布满全球的重力异常。可是，在实际中，只能得到某一局部范围内的地面重力数据。因此，确定局部大地水准面通常采用低通滤波原理，利用地球模型结合局部重力数据计算式，即

$$N(\phi_P,\lambda_P) = N_{GM}(\phi_P,\lambda_P) + N_{\delta\Delta g}(\phi_P,\lambda_P) \tag{2-7}$$

式中，$N_{GM}(\phi_P,\lambda_P)$ 为由地球重力场模型计算的大地水准面高，其表达式为[16]

$$N_{GM}(r,\theta,\lambda) = \frac{GM}{r\gamma} \sum_{n=2}^{N_{\max}} \left(\frac{a}{r}\right)^n \sum_{m=0}^{n} (\bar{C}_{nm}\cos(m\lambda) + \bar{S}_{nm}\sin(m\lambda)) \bar{P}_{nm}(\cos\theta) \tag{2-8}$$

式中，r,θ,λ 分别为地心距离、地心余纬和地心经度；GM 为引力常数与地球质量的乘积；a 为参考椭球长半轴；$\bar{C}_{nm}$ 和 $\bar{S}_{nm}$ 为完全规格化位系数；$\bar{P}_{nm}(\cos\theta)$ 为完全规格化缔合 Legendre 函数；$N_{\max}$ 为地球重力场模型展开的最高阶数。

残差重力异常 $\delta\Delta g$ 为空间重力异常 Δg_F 与地球重力场模型计算的空间重力异常 Δg_{GM} 之差，计算 Δg_{GM} 的表达式为

$$\Delta g_{GM}(r,\theta,\lambda) = \frac{GM}{r^2} \sum_{n=2}^{n_{\max}} \left(\frac{a}{r}\right)^n (n-1) \sum_{m=0}^{n} (\bar{C}_{nm}\cos(m\lambda) + \bar{S}_{nm}\sin(m\lambda)) \bar{P}_{nm}(\cos\theta) \tag{2-9}$$

将 $\delta\Delta g = \Delta g_T - \Delta g_{GM}$ 代入方程(2-6)并写成球面坐标形式，得

$$N_{\delta\Delta g}(\phi,\lambda) = \frac{R}{4\pi\gamma} \iint_{\sigma_{CAP}} \delta\Delta g(\phi,\lambda) S(\psi) \cos\phi \, \mathrm{d}\phi \, \mathrm{d}\lambda \tag{2-10}$$

考虑式(2-5)，式(2-10)的一维谱表达式可写为

$$N_{\delta\Delta g}(\phi_i,\lambda) = \frac{R}{4\pi\gamma} F_1^{-1} \left\{ \int_{\phi} F_1[\delta\Delta g(\phi,\lambda)\cos\phi] F_1[S(\phi,\phi_i,\lambda)] \mathrm{d}\phi \right\} \tag{2-11}$$

因此，

$$N(\phi_i,\lambda) = N_{GM} + N_{\delta\Delta g}(\phi_i,\lambda) \tag{2-12}$$

这样一来,在利用一维 FFT/FHT 技术计算 Stokes 积分时,对经度变量 λ 作卷积运算,对纬度变量 ϕ 作积分加和。

由 Faye 异常计算高程异常的表达式为

$$\zeta = \frac{R}{4\pi\gamma_N}\int_\sigma S(\psi)(\Delta g + TC)\mathrm{d}\sigma - \frac{1}{\gamma_N}h(\Delta g - \pi G\rho h) - \frac{1}{\gamma_N}\pi G\rho\delta h^2 \quad (2\text{-}13)$$

式中,γ_N 为似地形表面上的正常重力;δh^2 单位为 km,

$$\delta h^2 = 0.453 - 0.018\sin\phi + 0.087\cos\phi\cos\lambda + 0.204\cos\phi\sin\lambda \quad (2\text{-}14)$$

因此,考虑式(2-11)和式(2-13),由一维 FFT/FHT 技术计算高程异常的谱表达式为

$$\zeta(\phi_i,\lambda) = N_{GM} + \frac{R}{4\pi\gamma_N}F_1^{-1}\left\{\int_\phi F_1[\delta\Delta g(\phi,\lambda)\cos\phi]F_1[S(\phi,\phi_i,\lambda)]\mathrm{d}\phi\right\} -$$

$$\frac{1}{\gamma_N}h(\Delta g - \pi G\rho h) - \frac{1}{\gamma_N}\pi G\rho\delta h^2 \quad (2\text{-}15)$$

式中,$\delta\Delta g = \Delta g_F - \Delta g_{GM} + \delta g_{TC}$。

3. 高程基准建立

高程基准的建立是通过似大地水准面与 GPS 水准似大地水准面的拟合来完成的,同时实现大地坐标向球冠坐标的转换。

1) 似大地水准面与 GPS 水准似大地水准面的拟合

球冠谐分析是逼近局部重力场的有效方法,它在理论上是严密的。全球位模型是球冠位模型的一种特例($\theta_0 = 180°$),球冠位模型的收敛速度与 θ_0 成正比。只要求解出一套球冠谐系数,就给出相应球冠上任意一点的大地水准面高。球冠谐系数能以较高精度和高分辨率给出大地水准面高程,在谱域中揭示局部重力场的精细谱结构,在全球重力场模型中却难以实现。

球冠谐分析是从 Sturm-Liouville 型方程本征值问题出发,以此作为用谱方法研究大地测量边值问题的数学理论基础,将整阶次本征值解推广到非整阶整次解,并可以应用到求解大地测量边值问题。这一局部重力场逼近的新概念和新方法可以克服经典空域离散积分公式在理论分析上和实际上的局限性。理论上,它兼有全球谱表达的优点,又冲破了其向更高分辨率扩展的限制,实用上,它是一个收敛速度很快的解析连续展开式,因此可大幅度提高局部重力场的计算效率和理论的严密性。

根据扰动位的球冠谐表达式

$$T(r,\theta,\lambda) = \frac{GM}{r}\sum_{k=1}^\infty\sum_{m=0}^k\left(\frac{a}{r}\right)^{n_k(m)+1}(\bar{C}_{km}\cos(m\lambda) + \bar{S}_{km}\sin(m\lambda))\bar{P}_{n_k(m)m}(\cos\theta)$$

$$(2\text{-}16)$$

式中，$\bar{C}_{kn}$ 和 $\bar{S}_{kn}$ 为规格化球冠谐系数；$\bar{P}_{n_k(m)m}(\cos\theta)$ 为非整阶规格化缔合 Legendre 函数；n_k 为非整阶，k 为根 n_k 的序号，且 k 为整数，$k=0,1,\mathrm{LL}$，且 $k\geqslant m,n$ 的实根可用 $n_k(m)$ 表示；T 为扰动位。

根据 Bruns 公式，由式(2-16)可得大地水准面的球冠谐表达式为

$$N = \frac{T}{\gamma} = \frac{GM}{r\gamma} \sum_{k=1}^{\infty} \sum_{m=0}^{k} \left(\frac{a}{r}\right)^{n_k(m)} (\bar{C}_{kn}\cos(m\lambda) + \bar{S}_{kn}\sin(m\lambda))\bar{P}_{n_k(m)m}(\cos\theta)$$

$$(2\text{-}17)$$

现在来讨论非整阶规格化缔合 Legendre 函数的确定方法。当 n 为实数、m 为正整数时，缔合 Legendre 函数 $\bar{P}_{nm}(\cos\theta)$ 对于 $0\leqslant\theta\leqslant\pi$ 区间可表达为

$$\bar{P}_{nm}(\cos\theta) = K_{nm}\sin^m\theta F\left(m-n, n+m+1; 1+m; \sin^2\frac{\theta}{2}\right) \quad (2\text{-}18)$$

式中，F 为超几何函数，且

$$F(\alpha,\beta;\gamma;x) = 1 + \frac{\alpha\beta}{1!}\frac{x}{\gamma} + \frac{\alpha(\alpha+1)\beta(\beta+1)}{2!}\frac{x^2}{\gamma(\gamma+1)} + \mathrm{LL} \quad (2\text{-}19)$$

当 $x=0, F(\alpha,\beta;\gamma;0)=1$；$K_{nm}$ 为规格化因子，

$$K_{nm} = \sqrt{\frac{\delta_m(2n+1)(n-m)!}{(n+m)!}} \quad (2\text{-}20)$$

当 $m=0, \delta_m=1$；当 $m\neq0, \delta_m=2$。

利用 Schmidt 正交化方法，规格化因子为

$$K_{nm} = \frac{2^{\frac{1}{2}}}{2^m m!}\sqrt{\frac{(n+m)!}{n-m}} \quad (2\text{-}21)$$

利用计算阶乘的 Stirling 公式，规格化因子 K_{nm} 可写为

$$K_{nm} = \frac{2^{-m}}{(m\pi)^{\frac{1}{2}}}\left(\frac{n+m}{n-m}\right)^{(n/2+1/4)} p^{m/2}\exp(e_1+e_2+\mathrm{LL}) \quad (2\text{-}22)$$

式中，

$$p = \left(\frac{n}{m}\right)^2 - 1$$

$$e_1 = -\frac{1}{12m}\left(1+\frac{1}{p}\right)$$

$$e_2 = \frac{1}{360m^3}\left(1+\frac{3}{p^2}+\frac{4}{p^3}\right)$$

由递推公式计算超几何函数 F，非整阶缔合 Legendre 函数可表达为

$$\bar{P}_{nm} = \sum_{j=0}^{J_{\max}} A_j(m,n)\sin^{2j}(\theta/2) \quad (2\text{-}23)$$

式中，

$$A_0(m,n) = K_{nm}\sin^m\theta \quad (2\text{-}24)$$

当 $j>0$ 时,

$$A_j(m,n)=\frac{(j+m-1)(j+m)-n(n+1)}{j(j+m)}A_{j-1}(m,n) \qquad (2-25)$$

$J_{\max}$ 为式(2-19)的最大截断项数,取决于要求的计算精度。

根据式(2-19),当 $m=0$ 时,非整阶缔合 Legendre 函数导数的递推公式为

$$\frac{\mathrm{d}\overline{P}_{nm}(\cos\theta)}{\mathrm{d}\theta}=\frac{\sin\theta}{2}\sum_{j=0}^{J}jA_j(m,n)\sin^{2(j-1)}\left(\frac{\theta}{2}\right) \qquad (2-26)$$

并且,当 $m>0$ 时

$$\frac{\mathrm{d}\overline{P}_{nm}(\cos\theta)}{\mathrm{d}\theta}=\frac{\sin\theta}{2}\sum_{j=0}^{J}jA_j(m,n)\sin^{2(j-1)}\left(\frac{\theta}{2}\right)+\cos\theta\left[\frac{m}{\sin\theta}\overline{P}_{nm}(\cos\theta)\right]$$

$$(2-27)$$

2) 球冠谐分析中的坐标转换关系

如图 2-2 所示,利用球冠谐分析逼近某一地区重力场,应具有球冠坐标系的重力观测值,例如,重力异常和大地水准面高。这就要求将大地坐标 (B,L) 转换为相应的地心坐标 (ϕ,λ),再将地心坐标 (ϕ,λ) 转换成球冠坐标系中的球面地心坐标 (ψ,l)。

根据图 2-2,可以得到

$$x=a\cos\delta \qquad (2-28)$$

$$y=b\sin\delta \qquad (2-29)$$

和

$$x=\frac{a}{W}\cos B \qquad (2-30)$$

$$y=\frac{b}{W}\sqrt{1-e^2}\sin B \qquad (2-31)$$

式中,a 为参考椭球的长半轴;b 为参考椭球的短半轴,并且,$b=a\sqrt{1-e^2}$,e 为参考椭球的第一偏心率;δ 为归化纬度;B 为大地纬度;$W=\sqrt{1-e^2\sin^2 B}$。

将式(2-28)和式(2-29)分别代入式(2-30)和式(2-31),可以得到 δ 和 B 的关系为

$$\sin\delta=\frac{\sqrt{1-e^2}}{W}\sin B \qquad (2-32)$$

$$\cos\delta=\frac{1}{W}\cos B \qquad (2-33)$$

地心纬度为

$$\tan\phi=\frac{y}{x} \qquad (2-34)$$

将式(2-30)和式(2-31)代入式(2-34),则 B 和 ϕ 的关系式为

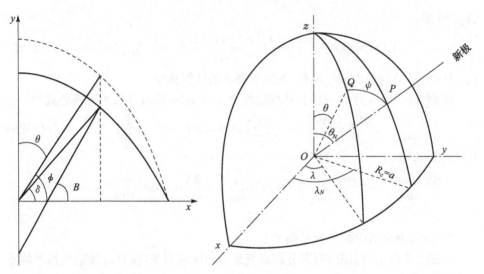

图 2-2 大地坐标 B、归化纬度 δ 和　　图 2-3 两极(北极和新极)的球坐标转换图
　　　地心纬度 ϕ 之间的关系

$$\tan\phi = (1 - e^2)\tan B \tag{2-35}$$

利用式(2-35)就可以将大地纬度 B 转换为地心纬度 ϕ,在此基础上,将地心坐标 (ϕ,λ) 转化为新极坐标系的地心坐标 (ψ,l)。根据球面三角公式,如图 2-3 所示,任意一点 Q 在北极坐标系下的球面地心坐标为 (θ,λ),这里 θ 为余纬且 $\theta = 90° - \phi$,则 θ 点在新极点 $P(\theta_N,\lambda_N)$ 的球面地心坐标为

$$\psi = \arccos[\cos\theta_N\cos\theta + \sin\theta_N\sin\theta\cos(\lambda_N - \lambda)] \tag{2-36}$$

$$l = \arctan\left[\frac{\sin\theta\sin(\lambda - \lambda_N)}{\sin\theta_N\cos\theta - \cos\theta_N\sin\theta\cos(\lambda - \lambda_N)}\right] \tag{2-37}$$

或

$$l = \arcsin\left[\frac{\sin\theta\sin(\lambda - \lambda_N)}{\sin\psi}\right] \tag{2-38}$$

$$l = \arccos\left[\frac{\sin\theta_N\cos\theta - \cos\theta_N\sin\theta\cos(\lambda - \lambda_N)}{\sin\psi}\right] \tag{2-39}$$

式中,θ_N 和 λ_N 分别为新极点 P 在北极坐标系下的地心余纬和经度。

利用式(2-35)、式(2-36)和式(2-37)或式(2-38)、式(2-39)就可以完成大地坐标向球冠坐标的转换。

似大地水准面作为高科技测绘产品,其推广应用可充分利用广泛使用的 GPS 定位技术,改变传统高程测量模式,替代低等级水准测量,有效减少测绘工作量,节约大量人力、物力,具有非常重要的科学意义和显著的社会效益和经济效益。

2.3　平面基准构建

2.3.1　国家平面测绘基准建立

现代平面测绘基准的建立主要是通过采用现代化大地坐标系统建立相应的大地坐标框架来实现[17,18]。我国从 2008 年 7 月 1 日起正式启用中国 2000 大地坐标系作为国家法定坐标系。

平面基准中的实现大地坐标系的是坐标框架,这一框架主要应由具有三维地心坐标的高精度大地点所构成,同时还应注意实用、现势性和方便用户。构建 CGCS2000 坐标框架的任务由两部分组成:一是构建全球导航卫星系统(GNSS)国家级连续运行基准站网(CORS),二是构建国家高精度大地控制网。

1. 构建国家 GNSS CORS

足够数据和均匀分布的国家 CORS 是现代化大地坐标框架的骨干和主要技术支撑,是框架中大地点位三维地心坐标的精度和现势性(动态性)的保证,也是我国大地坐标系统和框架与国际通用坐标系统和框架保持动态实时联系和协调的唯一技术手段。国家 CORS 的主要任务是:通过 GNSS 数据和信息的接收、传输、处理、整合、发播和服务,向国内用户提供分米级或米级的实时动态空间位置服务,提供从毫米级到厘米级的高精度、三维单点事后精密定位服务,以维持国家三维地心坐标框架的统一、高精度和现势性。它是实现 CGCG2000 的基础。

2. 国家控制网的建立

国家控制网根据精度分为一、二、三、四等。一等三角网为条带形的锁状,称一等三角锁,沿着经纬线方向纵横交叉地布满全国,形成统一的骨干控制网。在一等锁环内逐级布测二、三、四等三角网。一等三角网的精度最高,除作为低等级的平面控制外,还为研究地球形状和大小以及人造卫星的发射等科研问题提供资料;二等三角网作为三、四等三角测量的基础;三、四等三角网是测图时加密控制点和其他工程测量之基础。各点均埋设有标石,竖立觇标。这些控制点将长期保存,作为全国一切测量工作的基本依据。

新中国成立后,我国的测绘工作者通过艰苦奋斗,按照中华人民共和国大地测量法式和规范,在全国布测了一、二等三角点和导线点约 5 万个;根据地形测图和工程测量的需要,在一、二等网内加密了数以万计的三、四等三角点。在我国幅员辽阔的土地上,已经形成了一个以三角网和精密导线网混合组成的高精度的平面控制体系。1982 年完成了全国天文大地网的整体平差工作。网中包括一等三角锁系、二等三角网、部分三等网,总共约有 5 万个大地控制点,30 万个观测量的天文大地网。平差结果表明:网中离大地点最远的点位中误差为 0.9m,一等观测方向中误差为 0.46″。这些控制测量成果在我国四个现代化的建设中,起着十分重要的作用。

2.3.2　工程平面控制网的建立

根据测量工作的基本原则,测绘地形图或工程放样,都必须先在整体范围内进行控制测量,然后在控制测量的基础上进行碎部测量或施工放样。控制测量的目的是为地形图测绘和各种工程测量提供控制基础和起算基准,其实质是测定具有较高精度的平面坐标和高程的点位,这些点称为控制点。

国家平面控制网建立的主要方法有三角测量、精密导线测量和 GPS 定位测量。

三角测量是将相邻控制点连接成三角形,组成网状,称平面三角控制网,三角形的顶点称为三角点,如图 2-4(a)所示。在平面三角控制网中,量出一条边的长度,测出各三角形的内角,然后用三角学中的正弦定理逐一推算出各三角形的边长,再根据起始点的坐标和起始边方位角以及各边的边长,推算出各控制点的平面坐标,这种测量方法称为三角测量。

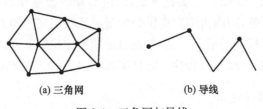

(a) 三角网　　　　　　　(b) 导线

图 2-4　三角网与导线

精密导线测量是将一系列相邻控制点连成折线,如图 2-4(b)所示。采用精密仪器测角并用测距仪测距,然后根据已知坐标和坐标方位角精确地计算出各点的平面位置,这种测量称为精密导线测量。精密导线已成为国家高级网的布设形式之一,因为它比三角测量方便、迅速、灵活。

GPS 定位是卫星全球定位系统的简称。GPS 定位测量具有高精度、全天候、高效率、多功能、操作简便的特点,可同时精确测定点的三维坐标(X,Y,H),与常规控制测量(三角测量、三边测量、导线测量)相比有诸多优点。经典的平面控制测量正逐渐被 GPS 定位测量所取代。

在一个工程项目测区,当国家控制点较少时,为了满足地质勘探、工程建设和生产的需要,应根据测区范围的大小,顾及发展远景,在国家控制点的基础上,加密测区首级控制网,网中的控制点也要埋石造标,永久保存。控制点的测算成果是测区一切测量工作的基本依据。

测区控制网的主要作用满足工程建设的各个阶段中所进行的地形测图和工程测量的需要[19]。例如,在工程可行性研究阶段,需要测绘比例尺为 1∶5000 或者 1∶10 000 的地形图;在工程设计、施工和生产阶段,需要测绘 1∶500～1∶5000 的地形图。而且各个阶段有许多工程需要进行施工测量,例如,公路、铁路、输电线测量,工业广场的布置,以及两井间的巷道贯通等,都要以测区控制网为依据。

我国工程建设进行的大量的平面控制测量工作,都是严格按照国家有关规范测设的,例如,《1∶1000　1∶2000　1∶5000 比例尺地形、地质勘探工程测量规范》、《工程测量标准(GB 50026—2020)》、《城市测量规范(CJJ/T 8—2011)》等,都是建立工程测量控制网的重要技术文件。表 2-1 是工程平面控制测量的主要技术规格与精度要求[20]。

表 2-1　平面控制测量的主要技术规格与精度要求

等级	平均边长/km	测角中误差/(")	最弱边的相对中误差	测回数			三角形最大闭合差/(")
				J_1	J_2	J_6	
三	≥5	1.6	1/80 000	9	12	—	7
四	0.8～5	2.5	1/50 000	6	9	—	9
5″	0.8～2	5	1/20 000	—	3	6	15
10″	0.5～1	10	1/10 000	—	2	3	30

那些面积小于 10km² 的小工程项目,由于附近缺少国家控制点,又缺少原始测量资料,联测比较困难。遇到这种情况时,参照表 2-1 测设独立的 5″ 或 10″ 小三角作为测区首级平面控制网。采用独立平面直角坐标系统,合理选择坐标原点,将测区置于第一象限内,避免 X、Y 值出现负数。可假定网中某点的起算坐标精确测量出网中三角形某边的磁方位角作为起算方位角,该边的磁北方向即为坐标纵轴方向。这样布测的测区首级控制网是一切测量工作的基本依据。

2.3.3　图根控制测量

直接用于测绘地形图的控制点称为图根控制点,简称图根点。图根点的密度(包括高级点)取决于测图比例尺和地物、地貌的复杂程度。平坦开阔地区图根点的密度可参考表 2-2 的规定;对于困难地区、山区,表中规定的点数可适当增加。

表 2-2　平坦开阔地区图根点的密度

测图比例尺	1∶500	1∶1000	1∶2000	1∶5000
图根点密度/(点/km²)	150	50	15	5

对图根点进行的平面测量和高程测量称为图根控制测量,其任务是通过测量

和计算,得到各点的平面坐标和高程,并将这些点精确地展绘在有坐标方格网的图纸上,作为测图控制。

测图平面控制网(或称图根网)是在国家三、四等三角点或矿区首级控制点的基础之上加密测设的。这些高等级点的分布密度比较稀,不能满足测图的要求。以四等三角点为例,相邻两点间的距离通常为 2~5km,而地形图要求两图根点的平均距离对 1∶5000 的比例尺来说应不大于 500m,对 1∶2000 的比例尺应不大于 350m,对 1∶1000 的比例尺应不大于 170m,对 1∶500 的比例尺应不大于 100m,因此需要在等级控制网以下进一步加密,建立等级更低的控制。加密图根控制点的主要方法有小三角测量、导线测量,其次是交会定点。目前多数测绘单位已用 GPS 测量代替图根控制测量。

图根高程控制测量是以三、四等水准网作为基本高程控制,其下布设等外水准和三角高程网即可作为小测区的首级控制,又可作为测图控制,各级水准网的布设要求如表 2-3 所示。

表 2-3　测区各级水准路线的布设要求

等级	闭合环线周长与高级点间路线长/km	结点间路线长/km	支线长/km
三等水准	60	35	15
四等水准	25	15	10
等外水准	10	6	4

参 考 文 献

[1]　施一民. 现在大地控制测量. 北京:测绘出版社,2003.

[2]　奚长元. 城市 4 维测绘基准的建立. 测绘通报,2000(11):36,38.

[3]　朱华统. 大地坐标系的建立. 北京:测绘出版社,1986.

[4]　孔祥元,郭际明,刘宗泉. 大地测量学基础. 武汉:武汉大学出版社,2001.

[5]　陈俊勇. 关于改善和更新国家大地测量基准的思考. 测绘工程,1999,8(3):7-9.

[6]　陈俊勇. 建设中国的现代测绘基准. 经纬纵横,2001(2):16-19.

[7]　佚名. 我国现代化测绘基准的发展战略. http://www. docin. com/p-475382005. html [2018-9-7].

[8]　畅毅,姜卫平. 局部似大地水准面精化技术及其应用现状分析. 物探装备,2006,16(4): 255-260.

[9]　李建成,陈俊勇,宁津生,等. 地球重力场逼近理论与中国 2000 似大地水准面的确定. 武汉:武汉大学出版社,2003.

[10]　宁津生,罗志才,李建成. 我国省市级大地水准面的现状及技术模式. 大地测量与地球动力学,2004,24(1):4-8.

[11]　魏子卿,王刚.用地球位模型和 GPS/水准数据确定我国大陆似大地水准面.测绘学报,2003,32(1):1-5.

[12]　李征航,黄劲松.GPS 测量与数据处理.武汉:武汉大学出版社,2005.

[13]　Jeyapalan K. Local geoid determination using global positioning systems. Land Information Science. 2004,64(1):65-75.

[14]　宁津生,晁定波,李建成. Vening-Meinesz 公式的球面卷积形式.测绘学,1994(3):161-166.

[15]　管泽霖,宁津生.地球形状与外部重力场(上).北京:测绘出版社,1981:283-358.

[16]　宁津生.地球重力场模型理论.武汉:武汉测绘科技大学出版社,1990.

[17]　李建成,姜卫平,秦政国,等.无锡市厘米级似大地水准面的研究.地理空间信息,2005,3(2):1-5.

[18]　宁津生,罗志才,杨沾吉,等.深圳市 1km 高分辨率厘米级高精度大地水准面的确定.测绘学报,2003,32(2):102-107.

[19]　孔祥元,梅是义.控制测量学(上、下册)[M].武汉:武汉测绘科技大学出版社,1996.

[20]　中华人民共和国住房和城乡建设部.CJJ 8—2011.城市测量规范.北京:中国建筑工业出版社,2011.

第3章 基于现代空间信息技术的三维工程基础数据获取

三维工程基础数据是构建精确、可量测三维工程环境的前提和保证。三维工程环境的基础数据可以分为远距离获取的数据(卫星影像、航空影像、机载激光扫描等)、近距离获取的数据(近景摄影、近距激光扫描、人工测量)和 GIS/CAD 导出数据三种。不同的数据源对应着不同的三维模型细节和应用范畴。

摄影测量与遥感技术的飞速发展为地理信息基础数据的获取提供了前所未有的先进手段,航天遥感技术能够提供大范围、现势性强的卫星影像,与传统的地面、航空量测技术结合起来,可获得的影像数据也越来越多。将来的卫星遥感系统将集多种传感器、多分辨率、多波段和多时相为一体,并与 GPS、惯性导航系统(inertial navigation system, INS)和激光扫描(laser scanning, LS)系统相集成,形成智能化的对地观测系统[1],提供实时、动态、全球、廉价的海量影像数据。摄影测量和遥感学科作为"地球空间信息学"的有机组成部分,是为三维工程环境提供实时、动态、全球、廉价和其他方法难以取代的空间框架图像数据及从中导出语义和非语义信息的唯一技术手段。

在摄影测量与遥感发展领域内,基于遥感、航空摄影测量和机载激光扫描的方法适用于大范围三维模型数据获取,车载数字摄影测量方法适用于走廊地带建模,地面摄影测量方法和近距离激光扫描方法则适用于复杂地物精细建模等。其中,基于影像和机载激光扫描系统的三维模型获取方法能够适用于在大范围地区快速获取地面与建筑物的几何模型和纹理细节,虽然现有技术在很大程度上还依赖人工辅助,但这无疑是最有潜力的三维工程环境数据自动获取技术之一。

本章从三维工程环境构建的基础——三维工程基础数据获取出发,首先介绍三维工程基础数据类型,然后介绍几种常用的现代空间信息技术数据方法,并介绍三维工程基础数据质量评价及控制方法。

3.1 工程环境基础数据类型

工程环境基础数据包括:地形图数据(包括地图比例尺、各类地物要素的矢量数据(如居民地、河流、道路等)、地貌要素等);工程矢量数据(包括工程设计方案、地质信息等);栅格影像数据;4D 产品数据。

3.1.1　地形图数据

地形图是数字线划地图的简称。数字线划地图(DLG),是与现有线划基本一致的各地图要素的矢量数据集,且保存各要素间的空间关系和相关的属性信息。在世界测图中,最为常见的产品就是 DLG,外业测绘最终成果一般就是 DLG。该产品较全面地描述地表现象,目视效果与同比例尺一致但色彩更为丰富。该产品满足各种空间分析要求,可随机地进行数据选取和显示,与其他信息叠加,可进行空间分析、决策。其中部分地形核心要素可作为数字正射影像地形图中的线划地形要素。

DLG 是一种更为方便的放大、漫游、查询、检查、量测、叠加地图。其数据量小,便于分层,能快速生成专题地图,所以也称作矢量专题信息(digital thematic information,DTI)。其数据能满足地理信息系统进行各种空间分析要求,被视为带有智能的数据。可随机地进行数据选取和显示,与其他几种产品叠加,便于分析、决策。DLG 的技术特征为地图地理内容、分幅、投影、精度、坐标系统与同比例尺地形图一致,图形输出为矢量格式,任意缩放均不变形。原始资料主要采用外业数据采集、航片、高分辨率卫片、地形图等。

DLG 的制作方法主要有如下几种:

(1) 数字摄影测量、三维跟踪立体测图。国产的数字摄影测量软件 VirtuoZo 系统和 JX-4C DPW 系统都具有相应的矢量图系统,而且它们的精度指标都较高。其中,VirtuoZo 系统有工作站版和 NT 版,JX-4C DPW 系统只有 NT 版。

(2) 解析或机助数字化测图。这种方法是通过在解析测图仪或模拟器上对航片和高分辨率卫片进行立体测图来获得 DLG 数据。用这种方法还需使用 GIS 或 CAD 等图形处理软件对获得的数据进行编辑,最终产生成果数据。

(3) 对现有的地形图扫描,人机交互将其要素矢量化。常用的国内外矢量化软件或 GIS 和 CAD 软件利用矢量化功能将扫描影像进行矢量化后转入相应的系统中。

(4) 在新制作的数字正射影像图上,人工跟踪框架要素数字化。可以使用 CAD 或 GIS 及 VirtuoZo 软件将正射影像图按一定的比例插入工作区中,然后在图上进行相应要素采集,称为屏幕上跟踪。

(5) 野外实测地图。DLG 可应用于土地使用规划与控制,商场、工厂、交通枢纽等地址的选择,城市建设管理,农业气候区划,环境工程、大气污染监测,道路交通建设与管理,自然灾害、战争灾害、其他灾害的监测估计,自然资源、人文资源、地貌变迁,民生产业(医疗、公共事业、服务等)。

地形图上主要包括比例尺、地物、地貌等符号。

1. 地形图比例尺

地形图上任意一线段的长度与地面上相应线段的实际水平长度之比,称为地形图的比例尺。

1) 数字比例尺

数字比例尺一般用分子为 1 的分数形式表示。设图上某一直线的长度为 d,地面上相应线段的水平长度为 D,则图的比例尺为

$$\frac{d}{D} = \frac{1}{D/d} = \frac{1}{M}$$

式中,M 为比例尺分母。当图上 1cm 代表地面上水平长度 10m(即 1000cm)时比例尺就是 1∶1000。通常称比例尺为 1∶1 000 000、1∶500 000、1∶200 000 的地形图为小比例尺地形图,1∶100 000、1∶50 000 和 1∶25 000 的为中比例尺地形图,1∶10 000、1∶5000、1∶2000、1∶1000 和 1∶500 的为大比例尺地形图。建筑类各专业通常使用大比例尺地形图。按照地形图图式规定,比例尺书写在图幅下方正中处。

2) 图示比例尺

为了用图方便,以及减弱由于图纸伸缩而引起的误差,在绘制地形图时,常在图上绘制图示比例尺。以 1∶1000 的图示比例尺为例,绘制时先在图上绘两条平行线,再把它分成若干相等的线段,称为比例尺的基本单位,一般为 2cm;将左端的一段基本单位又分成 10 等分,每等分的长度相当于实地 2m(图 3-1);每一基本单位所代表的实地长度为 2cm×1000=20m。

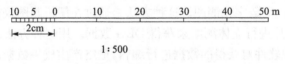

1∶500

图 3-1　直线比例尺

3) 比例尺的精度

一般认为,人的肉眼能分辨的图上最小距离是 0.1mm,因此通常把图上 0.1mm 所表示的实地水平长度称为比例尺的精度。根据比例尺的精度,可以确定在测图时量距应准确到什么程度。另外,当设计规定需在图上能量出的实地最短长度时,根据比例尺的精度,可以确定测图比例尺。

2. 地物符号

地形是地物和地貌的总称。地物是地面上天然或人工形成的物体,如湖泊、河流、房屋、道路等。地物符号有下列几种。

1) 比例符号

有些地物的轮廓较大,如房屋、稻田和湖泊等,它们的形状和大小可以按测图

比例尺缩小,并用规定的符号绘在图纸上,这种符号称为比例符号。

2) 非比例符号

有些地物,如三角点、水准点、独立树和里程碑等,轮廓较小,无法将其形状和大小按比例绘到图上,则不考虑其实际大小,而采用规定的符号表示之,这种符号称为非比例符号。

非比例符号不仅形状和大小不按比例绘出,而且符号的中心位置与该地物实地的中心位置关系也随各种不同的地物而异。

3) 半比例符号(线形符号)

对于一些带状延伸地物(如道路、通信线、管道、垣栅等),其长度可按比例尺缩绘,而宽度无法按比例尺表示的符号称为半比例符号。这种符号的中心线一般表示其实地地物的中心位置,但是城墙和垣栅等地物的中心位置在其符号的底线上。

4) 地物注记

用文字、数字或特有符号对地物加以说明者,称为地物注记。

3. 地貌符号

地貌是指地表面的高低起伏状态,包括山地、丘陵和平原等。测量工作中通常用等高线表示。

等高线是地面上高程相同的点所连接而成的连续闭合曲线(图 3-2)。

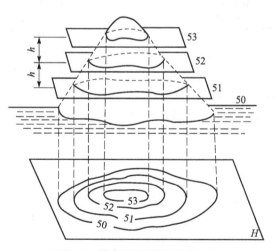

图 3-2　等高线示意图(单位:m)

相邻等高线之间的高差称为等高距,常以 h 表示。在同一幅地形图上,等高距是相同的。相邻等高线之间的水平距离称为等高线平距,常以 d 表示。因为同一张地形图内等高距是相同的,所以等高线平距 d 的大小直接与地面坡度有关。等高线平距越小,地面坡度就越大;等高线平距越大,则地面坡度越小;地面坡度相同,则等高线平距相等。

典型地貌的等高线情况如下。

1) 山丘和洼地(盆地)

示坡线是垂直于等高线的短线,用以指示坡度下降的方向。示坡线从内圈指向外圈,说明中间高,四周低,为山丘(图 3-3);示坡线从外圈指向内圈,说明四周高,中间低,故为洼地。

2) 山脊和山谷

山脊是沿着一个方向延伸的高地。山脊的最高棱线称为山脊线。山脊等高线表现为一组凸向低处的曲线,如图 3-4 所示。

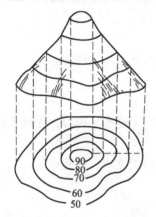
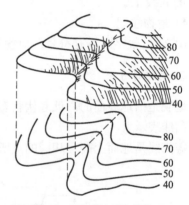

图 3-3　山丘等高线(单位:m)　　　　图 3-4　山脊等高线(单位:m)

山谷是沿着一个方向延伸的洼地,位于两山脊之间。贯穿山谷最低点的连线称为山谷线。山谷等高线表现为一组凸向高处的曲线。

山脊附近的雨水必然以山脊线为分界线,分别流向山脊的两侧,因此,山脊又称分水线。而在山谷中,雨水必然由两侧山坡流向谷底,向山谷线汇集,因此,山谷线又称集水线。

3) 鞍部

鞍部是相邻两山头之间呈马鞍形的低凹部位。鞍部往往是山区道路通过的地方,也是两个山脊与两个山谷会合的地方。鞍部等高线的特点是在一圈大的闭合曲线内,套有两组小的闭合曲线,如图 3-5 所示。

4) 陡崖和悬崖

陡崖是坡度在 70°以上的陡峭崖壁,有石质和土质之分。悬崖是上部突出,下部凹进的陡崖,这种地貌的等高线出现相交,俯视时隐蔽的等高线用虚线表示。陡崖与悬崖的示意图如图 3-6 所示。

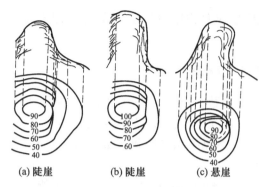

图 3-5　鞍部等高线（单位：m）　　　　图 3-6　陡崖和悬崖（单位：m）

3.1.2　矢量数据

矢量数据是制造出矢量图形的一种记录坐标，在直角坐标系中，用 X、Y 坐标表示地图图形或地理实体的位置和形状的数据。矢量数据一般通过记录坐标的方式来尽可能将地理实体的空间位置表现的准确无误。矢量数据表现的实体一般包括三种方式：点实体、线实体、面实体，它们都是通过数学公式计算获得的。其中，点实体是在二维空间中，用一对坐标 X、Y 来表示其位置；线实体则可以认为是由连续的直线段组成的曲线，用坐标串的集合 $(X_1,Y_1,X_2,Y_2,\cdots,X_n,Y_n)$ 来记录；在记录面实体时，通常通过记录面状地物的边界来表现，因而有时也称为多边形数据。由于矢量图形可通过公式计算获得，所以矢量图形文件体积一般较小。矢量图形最大的优点是无论放大、缩小或旋转都不会失真。矢量数据做出的矢量图像也称为面向对象的图像或绘图图像，在数学上定义为一系列由线连接的点。矢量文件中的图形元素称为对象。每个对象都是一个自成一体的实体，它具有颜色、形状、轮廓、大小和屏幕位置等属性。既然每个对象都是一个自成一体的实体，就可以在维持它原有清晰度和弯曲度的同时多次移动和改变它的属性，而不会影响图例中的其他对象。这些特征使基于矢量的程序特别适用于图例和三维建模，因为它们通常要求能创建和操作单个对象。基于矢量的绘图同分辨率无关，这意味着它们可以按最高分辨率显示到输出设备上[2]。

矢量数据在计算机中显示的图形一般可以分为两大类：矢量图和位图。按矢量数据资源的来源分类，矢量数据可分为计算机文件本身存储的矢量图形文件、交换的或输入的矢量图形文件、制作的矢量图形文件。

矢量图是根据几何特性来绘制图形，矢量可以是一个点或一条线，矢量图只能靠软件生成，文件占用内在空间较小，因为这种类型的图像文件包含独立的分离图像，可以自由无限制的重新组合。它的特点是放大后图像不会失真，与分辨率无关,文件占用空间较小,适用于图形设计、文字设计和一些标志设计、版式设计等。

3.1.3　栅格影像数据

栅格数据是按网格单元的行与列排列的、具有不同灰度或颜色的阵列数据。每一个单元(像素)的位置由它的行列号定义,所表示的实体位置隐含在栅格行列位置中,数据组织中的每个数据表示地物或现象的非几何属性或指向其属性的指针。

对于栅格结构来说:点实体由一个栅格像元来表示;线实体由一定方向上连接成串的相邻栅格像元表示;面实体(区域)由具有相同属性的相邻栅格像元的块集合来表示。

栅格结构是用有限的网格逼近某个图形,因此用栅格数据表示的地表是不连续的,是近似离散的数据。栅格单元的大小决定了在一个像元所覆盖的面积范围内的地理数据的精度,网格单元越细栅格数据越精确,但如果太细则数据量太大。尤其按某种规则在像元内提取的值,如对长度、面积等的度量,主成分值、均值的求算等,其精度由像元的大小直接决定。由于栅格结构中每个代码明确地代表了实体的属性或属性值,点实体在栅格结构中表示为一个像元,线实体表示为具有方向性的若干连续相邻像元的集合,面实体由聚集在一起的相邻像元表示,这就决定了网格行列阵列易为计算机存储、操作、显示与维护。这种结构易于实现,算法简单,易于扩充、修改,直观性强,特别是容易与遥感影像的联合处理。

在栅格文件中,每个栅格只能赋予一个唯一的属性值,所以属性个数的总数是栅格文件的行数乘以列数的积,而为了保证精度,栅格单元分得一般都很小,这样需要存储的数据量就相当大了。通常一个栅格文件的栅格单元数以万计。许多栅格单元与相邻的栅格单元都具有相同的值,因此可使用各式各样的数据编码技术与压缩编码技术。主要的编码技术有直接栅格编码、链式编码、游程编码、块式编码、四叉树、八叉树、十六叉树等。

数字正射影像图(digital orthophoto map,DOM),是最常用的一种栅格影像数据,是对航空(或航天)像片进行数字微分纠正和镶嵌,按一定图幅范围裁剪生成的数字正射影像集。它是同时具有地图几何精度和影像特征的图像。

DOM 具有精度高、信息丰富、直观逼真、获取快捷等优点,可作为地图分析背景控制信息,也可从中提取自然资源和社会经济发展的历史信息或最新信息,为防治灾害和公共设施建设规划等应用提供可靠依据;还可从中提取和派生新的信息,实现地图的修测更新。DOM 可作为独立的背景层与地名注名,图廓线公里格、公里格网及其他要素层复合,制作各种专题图。

制作 DOM 的主要技术方法为采用航空像片或高分辨率卫星遥感图像数据等。

（1）VirtuoZo 系统数字摄影测量工作站。VirtuoZo 系统可以利用对 DEM 的检测及编辑，来提高 DOM 的精度。还可以通过在图幅间进行灰度接边保证影像色调的一致性。

（2）采用 JX-4 DPW 系统。JX-4 DPW 系统是一套基于 Windows NT 的数字摄影测量系统。因其对 DEM 的编辑采用的是单点编辑，而且该系统还具有对 DOM 的零立体检查的功能，故其 DOM 的精度较高。基于 DEM 的单片数字微分纠正 VirtuoZo 系统具有单片数字微分纠正的模块。

数字正射影像图可应用的领域包括洪水监测、河流变迁、旱情监测，农业估产（精准农业），土地覆盖与土地利用、土地资源的动态监测，荒漠化监测与森林监测（成林害虫），海岸线保护，生态变化监测等。

DOM 的优势主要表现在易用性强。使用 DOM 时，将把所有的 XML 文档信息都存于内存中，并且遍历简单，支持 XPath。

DOM 的缺点主要表现在效率低，解析速度慢，内存占用量过高，对于大文件来说几乎不可能使用。效率低还表现在大量的消耗时间，因为使用 DOM 进行解析时，将为文档的每个 element、attribute、processing-instruction 和 comment 都创建一个对象，如此一来，在 DOM 机制中所运用的大量对象的创建和销毁无疑会影响其效率。

数字栅格地图（digital raster graphic，DRG）是一种栅格形式的地理信息产品，是根据现有纸质、胶片等地形图经扫描和几何纠正及色彩校正后，形成在内容、几何精度和色彩上与地形图保持一致的栅格数据集。

DRG 在内容、几何精度和色彩上与同等比例尺地形图一致，是模拟产品向数字产品过渡的产品，可作为背景参照图像与其他空间信息相关参考与分析，可用于数字线划地图的数据采集、评价和更新，还可与数字正射影像图、数字高程模型等数据集成，派生出新的信息，制作新的地图。

DRG 的技术特征为地图地理内容、外观视觉式样与同比例尺地形图一样，平面坐标系统以 1980 西安坐标系大地基准；地图投影采用高斯-克吕格投影；高程系统采用 1985 国家高程基准；图像分辨率为输入大于 400dpi，输出大于 250dpi。

DRG 可作为背景用于数据参照或修测拟合其他地理相关信息，用于 DLG 的数据采集、评价和更新，还可与 DOM、DEM 等数据信息集成使用，派生出新的可视信息，从而提取、更新地图数据，绘制纸质地图[3]。

3.1.4　DEM 数据

DEM 是一定范围内规则格网点的平面坐标(X,Y)及其高程(Z)的数据集，它主要是描述区域地貌形态的空间分布，是通过等高线或相似立体模型进行数据采集（包括采样和量测）后进行数据内插而形成的。DEM 是对地貌形态的虚拟表示，可派生出等高线、坡度图等信息,也可与DOM或其他专题数据叠加,用于与地形相关的分析应用,同时它本身还是制作DOM的基础数据。

DEM是表示地面高程的一种实体地面模型,是DTM的一个分支。一般认为,DTM是描述包括高程在内的各种地貌因子(如坡度、坡向、坡度变化率等因子)在内的线性和非线性组合的空间分布,其中DEM是零阶的单项数字地貌模型,其他如坡度、坡向及坡度变化率等地貌特性可在DEM的基础上派生。DTM的另外两个分支是各种非地貌特性以矩阵形式表示的数字模型,包括自然地理要素以及与地面有关的社会经济及人文要素,如土壤类型、土地利用类型、岩层深度、地价、商业优势区等。实际上DTM是栅格数据模型的一种。它与图像的栅格表示形式的区别主要是:图像是用一个点代表整个像元的属性,而在DTM中,格网的点只表示点的属性,点与点之间的属性可以通过内插计算获得。

建立DEM的方法有多种,从数据源及采集方式讲有直接从地面测量(例如用GPS、全站仪、野外测量等)、根据航空或航天影像通过摄影测量途径获取(如立体坐标仪观测及空三加密法、解析测图、数字摄影测量等)、从现有地形图上采集(如格网读点法、数字化仪手扶跟踪及扫描仪半自动采集)后通过内插生成DEM等方法。DEM内插方法很多,主要有分块内插、部分内插和单点移面内插三种。常用的算法是通过等高线和高程点建立不规则的三角网(triangulated irregular network,TIN),然后在TIN基础上通过线性和双线性内插建立DEM。

由于DEM描述的是地面高程信息,它在测绘、水文、气象、地貌、地质、土壤、工程建设、通信、气象、军事等国民经济和国防建设以及人文和自然科学领域有着广泛的应用。如在工程建设上,可用于土方量计算、通视分析等;在防洪减灾方面,DEM是进行水文分析(如汇水区分析、水系网络分析、降雨分析、蓄洪计算、淹没分析等)的基础;在无线通信上,可用于蜂窝电话的基站分析等[4]。

3.2　多源工程基础数据获取

3.2.1　基于摄影测量技术的基础数据获取

摄影测量学有着悠久的历史,19世纪中叶,摄影技术一经问世,便应用于测量。影像是客观物体或目标的真实反映,其信息丰富、形态逼真,可以从中提取所研究物体大量的几何信息与物理信息,因此摄影测量可以广泛应用于各个方面。按照搭载平台的不同,摄影测量可分为航空摄影测量、卫星摄影测量、地面摄影测量、近景摄影测量及显微摄影测量等。按照技术手段发展历程划分,可分为模拟摄影测量、解析摄影测量及数字摄影测量[5]。

大范围高精度基础地形数据获取一般采用航空摄影测量。利用空中三角测量等手段进行航测影像的处理,可从二维对地观测影像反演三维地表空间信息,构建较高精度 DEM 和 DOM,直接获取地球基础地理信息。

1. 摄影测量基础理论

1) 摄影测量常用坐标系

(1) 像平面坐标系 o-xy。像平面坐标系是影像平面内的直角坐标系,用以表示像点在像平面上的位置。若摄影中心为 S(图 3-7),摄影方向与影像平面的交点 o 称为影像的像主点。像平面坐标系的原点就位于像主点。对于航空影像,两对边机械框标的连线为 x 轴和 y 轴的坐标系称为框标坐标系,其与航线方向一致的连线为 x 轴,航线方向为正向,像平面坐标系的方向与框标坐标系的方向相同。

(2) 像空间坐标系 S-xyz。该坐标系是一种过渡坐标系,用来表示像点在像方空间的位置。该坐标系以摄站点(或投影中心)S 为坐标原点,摄影机的主光轴 So 为坐标系的 z 轴,像空间坐标系的 x 轴、y 轴分别于像平面坐标系的 x 轴、y 轴平行,正方向如图 3-7 所示。该坐标系可以很方便地与像平面坐标系联系起来。在这个坐标系中,每一个像点的 z 坐标都等于 So 的长度。

(3) 像空间辅助坐标系 S-XYZ。该坐标系是一种过渡坐标系,它以摄站点(或投影中心)S 为坐标原点。

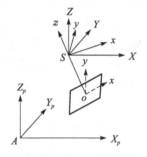

图 3-7　摄影测量坐标系

在航空摄影测量中通常以铅垂方向(或设定的某一竖直方向)为 Z 轴,并取航线方向为 X 轴(图 3-7),这样有利于改正沿航线方向累积的系统误差。

(4) 摄影测量坐标系 A-$X_pY_pZ_p$。该坐标系是一种过渡坐标系,用来描述解析摄影测量过程中模型点的坐标。在航空摄影测量中通常以地面上某一点 A 为坐标原点,而它的坐标轴与像空间辅助坐标轴平行(图 3-7)。

(5) 物空间坐标系 O-$X_lY_lZ_l$。所摄物体所在的空间直角坐标系。测绘中所用的是地面测量坐标系(大地坐标系)。前面介绍的 4 中坐标系均为右手直角坐标系,而地面测量坐标系为左手坐标系,它的 X_l 轴指向正北方向,与大地测量中的高斯-克吕格平面坐标系相同,高程则以我国黄海高程系统为基准。在地球上一个小范围内讨论问题时,把 O-$X_lY_lZ_l$ 视为左手直角坐标系是允许的,但当测区范围较大时,需估计地球曲率的影响。

2) 影像内外方位元素

(1) 内方位元素。确定投影中心与航摄像片之间相关位置所需的元素,称为航摄像片的内方位元素[5]。内方位元素包括:投影中心 S 至像片平面的垂直距离,即航摄仪镜箱的主距 f;像主点(即 S 在像平面上的垂足)在像平面坐标系中的坐标 (x_o, y_o)。如图 3-8 所示,一旦内方位元素得以正确的测定,整个光束的形状

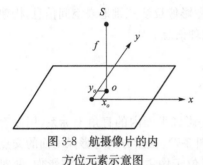

图 3-8　航摄像片的内
方位元素示意图

便得以恢复,这就是内方位元素的用途。内方位元素值通常是已知的,可在航摄仪检定表中查出。在解析空中三角测量中,内方位元素往往是根据框标上的观测值同其他系统误差因素一起综合地加以改正。

(2) 外方位元素。确定航摄像片(或称摄影光束)在地面坐标系中的方位所需的元素,称为像片的外方位元素[5]。为了确定摄影光束在地面辅助坐标系中的位置,需要 3 个线元素和 3 个角元素,共需 6 个元素。其中 3 个线元素是摄站(投影中心)S 在地面辅助坐标系中的坐标(X_s, Y_s, Z_s),用来确定摄影光束顶点在地面辅助坐标系中的空间位置;3 个角元素用来确定摄影光束在地面辅助坐标系中的姿态。角元素有三种不同的表达方式:①以 Y 为主轴的φ-ω-κ 系统(主轴是在旋转过程中空间方向不变的一个固定轴),即以 Y 为主轴旋转 φ 角,然后绕 X 轴旋转 ω 角,最后绕 Z 轴旋转 κ 角。②以 X 轴为主轴的ω'-φ'-κ'系统,即以 X 为主轴旋转 ω' 角,然后绕 Y 轴旋转 φ' 角,最后绕 Z 轴旋转 κ' 角。③以 Z 轴为主轴的A-α-κ 系统,即以 Z 轴为主轴旋转 A 角,然后绕 Y 轴旋转 α 角,最后绕 X 轴旋转 κ 角。

3) 空间直角坐标系的旋转变换

像点空间直角坐标的旋转变换是指像空间坐标与像空间辅助坐标之间的变换。由高等数学可知,空间直角坐标的变换是正交变换,一个坐标系按照某种顺序旋转三个角度即可变换为另一个同原点的坐标系。

设像点 a 在像空间坐标系中的坐标为$(x, y, -f)$,而在像空间辅助坐标系中的坐标为(X, Y, Z),两者之间的正交变换关系为

$$\begin{bmatrix} X \\ Y \\ Z \end{bmatrix} = R \begin{bmatrix} x \\ y \\ -f \end{bmatrix} = \begin{bmatrix} a_1 & a_2 & a_3 \\ b_1 & b_2 & b_3 \\ c_1 & c_2 & c_3 \end{bmatrix} \begin{bmatrix} x \\ y \\ -f \end{bmatrix} \tag{3-1a}$$

或

$$\begin{bmatrix} x \\ y \\ -f \end{bmatrix} = R^{\mathrm{T}} \begin{bmatrix} X \\ Y \\ Z \end{bmatrix} = \begin{bmatrix} a_1 & a_2 & a_3 \\ b_1 & b_2 & b_3 \\ c_1 & c_2 & c_3 \end{bmatrix} \begin{bmatrix} X \\ Y \\ Z \end{bmatrix} \tag{3-1b}$$

式中,R 为 3×3 阶的正交矩阵,由 9 个方向余弦所组成。

由正交矩阵的 $RR^{\mathrm{T}} = I$ 特点,可导出旋转矩阵中 9 个方向余弦之间有下列关系:同一行(列)的各元素平方和为 1;任意两行(列)的对应元素乘积之和为 0;旋转矩阵的行列式$|R| = 1$;每个元素的值等于其代数余子式;每个元素的值为变换前后两坐标轴相应夹角的余弦(表 3-1)。

表 3-1　变换前后两坐标轴相应夹角的余弦

坐标轴	x	y	z
X	a_1	a_2	a_3
Y	b_1	b_2	b_3
Z	c_1	c_2	c_3

从式(3-1)可看出,欲进行空间两个直角坐标系的转换,关键是确定一个正交矩阵 R。以影像外方位角元素 φ、ω、κ 系统为例,对于上述坐标系之间的转换关系,可以这样来理解:像空间坐标系是像空间辅助坐标系(相当于摄影光束的起始位置)依次绕相应的坐标轴旋转 φ、ω、κ 三个角度后的位置,此时式(3-1)中的旋转矩阵 R 可表示为

$$R = R_\varphi R_\omega R_\kappa$$

$$= \begin{bmatrix} \cos\varphi & 0 & -\sin\varphi \\ 0 & 1 & 0 \\ \sin\varphi & 0 & \cos\varphi \end{bmatrix} \begin{bmatrix} 1 & 0 & 0 \\ 0 & \cos\omega & -\sin\omega \\ 0 & \sin\omega & \cos\omega \end{bmatrix} \begin{bmatrix} \cos\kappa & -\sin\kappa & 0 \\ \sin\kappa & \cos\kappa & 0 \\ 0 & 0 & 1 \end{bmatrix}$$

$$= \begin{bmatrix} a_1 & a_2 & a_3 \\ b_1 & b_2 & b_3 \\ c_1 & c_2 & c_3 \end{bmatrix} \tag{3-2}$$

把 $R_\varphi R_\omega R_\kappa$ 的乘积结果列出后,可得

$$\begin{cases} a_1 = \cos\varphi\cos\kappa - \sin\varphi\sin\kappa \\ a_2 = -\cos\varphi\sin\kappa - \sin\varphi\cos\kappa \\ a_3 = -\sin\varphi\cos\omega \\ b_1 = \cos\omega\sin\kappa \\ b_2 = \cos\omega\cos\kappa \\ b_3 = -\sin\omega \\ c_1 = \sin\varphi\cos\kappa + \cos\varphi\sin\omega\sin\kappa \\ c_2 = -\sin\varphi\sin\kappa + \cos\varphi\sin\omega\cos\kappa \\ c_3 = \cos\varphi\cos\omega \end{cases} \tag{3-3}$$

由式(3-3)可看出,若已知一幅影像的各姿态角元素 φ、ω、κ,就可以求出 9 个方向余弦,也就知道了像空间坐标系转换到像空间辅助坐标系的正交矩阵 R,从而实现这两种坐标系的相互转换。

4) 共线方程

共线条件是中心投影构像的数学基础,也是各种摄影测量处理方法的重要理论基础。例如,单像空间后方交会、双像空间前方交会以及光束法区域网平差等一

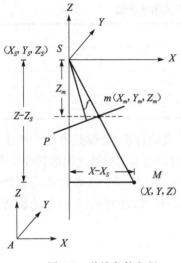

图 3-9　共线条件方程

系列问题的原理,都是以共线条件作为出发点的,只是随着所处理问题的具体情况不同,共线条件的表达形式和使用方法也有所不同[6]。

图 3-9 为共线条件方程示意图,其中 S 为摄影中心,在某一规定的物方空间坐标系中其坐标为 (X_S, Y_S, Z_S),M 为任一物方空间点,且其在物方空间坐标系中的坐标为 (X, Y, Z)。m 为 M 在影像上的成像点,其像空间坐标和像空间辅助坐标分别为 $(x, y, -f)$ 和 (X_m, Y_m, Z_m)。摄影时 S、m、M 三点共线,则像点的像空间辅助坐标与物方点物方空间坐标之间有以下关系:

$$\frac{X_m}{X - X_S} = \frac{Y_m}{Y - Y_S} = \frac{Z_m}{Z - Z_S} = k$$

则

$$X_m = k(X - X_S), \quad Y_m = k(Y - Y_S), \quad Z_m = k(Z - Z_S) \tag{3-4}$$

由式(3-1)可知,像空间坐标与像空间辅助坐标有下列关系:

$$\begin{bmatrix} x \\ y \\ -f \end{bmatrix} = \begin{bmatrix} a_1 & a_2 & a_3 \\ b_1 & b_2 & b_3 \\ c_1 & c_2 & c_3 \end{bmatrix} \begin{bmatrix} X \\ Y \\ Z \end{bmatrix}$$

将上式展开为

$$\begin{cases} \dfrac{x}{-f} = \dfrac{a_1 X_m + b_1 Y_m + c_1 Z_m}{a_3 X_m + b_3 Y_m + c_3 Z_m} \\[3mm] \dfrac{y}{-f} = \dfrac{a_2 X_m + b_2 Y_m + c_2 Z_m}{a_3 X_m + b_3 Y_m + c_3 Z_m} \end{cases}$$

再将式(3-4)代入,并考虑到像主点的坐标系 x_0、y_0,得

$$\begin{cases} x - x_0 = -f \dfrac{a_1(X - X_S) + b_1(Y - Y_S) + c_1(Z - Z_S)}{a_3(X - X_S) + b_3(Y - Y_S) + c_3(Z - Z_S)} \\[3mm] y - y_0 = -f \dfrac{a_2(X - X_S) + b_2(Y - Y_S) + c_2(Z - Z_S)}{a_3(X - X_S) + b_3(Y - Y_S) + c_3(Z - Z_S)} \end{cases} \tag{3-5}$$

式中,x、y 为像点的像平面坐标;x_0、y_0、f 为影像的内方位元素;X_S、Y_S、Z_S 为摄站点的物方空间坐标,X、Y、Z 为物方点的物方空间坐标;a_i、b_i、$c_i (i=1,2,3)$ 为影像的三个外方位角元素组成的 9 个方向余弦。

式(3-5)就是常见的共线条件方程式(简称共线方程)。由式(3-4)和式(3-1b)还可以推出共线方程的另一种形式(反演公式):

$$\begin{bmatrix} X - X_S \\ Y - Y_S \\ Z - Z_S \end{bmatrix} = \frac{1}{k} \begin{bmatrix} X_m \\ Y_m \\ Z_m \end{bmatrix} = \frac{1}{k} R \begin{bmatrix} x \\ y \\ -f \end{bmatrix}$$

令 $\lambda_m = \dfrac{1}{k}$，并完整地写出旋转矩阵，则有

$$\begin{bmatrix} X \\ Y \\ Z \end{bmatrix} = \lambda_m \begin{bmatrix} a_1 & a_2 & a_3 \\ b_1 & b_2 & b_3 \\ c_1 & c_2 & c_3 \end{bmatrix} \begin{bmatrix} x \\ y \\ -f \end{bmatrix} + \begin{bmatrix} X_S \\ Y_S \\ Z_S \end{bmatrix} \tag{3-6}$$

共线条件方程的应用主要有[6]：单像空间后方交会和多像空间前方交会、解析空中三角测量光束法平差中的基本数学模型、构成数字投影的基础、计算模拟影像数据(已知影像内、外方位元素和物点坐标求像点坐标)、利用数字高程模型(DEM)与共线方程制作正射影像、利用 DEM 与共线方程进行单幅影像测图等。

2. 影像方位元素的恢复

影像的内方位元素通过摄影机的检校获得，假定已知摄影机的内方位元素，这样，获得影像在摄影瞬间的外方位元素就成为关键。

确定影像的外方位元素，就必须利用地面控制点。获得摄影机的外方位元素有很多种方法，它们所需要的地面的控制点数量也不同：可以每一张影像单独确定外方位元素，也可以一个立体像对同时确定两张影像的外方位元素，也可以一次同时确定一条航带、乃至几条航带、甚至几百张影像的外方位元素，以及在摄影过程中由 GPS 或定位导航系统(Position oriental system，POS)直接确定影像的外方位元素。

1) 单幅影像空间后方交会

单幅影像空间后方交会的基本思想[6]是：以单幅影像为基础，从该影像所覆盖地面范围内若干控制点的已知地面坐标和相应点的像坐标量测值出发，根据共线方程，解求该影像在航空摄影时刻的外方位元素 X_S、Y_S、Z_S、φ、ω、κ。由于空间后方交会所采用的数学模型共线方程是非线性函数，为了便于求解外方位元素，首先需对共线方程进行线性化。

2) 像对相对定向及绝对定向

在摄影测量中，一般情况下利用单幅影像是不能确定物体上点的空间位置的，只能确定物点所在的空间方向，即是确定摄影光束的方向。要获得物点的空间位置一般需利用两幅相互重叠的影像构成立体像对，同时确定两幅影像的摄影光束，两线相交即可确定空间点位置。

(1) 相对定向。所谓的相对定向也就是恢复相邻两张影像的相对位置，得到摄影时其摄影光束的相互关系，从而使同名光线对相交，形成地面的几何模型的作业过程。

（2）绝对定向。立体像对通过相对定向建立的立体模型是以像空间辅助坐标系为基准的，比例尺任意。因此，立体模型仅恢复像点的相对位置关系，若要确定模型点的正确位置，即获取其在物方坐标系（如工程坐标系）下的物方坐标，需完成立体模型的绝对定向。模型的绝对定向需要借助物方坐标系中已知的控制点来确定空间辅助坐标系与实际物方坐标系间的变换关系，而两者间的连接问题在数学上都是不同原点的三维空间相似变换问题，属于仿射变换。

3. 空中三角测量

摄影测量几何定位的关键技术在于快速而且正确地恢复影像获取时的空间方位。通过像对的相对定向和绝对定向可准确恢复影像空间方位，但对于大面积的航测影像，一条航带就具备多个像对（图 3-10），采用该方法外业工作量大，效率低下，实际上并不可行。长期以来，这一目标是通过空中三角测量借助一定的地面控制点间接实现的。

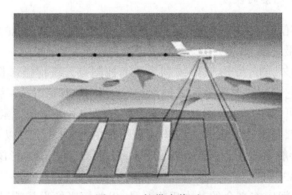

图 3-10　航带内像对

空中三角测量是摄影测量的一个重要环节，通过空中三角测量可以节省大量的野外控制工作。其基本过程是利用连续摄取的具有一定重叠的像片，按照摄影测量学的理论和方法，建立同实地相应的航带模型区域，从而获取待测点的平面坐标和高程[7]。空中三角测量的成果在航空摄影测量中主要是为地形图提供控制点，也可直接用于定位或其他工程的勘察和设计。

空中三角测量从图解法、光学机械法发展到解析法，随着计算机技术的发展，又发展到全数字空中三角测量[8]。全数字空中三角测量是随着全数字摄影测量工作站的广泛使用而发展起来的一门新的摄影测量手段，是对数字或数字化的影像进行预处理的过程。与解析摄影测量相比，全数字空中三角测量的原理与基本算法与解析摄影测量相同；不同的是，全数字空中三角测量完全由计算机自动完成加密点的选择与量测，以取代解析空中三角测量时人工量测的过程，其作业精度达到甚至优于解析摄影测量系统。

空中三角测量从计算模型上分为航带法、独立模型法和光束法，从加密区域上分为单模型、单航带和区域网。下面主要按照计算模型分类对其分别介绍。

（1）航带法。航带法的基本思想是把许多立体像对构成的单个模型连结成一个航带模型，将航带模型视为单元模型进行解析处理，通过消除航带模型中累积的系统误差，将航带模型整体纳入测图坐标系中，从而确定加密点的地面坐标[9]。但是，由于在单个模型连成航带模型的过程中，各单个模型中的偶然误差和残余的系统误差将传递到下一个模型中去，这些误差传递累计的结果会使航带模型产生扭曲变形，所以航带模型绝对定向后，还需做模型的非线性改正。其基本流程如下：①像点坐标量测及系统误差改正；②立体像对相对定向，建立单个模型；③模型连接构建自由航带网；④航带模型绝对定向；⑤航带模型非线性改正；⑥加密点坐标计算。

（2）独立模型法。独立模型法是把单元模型视为刚体，利用各单元模型间的公共点彼此连接成一个区域；在连接过程中，每个单元模型只做旋转、缩放和平移；在变换中要使模型间公共点的坐标尽可能一致，控制点的摄测坐标与其他地面坐标尽可能一致，同时观测值的改正数的平方和最小，然后按照最小二乘法原理求得待定点的地面摄测坐标。以单模型（或双模型）为平差计算单元，由一个个相互连接的单模型既可以构成一条航带网，也可以组成一个区域网，但是，构网过程中的误差被限制在单个模型内，不会发生误差累积，这样，就可以克服航带法空中三角测量的不足，有利于加密精度的提高。其主要流程为：①建立单元模型，获得各单元模型的模型点坐标，包括摄站点坐标；②利用相邻模型间的公共点和所在模型中的控制点，各单元模型分别作三维线性变换，按各自的条件列出误差方程式，并逐点进行法化，组成总体法方程式；③建立全区域的改化法方程式，并按循环分块求解每个单元模型的 7 个参数；④按平差后求得的各单元模型的 7 个变换参数计算每个单元模型中待定点的坐标，各公共点坐标取其均值作为最后坐标。

（3）光束法。光束法是以一张像片组成的一束光线作为一个平差单元，以中心投影的共线方程作为平差的基础方程，通过各光线束在空间的旋转和平移使模型之间的公共光线实现最佳交会，将整体区域最佳地纳入到控制点坐标系中，从而确定加密点的地面坐标及像片的外方位元素[10]。其基本流程为：①确定像片外方位元素和地面点坐标的近似值；②从每张像片上控制点、待定点的像点坐标出发，按共线条件列出误差方程；③误差方程式法化；④求解改化法方程式，先求出其中的一类未知数，通常先求每张像片的外方位元素；⑤加密点坐标计算（空间前方交会求待定点的地面坐标，对于相邻像片的公共点应取其均值作为最后结果）。

航带法、独立模型法、光束法各有特点，三者的比较见表 3-2。

表 3-2　三种方法比较

类型	基于思想	平差形式	特点
航带法	由模拟仪器演变而来	分步近似平差	未知数少、解算快捷、精度低
独立模型法	单元模型空间相似变换	严密平差	未知数多、解算中等
光束法	摄影过程的几何反转	最严密平差	精度高，未知数多，计算量大，速度慢

20 世纪 50 年代初，测绘科技工作者着手研究利用各种辅助数据减少地面控制点，但限于当时的技术条件未能得到应用。70 年代，GPS 出现，人们开始采用载波相位差分 GPS 动态定位技术来确定摄影瞬间摄站的空间位置（即像片的三个外方位线元素），利用其进行空中三角测量可使摄影测量作业大量减少地面控制点、缩短航测成图周期、降低生产成本，引发了摄影测量界一场技术革命。然而，GPS 辅助空中三角测量的优越性主要体现在大区域、中小比例尺、困难地区的航空摄影测量作业中，对于条带区域、城区大比例尺测图的应用并不具有太大的优势。进入 90 年代，摄影测量工作者开始研究采用 GPS/INS 组合系统来获取像片摄影时的空间方位（即利用 GPS 确定摄站的空间位置，利用 IMU 惯性测量装置获取像片的姿态角），以直接用于航测内业的像片定向并取代摄影测量加密工序。

4. DEM 获取

经过空中三角测量后，即可利用数字摄影测量工作站从立体像对中提取高程点，进行 DEM 数据采集。数据采集是 DEM 的关键问题。任一种 DEM 内插方法均不能弥补由于采样不当所造成的信息损失：采样点太稀会降低 DEM 精度；采样点过密，则增大数据获取和处理的工作量，增加不必要的存储量。因此，在 DEM 数据采集之前，需按照要求精度确定合理的取样密度，或者在数据采集过程中根据地形复杂程度动态调整取样密度。

1）数字摄影测量工作站介绍

在具有代表性的全数字摄影测量工作站方面，国际上有 Leica 公司的 Helava、Intergraph 的 ImageStation、Zeiss 的 PHODIS、Vision International 公司的工作站 Microsoft，国内有武汉大学的 VirtuoZo、中国测绘科学研究院的 JX-4 等。

Helava 数字摄影测量系统包括数字扫描工作站 DSW200/300 与数字摄影测量工作站 DPW670/770，其扫描仪的几何分辨率为 $0.5\mu m$，精度 $\leqslant 2\mu m$，像素 12.51am，可以进行彩色扫描。主计算机可以选用 SunSparc20 工作站，内存 $\geqslant 32M$，速度 $\geqslant 100MHz$；也可在主频 $\geqslant 180MHz$, 128 MBRAM, 4GHD 的 PentiumPC 机主运行。系统软件包包括：摄影测量基本模块 CORE、TERRAIN；正射影像模块 O-IMAGE；三维观察模块 SETERO；自动空三模块 HATS；地物量测模块 F-GIS；卫星影像模块 SPOT、LANDSAT 等。

VirtuoZo 数字摄影测量系统是根据摄影测量与遥感专家王之卓教授提出的方案研制并发展的系统。主机为 SGI/SUN/HP 等工作站,32MBRAM;2GHD,采用频闪式立体观察进行立体观测。软件功能包括自动空三、定向、影像匹配与交互编辑,可生成 DEM 等高线、正射影像、地物测量,可进行 DEM 拼接与影像镶嵌、立体景观与输入输出格式转换,能处理航摄、卫星以及陆摄影像。

JX-4 数字摄影测量工作站是基于计算机的数字摄影测量工作站,是一套半自动化的数字摄影测量系统,具有实用性强、人机交互功能好、生产精度高、产品质量控制工艺强的特点,可生产高密度的 DEM,生产正射影像,采集 GIS 和数字地图数据等。这套系统立体编辑功能强,具有全汉化界面,有内定向、相对定向、绝对定向、影像相关、数字地面模型生成、数字正射影像制作和人机交互的数字测图功能。

2）DEM 生产流程

定向包括内定向、相对定向和绝对定向,VirtuoZo 和 JX-4 等数字摄影测量工作站都具备了自动定向的功能,对于特殊的情形,仍需要人工引导加测部分相对定向点,定向完成后即可生成 DEM,其生产流程图如图 3-11 所示。

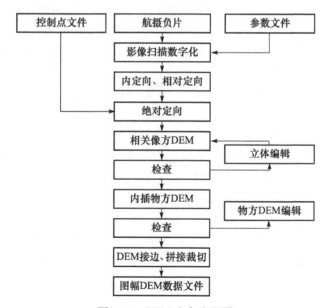

图 3-11　DEM 生产流程图

3）DEM 数据预处理

DEM 数据预处理是 DEM 内插前的准备工作,主要包括格式转换、坐标系统统一、数据编辑、栅格数据矢量化及数据分块等内容。这里主要介绍数据分块。由于数据采集方式不同,数据排列顺序也不同。在 DEM 内插时,待定点常只与周遭点有关,需要迅速提取内插点一定领域内采样点进行计算,若对所有数据进行遍历查找,数据量大时极其费时费力,因此必须对数据进行分块。分块的方法是先将整个区域分成等间隔的格网,然后将数据点按格网划分开来,且为保证数据内插的连续性,将每个格网及其一定缓冲范围内的数据设为一个计算单元,即使每个计算单元之间有一定的重叠度。一般常用分块方法有交换法或链指针法。

4) DEM 数据内插

内插是数字高程模型(DEM)的核心问题,它贯穿在 DEM 的生产、质量控制、精度评定和分析应用的各个环节。DEM 内插就是根据若干相邻参考点的高程求出待定点上的高程值,在数学上属于插值问题。任意一种插值方法都是基于原始地形起伏变化的连续光滑性,或者说邻近的数据点之间有很大的相关性,才能由邻近的数据点内插出待定点的高程。

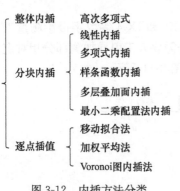

图 3-12　内插方法分类

按内插点的分布范围,可以将内插分为整体内插、分块内插和逐点内插三类。根据二元函数逼近数学面和参考点的关系,内插又可以分为纯二维内插和曲面拟合内插两种。具体分类如图 3-12 所示。二维插值要求曲面通过内插范围的全部参考点,曲面拟合则不要求曲面严格包括参考点,但要求拟合面相对于已知数据点的高差的平方和最小,即遵循最小二乘法则。可见,内插的中心问题在于邻域的确定和选择适当的插值函数。

5) DEM 质量检查

DEM 的质量检查是 DEM 质量控制中的重要内容。应用摄影测量方法生成 DEM 后,对其质量进行检测。质量检测应包括三个方面内容,即 DEM 形态、精度和完整性的检测等[11]。具体检测方法如下:

(1) DEM 形态检查。利用 DEM 数据,进一步生成同范围的数字正射影像,目视检查数字影像有无局部变形、拉花、扭曲或不合情理处。根据 DEM 数据,生成一定间距的等高线,与其他方式所得的本区域的等高线套合进行形态比较。其他方式包括野外全站仪采集、高精度解析摄影测量仪器采集、已有地形图数字化等。

(2) DEM 精度检查。用已知坐标的散点或控制点(包括定向点和空中三角测量连接点以及野外检查点、地形图上高程注记点等)进行精度统计。检查点法公式为

$$\sigma_{DEM} = \frac{1}{n} \sum_{k=1}^{n} (R_k - Z_k)^2 \tag{3-7}$$

式中,σ_{DEM} 为 DEM 精度;k 为检查点号;n 为检查点个数;Z_k 为第 k 个检查点高程;

R_k 为对应的第 k 个 DEM 内插点高程。拼接好的 DEM,可通过检查相邻模型 DEM 间重叠部分同名点的差值检查接边情况。

（3）DEM 完整性检查。主要检查 DEM 的覆盖范围是否正确,生成的 DEM 中间是否存在漏洞等,方法是利用 DEM 进一步生成数字正射影像,检查数字影像的范围及其中有无漏洞。通过以上检测,如果不符合要求,则必须进行交互式编辑或做进一步处理。

3.2.2　基于遥感影像的基础数据获取

遥感技术是 20 世纪 60 年代发展起来的一门综合性探测技术,与现代物理学、空间技术、计算机技术、数学和地理学密切相关。遥感技术已广泛应用于各种领域,成为地球环境资源的调查和规划不可缺少的有效手段。其广义的定义泛指一切非接触传感器遥测物体的几何与物理特性的技术。按照这个定义,摄影测量即为遥感的前身。经过多年发展,遥感理论和方法的研究不断深化,遥感应用领域不断拓展,一般将遥感定义为:从远处探测感知物体,也就是不直接接触物体,从远处通过探测仪器接收来自目标地物的电磁辐射(electromagnetic radiation,EMR)信息(遥感电磁辐射探测如图 3-13 所示),经过对信息的处理,判别出目标地物的空间、物理属性[12]。

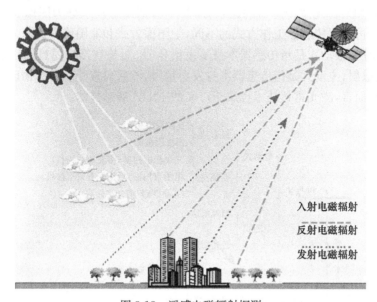

入射电磁辐射
反射电磁辐射
发射电磁辐射

图 3-13　遥感电磁辐射探测

遥感之所以能够根据收集到的 EMR 数据来判断地面目标物和有关现象,是因为一切物体,由于其种类、特征和环境条件的不同而具有完全不同的电磁波反射或发射特征。因此,遥感技术主要建立在电磁波反射或发射的原理基础上。遥感技术应用广泛,通过航空航天遥感、声纳、地磁、重力、地震、深海机器人、卫星定位、激光测距和干涉测量等探测手段,获得了有关地球的大量地形图、专题图、影像图和其他相关数据,加深了对地球形状及其物理化学性质的了解及对固体地球、大气、海洋环流的动力学机理的认识。利用对地观测新技术,不仅开展了气象预报、资源勘探、环境监测、农作物估产、土地利用分类等工作,还对沙尘暴、旱涝、火山、地震、泥石流等自然灾害的预测、预报和防治展开了科学研究,有力地促进了世界各国的经济发展,提高了人们的生活质量,为地球科学的研究和人类社会的可持续发展做出了贡献。

1. 遥感技术概要介绍

1) 遥感技术分类

遥感技术的分类方法很多,按照电磁波波段的工作区域可分为可见光遥感、红外遥感、微波遥感和多波段遥感等,按被探测的目标对象领域不同可分为农业遥感、林业遥感、地质遥感、测绘遥感、气象遥感、海洋遥感和水文遥感等,按传感器的运载工具不同可分为航空遥感和航天遥感两大系统[9]。航空遥感以飞机、气球作为传感器的运载工具,从这个意义上来说,航空摄影测量也可视为航空遥感的前身;航天遥感以卫星、飞船或火箭作为传感器的运载工具。一般采用的遥感技术分类是(图 3-14):首先按传感器的记录方式不同,把遥感技术分为图像式和非图像式两大类;再根据传感器工作方式的不同,把图像方式和非图像方式分为被动式和主动式两种。被动式是指传感器本身不发射信号,而是直接接受目标物辐射和反射的太阳散射;主动式是指传感器本身发射信号,然后再接受从目标物反射回来的信号,以此而言,激光雷达技术也属于广义的主动式遥感技术。

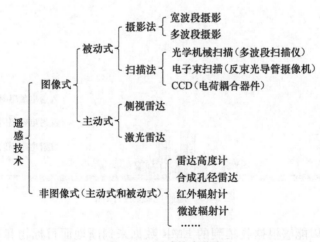

图 3-14　遥感技术分类

2）遥感信息获取

任何一个地物都有三大属性，即空间属性、辐射属性和光谱属性。地物在空间明确的位置、大小和几何形状为空间属性；对任一单波段成像而言，任何地物都有其辐射特征，反映为影像的灰度值；任何地物都有不同的光谱反射强度，从而构成其光谱特征。将地物发射或反射的电磁波信息通过传感器收集、量化并记录在胶带或磁带上，然后进行光学或计算机处理，才能得到可供几何定位和图像解译的遥感图像。

遥感信息获取的关键是传感器。由于电磁波的性质随着波长的变化有很大差异，地物对不同波段电磁波的发射和反射特性也不大相同，因而接收电磁辐射的传感器的种类极为丰富。依据不同的分类标准，传感器有多种分类方法：按工作的波段可分为可见光传感器、红外传感器和微波传感器；按工作方式可分为主动式传感器和被动式传感器。被动式传感器接收目标自身的热辐射或反射太阳辐射，如各种相机、扫描仪、辐射仪等；主动式传感器能向目标发射强大电磁波，然后接收目标反射回波，主要指各种形式的雷达，其工作波段集中在微波区。按记录方式可分为成像方式和非成像方式两大类。非成像的传感器记录的是一些地物的物理参数。在成像系统中，按成像原理可分为摄影成像、扫描成像两大类。

一般来说，传感器由收集器、探测器、信号处理器和输出器四个部分组成，如图 3-15 所示。只有摄影方式的传感器探测与记录同时在胶片上完成，无需在传感器内部进行信号处理。

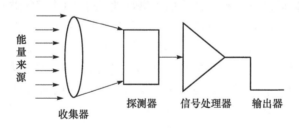

图 3-15　传感器的结构组成

收集器的作用在于将地物辐射或反射的电磁波聚焦并送往探测系统；探测系统的作用在于探测地物电磁辐射的特征，通过电信号、感光胶片等方式表现电磁波强弱的变化；信号处理系统用于电信号的放大、以及光电转换等信号处理；记录系统用于记录经过信号处理后形成的遥感影像。

3）遥感信息传输预处理

在整个遥感技术系统中，如何将大量遥感信息快速准确地传送给地面并及时处理，是关键问题所在。传感器收集到被测目标的电磁波，经过不同形式直接记录在感光胶片或磁带上,或者通过无线电发送到地面被记录下来。地面处理站接收到遥感信息数据后,在使用前需要对其进行多方面的预处理,才能获得反映目标实际的真实信息。预处理主要包括数据转换、数据压缩、数据校正,其中数据校正包括辐射校正和几何校正。经过以上预处理后的遥感数据回放成模拟像片或记录在计算机兼容磁带上,即可提供给用户使用。

　　4) 遥感数据分辨率

　　遥感数据的分辨率是遥感数据最为主要的精度评价指标,主要包括空间分辨率(地面分辨率)、光谱分辨率(波谱带数目)、辐射分辨率、时间分辨率(重复周期)和温度分辨率等。

　　(1) 空间分辨率。空间分辨率是指图像上能够分辨的最小单元所对应的地面尺寸,主要与传感器的瞬时视场角、观测高度有关。在正视情况下,瞬时视场角所对应的地面单元的尺寸等于瞬时视场角乘以传感器的高度。图像的空间分辨率越高(即瞬时视场角所对应的地面单元的尺寸越小),对地面目标的几何分辨能力越强;图像的空间分辨率越低(即瞬时视场角所对应的地面单元的尺寸越大),对地面目标的几何分辨能力越弱。对数字图像而言,若图像的空间分辨率为20m,表示该图像在该分辨率显示时,每个像素所对应的地面尺寸为20m。

　　(2) 光谱分辨率。它包括传感器探测的波谱宽度、波段数、各波段的波长范围和间隔,反映了传感器的光谱探测能力。传感器所探测的波段数越多,每个波段的波长范围越小,波段间的间隔越小,它的光谱分辨率越高。传感器的光谱分辨率越高,它获取的图像就越能反映出地物的光谱特性,不同地物间的差别在图像上就能更好地体现出来。光谱分辨率取决于传感器对光谱成分的敏感度。

　　(3) 辐射分辨率。它反映了传感器对电磁波探测的灵敏度。辐射分辨率越高,对电磁波能量的细微差别越灵敏,因此需要较高的量化比特数(对应于遥感图像的灰度级数目)才能记录电磁波能量的细微差别。一般地,辐射分辨率越高,图像的比特数越大,色调层次越丰富;辐射分辨率越低,图像的比特数越小,色调层次越少。

　　(4) 时间分辨率(或时相分辨率)。它是相邻两次对地面同一区域进行观测的时间间隔。对卫星遥感而言,时间分辨率与卫星和传感器的设计能力(如卫星的高度、传感器的视场角大小、传感器的观测角度等)、星载传感器的视场角所扫过的地面细长条带的重叠度、观测对象的纬度(纬度越高,星载传感器的视场角所扫过的地面细长条带的重叠度越大,重访周期越短)等因素有关。在周期性的对地观测中,时间分辨率越高,对地面动态目标的监视、变化检测、运动规律分析越有利。

　　(5) 温度分辨率。对于热红外遥感,还有一个分辨率是温度分辨率,可提高定量化遥感反演的水平,已达到 0.5K,将来可达到 0.1K。

2. DEM 数据获取

遥感技术在国土、规划、农业、林业、勘察、交通、海洋、地质等各行各业得到了广泛应用,其中,基于多种遥感传感器的地形数据获取是遥感技术应用的重要组成部分,以下主要针对几种常用的可用于获取地形数据的遥感技术进行简要介绍。

1) 光学卫星立体测图

光学卫星立体测图实际上可归为航天摄影测量技术,其测量地形的基础理论与立体像对测量基本一致。但与常规航空摄影测量不同的是,光学卫星常用多线阵 CCD 进行立体像对观测,具体构像原理有较大区别。

以线阵 CCD(电荷耦合器件)测量相机为有效载荷的传输型卫星,其工作方式是以线阵列的 CCD 作为传感器,卫星沿轨飞行时,按照一个同步的周期扫描地面,产生航带影像,在卫星过境时将数据传回地面,进行数据处理。其主要特点是在轨运行时间长,资料时效性强,可以实时或准实时地获取所需要地区的数字影像资料,通过回归摄影弥补云层对可见光摄影的影响,因此是当前国际上用于获取地理空间数据信息的主要卫星技术手段。Digital Globe 公司提出的 QuickBird 卫星、Space Imaging 公司提出的 IKONOS 卫星、日本陆地观测卫星 ALOS 以及法国 SPOT-5 卫星均采用线阵 CCD 探测器,常用的有单线阵相机、两线阵相机和三线阵 CCD 相机。

三线阵 CCD 相机是 20 世纪 80 年代发展起来的新一代传输型数字式航天光学遥感器。其与传统的返回式测绘相机在构像原理上有较大的区别。因其具有在轨立体成像和重构外方位元素等特点,深受各国航天摄影测量学者的重视,成为 20 世纪 90 年代后期国际摄影测量与遥感领域的重点研究项目之一。以三线阵 CCD 相机为有效载荷的摄影测量卫星,具有沿轨获取地面三维立体影像的能力,通过地面测绘处理,可以实现全球范围的测图和目标定位,生成数字地形图、数字正射影像图和数字高程模型等测绘信息产品。

三线阵 CCD 相机属于推扫式成像相机,其光电扫描成像部分是由光学系统焦面上的三个线阵 CCD 传感器(或位于不同相机焦面上的三个线阵 CCD 传感器)组成的[13,14]。这三个 CCD 阵列由正视(B)、前视(A)、后视(C)相互平行排列并与飞行器飞行方向垂直(图 3-16)。当飞行器飞行时,每个 CCD 阵列以一个同步的扫描周期 N 连续扫描地面,得到同一地面不同透视中心的三条重叠航线影像 A_s、B_s、C_s。由于这三个 CCD 阵列的成像角度不同,推扫所获取的三条影像 A_s、B_s、C_s 的视角也各不同,从而构成立体影像。

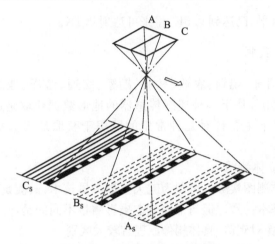

图 3-16　三线阵 CCD 工作原理

　　利用线阵 CCD 影像实现 DEM 自动生成的基础是立体摄影测量原理,即要存在能构成立体像对的左右影像。由于三线阵 CCD 相机在设计上的特点,可形成同轨立体,即构成立体观测的观测点在卫星运行的同一轨道上。三线阵 CCD 相机的前视、正视及后视相机在同一轨道上获取地面影像,而且前视、正视及后视影像任一组合都可形成立体影像。在利用三线阵 CCD 数字影像自动生成的 DEM 中,由于三线阵影像的几何特点,空中三角测量平差和影像匹配具有框幅式影像匹配所没有的特性。

　　推扫式三线阵 CCD 数字影像每一个取样周期均有 6 个外方位元素,理论上,完全严格解算每一周期独立的 6 个外方位元素是不可能的,因此摄影测量的处理要比每张像片只有 6 个外方位元素的框幅式像片处理复杂得多。针对航天摄影测量的特点,根据获取的辅助摄影测量数据和三线阵 CCD 影像等资料情况,可采用自由外方位平差方法或等效框幅式光束法平差方法(EFP 法),计算对应影像的外方位元素和同名点三维坐标,完成空间模型的恢复。

　　三线阵 CCD 影像的全数字测图系统的内容包括:利用空中三角测量提供的外方位元素建立立体模型,并利用影像匹配技术自动生成数字高程模型;以数字高程模型为基准生成数字正射影像;从 DEM 中自动生成等高线;通过立体量测和图形图像编辑,生成数字地形图、数字线划图、数字高程图(4D 产品)和数字正射影像图。图 3-17 给出了三线阵 CCD 影像数字测图系统的流程图[15]。

　　2) 合成孔径雷达干涉测量

　　关于由合成孔径雷达(synthetic aperture radar,SAR)数据提取地表高程信息的研究已经成为摄影测量与遥感领域的研究热点。国内外已经提出了多种方案,主要有三种方式,即雷达摄影测量(radargrammetry)、雷达角度测量(radarclinome-

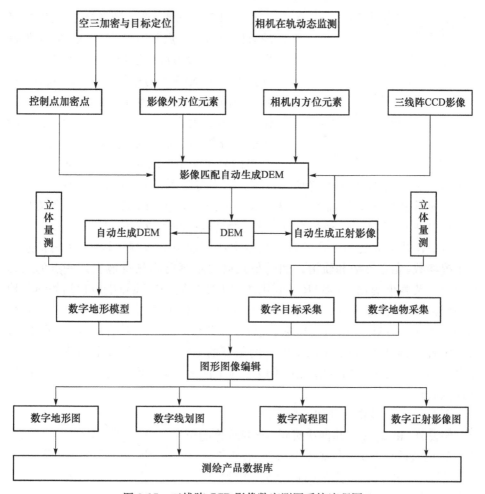

图 3-17　三线阵 CCD 影像数字测图系统流程图

try)和合成孔径雷达干涉测量(InSAR)。其中 InSAR 由于精度高、数据来源丰富等优势成为最具有潜力的途径之一。

SAR 作为 20 世纪出现的尖端对地观测技术,由于具有全天候、全天时成像能力,以及对某些地物的穿透探测能力,在对地观测领域中优势独特[16],在土地覆盖制图、生态和农业、固体地球科学、水文、海冰等众多领域中有着广泛的应用。在雷达遥感的众多应用领域中,利用合成孔径雷达影像提取高程信息,是地形测绘、自然灾害监测、自然资源调查等空间对地观测技术应用领域的先行基础工作,具有巨大的社会效益和经济效益。

图 3-18 显示了 SAR 的成像原理。它不同于光机扫描成像的光学传感器,而与推扫式线阵 CCD 成像几何有相似之处。

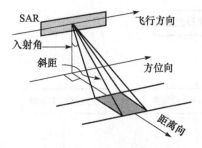

图 3-18　SAR 成像原理

从图 3-18 可见,平台沿飞行方向前进,微波束以偏离星下点某一角度(入射角)向外侧发出,逐点扫描形成测绘带宽。一般飞行方向称作方位向,侧视方向称作距离向。由平台位置到地面点之间的距离称为斜距,地距表示斜距在地面的投影。与光学传感器不同,SAR 的空间分辨率与微波辐射特性和地形有关。距离向分辨率主要取决于系统脉冲宽度和入射角,对于斜距图像来讲,整个带宽范围分辨率与距离无关,而对于具有固定斜距分辨率的图像来讲,其地面距离分辨率却随距离的增大而减小。雷达图像方位向分辨率取决于天线长度,SAR 通过合成孔径处理提高图像方位向分辨率。

InSAR 技术成功地综合了合成孔径雷达原理和干涉测量技术,利用传感器的系统参数、姿态参数和轨道之间的集几何关系等精确测量地表某一点的三维空间位置及微小变化。InSAR 是利用两部天线在同一次飞行中所得到的同一地区的两幅 SAR 影像进行干涉,提取干涉相位,或利用两幅在不同雷达站所获取的同一地区的 SAR 影像进行干涉,提取干涉相位,根据干涉相位与雷达的波长、天线位置、入射角的关系获取地面高度信息的方法。InSAR 技术的特点在于它充分利用雷达波束的相位信息形成地形的干涉图,然后通过测定相位差来确定地面点高程[17]。

图 3-19 为干涉雷达几何示意图。

假设 A_1 和 A_2 是卫星两次对同一区域成像的位置。A_1 的轨道高度为 H,基线长为 B,水平角为 α,入射角为 θ,地面目标 S 点的高程为 h。A_1 和 A_2 至地面点 P 的斜距分别为 $R_1(R_1=R)$ 和 R_2 $(R_2=R+\Delta R)$;将基线沿视线向方向分解,得到平行于视线向分量 B_P 和垂直于视线向分量 B_V,从 A_1 发射波长为 λ 的信号经目标点 P 反射后被 A_1 接收,得到测量相位

$$\phi_1 = \frac{4\pi}{\lambda}R \qquad (3\text{-}8)$$

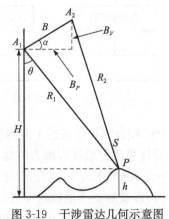

图 3-19　干涉雷达几何示意图

另一轨道上 A_2 卫星的测量相位为

$$\phi_2 = \frac{4\pi}{\lambda}(R+\Delta R) \qquad (3\text{-}9)$$

则 A_1 和 A_2 关于目标 P 点的相位差为

$$\phi = \phi_1 - \phi_2 = -\frac{4\pi}{\lambda}\Delta R \qquad (3\text{-}10)$$

根据图 3-19 中的几何关系,利用余弦定理可得

$$\sin(\theta - \alpha) = \frac{(R + \Delta R)^2 - R^2 - B^2}{2RB} \tag{3-11}$$

由于 $R \gg \Delta R$ 且 $R \gg B$,式(3-11)可简化为

$$\Delta R \approx B\sin(\theta - \alpha) \tag{3-12}$$

由式(3-10)、式(3-11),可以解算出 θ,再根据式(3-12)就可确定 P 点高程。

$$h = H - R\cos\theta \tag{3-13}$$

雷达干涉测量采用单视复数(SLC)影像数据,处理的基本流程如图 3-20 所示[18]。

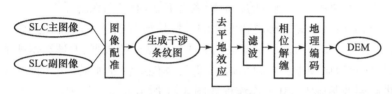

图 3-20　InSAR 提取 DEM 技术的基本流程

InSAR 数据处理具体流程如下:

(1)选择合适的 SAR 干涉数据集。针对不同的干涉应选取合适的 SAR 干涉图像对,成功地进行 InSAR 处理要求进行干涉处理的 SAR 图像对必须相干。

(2)SAR 信号数据处理成 SLC 图像。如果所获取的数据是 SAR 原始信号,必须对 SAR 信号进行成像处理,生成 SLC 图像。

(3)SAR 图像对的精确配准。在进行 SAR 干涉测量时,SAR 图像对必须进行精确配准以保证输出的干涉条纹具有良好的相干性。干涉条纹图受配准误差的影响可以通过研究相干强度分析出来,通常图像的配准误差必须在 1/8 个像元以下才对干涉条纹的质量没有明显的影响。

(4)生成干涉条纹图和计算相干系数。配准后的图像对作共轭相乘生成干涉条纹图。采用最大似然估算器计算相干系数。一般情况下,相干系数存在一定的偏差,通过对相干估算值进行空间平均可纠正这种偏差。

(5)去平地效应。平地效应是高度不变的平地在干涉纹图中所表示出来的干涉条纹随距离向和方位向的变化而呈周期性变化的现象,可通过对干涉信号乘以复相位函数来去除。

(6)干涉条纹图的滤波和二次采样。通常需要对干涉条纹图进行滤波和二次采样,利用滤波消除顶底位移对数据的影响,增加干涉条纹图的信噪比。二次采样是为了减少后期数据处理的数据量。

(7)相位解缠。相位解缠就是从相位差图像中恢复真实相位差的过程。相位解缠是 InSAR 处理中尤为关键的一步,相位解缠结果的好坏直接影响 InSAR 的最终数据产品。

（8）高程计算和地理编码。干涉测量的几何参数校正和解缠相位到高程数据的转换，利用公式可实现解缠相位到高程数据的转换。InSAR 中 DEM 所处的坐标系是 SAR 系统的斜距-方位坐标系，为了将 DEM 提供给最终用户使用，DEM 必须转换到通用的地理坐标系中。

3. 遥感地质数据获取

基于遥感影像的地质数据获取，是综合利用遥感、GPS 等技术手段，以遥感数据和地形数据为信息源，获取地质灾害及其发育环境要素信息，以地质体、地质构造和地质现象对电磁波谱响应的特征影像为依据，通过图像解译提取地质信息，测量地质参数，分析地质灾害形成和发育的环境地质背景条件，编制地质灾害类型、规模、分布的遥感解译图件。遥感数据的收集包括遥感数据、地理数据和地质资料的收集，是遥感地质调查工作的基础，为保证其能够快速地提供准确、可靠的解译成果提供必要的基础[19]，其工作流程如图 3-21 所示。

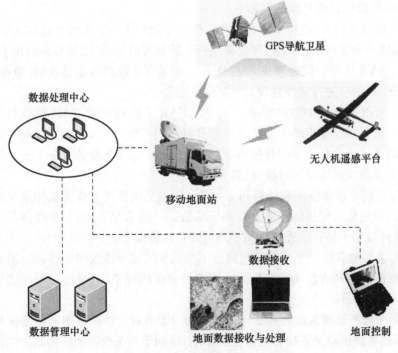

图 3-21　遥感地质数据获取工作流程

1）遥感地质解译标志

遥感图像的影像特征反映地质体之间成分、结构、物理性质、生物和人文组成的差异,以及在当地自然条件下各种内外动力的综合结果,是地壳表层景观现象的综合缩影。遥感地质解译主要是根据遥感图像的影像特征来识别地质体及地质现象[20]。

地质解译标志分为直接解译标志和间接解译标志。直接解译标志是指直接反映地质体或地质现象本身的属性在图像上的直接反映,如影像的形状、大小、色调和色彩、阴影、影像的结构、图案花纹等。间接解译标志是通过与之有联系的其他地物在影像上反映出来的特征来推断地质体或地质现象,如地质体的岩性、构造可以通过地貌形态、水系格局、植被分布、土地利用和人类活动等影像特征间接表示出来。

地质解译中的直接解译标志有:

(1) 形状和大小。在遥感影像上能看到的是地质体或地质现象的顶部或平面形状。地物影像的大小取决于比例尺。根据比例尺,可以计算影像上的地物在实地的大小。对于形状相似而难于判别的两种物体可以根据大小标志加以区别。地质体的空间产出形态(状)影像特征是区分侵入岩体、构造和岩脉的重要解译标志。通常划分为点、线、面三种形态来加以描述:

① 点影像特征。影像中的点是色调或色彩的直观表现,这些差异不同的点的色调(彩)代表着不同点状物体反射特性的差异。在自然界中,相同或相近波谱特性的目标物往往具有一定规律的排列形式,它们在遥感图像中以不同排列形式的点状影像特征组合揭示目标物的属性。点按分布密度分为麻点状、斑点状和稀疏点状、密集点状。

② 线影像特征。线影像是相同性质点影像连续的线状排列。线影像可以是人文活动或地形地貌、河流水系等自然形态的线状痕迹的表现,也可以是线状地质体或地质现象的线形影像特征。从遥感地质解译角度,线性主要指非人文活动的地学线性地质体或地质现象,它们往往代表断裂、节理、破碎带、变质构造、岩脉、岩层产状、不整合,以及地形水系等自然线状迹线。线按线状形态分为环线状、直线状、折线状、弧线状、线带等形状及规模(单位:km)加以描述。对环线状影像应进行形态、空间组合关系、规模和成因类型的描述。其环状形态可分为圆状、半圆状、椭圆状、似圆状;空间组合关系可分为单环、同心环、外切环、链环、复式环等影像形式;环形规模可按直径划分为大(直径>50km)、中(直径7.5~50km)、小(直径<7.5km)三种类型;地质属性可划分为侵入岩、火山、构造、与成矿有关四种成因类型。

③ 面影像特征。通常所见面状影像有脉状、板状、透镜状、浑圆状、椭圆状、环状和不规则状等。这些面状形态特征往往以相互间独特的色调(彩)特征显现出来。与面状影像相关的地质属性有侵入岩体、岩脉、断层面、岩层面及不同组合的岩层条带、构造岩块等组合形式。它是地质体几何形态特征的直接显示。影像规模可从几个到几千个像元,甚至更多。面按形态分为不规则状、块状、脉状、透镜

状、"哑铃状"、"鞋底状"等多种形态。它是侵入岩体、杂岩体的重要解译标志,描述的重点是边界形态和内部组合形态特征。

(2) 色调和色彩。色调和色彩都是地物电磁辐射能量大小或地物波谱特征的综合反映。色调用灰阶(灰度)表示。同一地物在不同波段的图像上会有很大差别,同一波段的影像上,由于成像时间和季节的差异,即使同一地区同一地物的色调也会不同。色彩指彩色图像上色别和色阶,如同黑白影像上的色调,用彩色摄影方法获得真彩色影像。地物颜色与天然彩色一致,用光学合成方法获得的是假彩色影像,根据需要可以突出某些地物更便于识别特定目标。在彩色摄影图像中,地物的红、绿、蓝三原色或黄、品、青补色三原色及其不同组合呈现的五颜六色,是地物颜色的直观表现。如果是多光谱彩色合成图像,图像中的红、绿、蓝三原色或黄、品、青三间色及其不同比例组合形成的假彩色代表了不同地物反射特征的差别,可达到利用其特征区分不同地物的目的。

(3) 阴影。阴影是指影像上目标物因阻挡阳光直射而出现的影子。阴影的长度、形状和方向受太阳高度角、地形起伏、阳光照射方向、目标所处的地理位置等多种因素影响。阴影可使地物有立体感,有利于地貌的判读,根据阴影的形状、长度可判断地物的类型和量算其高度。

(4) 纹理和图案。纹理和图案是地物形状和大小、色调、阴影等差异的组合,包括水系格局、地貌、植被、土壤等在遥感影像上的综合表现。

通常对影纹划分为下述结构类型加以描述:

(1) 层状影纹。层状影纹由层状岩石信息显示,主体反映地层类。按组合规律可细分为单层状、夹层状、互层状、不规则互层状和带状等形式。

(2) 非层状影纹。非层状影纹由非层状岩石(主指岩体)显示。因岩石类型复杂,影纹结构形式表现不一,除边界形状描述外,对于内部影纹结构根据具体图案自行命名即可。应注意的是,影纹结构特征不同,代表的岩性也不同。

(3) 环状影纹。环状影纹主要针对空间产出形态呈环状影像体内部信息特征的描述,它是岩石类详细划分的遥感影像依据。实践表明,同一侵入岩体内,其微细影纹结构的差异反映的是岩石结构的变化。实际应用中,尽量结合工作区具体情况按影纹结构形象自命名即可。

(4) 圈闭、半圈闭影纹。圈闭、半圈闭影纹指相同特征的层状影纹的对称分布,弧形圈闭或半圈闭,直接反映褶皱构造现象的存在。

(5) 其他影纹形式。

① 网格状:由两组以上的线性影纹互相穿插、切割所构成的影纹结构图形,主要反映节理、裂隙、断层或脉岩体的相互作用,如菱格状、肋骨状、方格状影纹等。

② 垄状:坚硬的沉积岩层、脉岩以及冰川终碛堤所形成的脊垄状影纹。

③ 链状、新月状:均是沙漠地貌的典型影像特征,新月状影纹在河漫滩沉积沙

中也可出现。

④ 斑点状：森林、植被所形成的麻点状影纹，点的稀密、大小与植被覆盖程度有关，也与图像比例尺有很大关系。

⑤ 斑块状：以不同颜色的斑块影纹图案显示地质体属性的差异，如岩体、盐碱地、沼泽地、植被覆盖区等。影像特征是在背景色调（彩）上出现基本一致的其他色调的块状体（花斑），形状不规则，杂乱分布。在中-低分辨率卫星图像上，多期火山岩喷发区也会呈现这样的影纹。

⑥ 叠置影纹：反映的是构造超覆现象。描述不同构造块体影纹结构的不协调性，如影纹斜交、色彩差异、边界性质等。

在对地物的影纹描述时，还会出现上述影纹外的其他图案，描述时可根据图案的实际形态，用人们熟悉的、生活中常用的图案名称加以描述。对于两种或两种以上的组合图案，可用组合影纹加以描述。

地质解译中常用的间接解译标志主要有：

（1）水系。水系是由多级水道组合而成的水文网，它常构成各种图形，在遥感影像上十分醒目。水系能很好地反映地面的岩性、构造等地质现象，水系的发育与地貌地质相互联系，某些水系的格局能反映地质构造的特点。由于地质环境特征不同，水系类型所反映的地质现象不尽相同。自然界中的水系类型较多，如树枝状水系、羽毛状水系、扇状水系、束状水系、辫状水系、帚状水系、钳状沟头状水系、格状水系、角状水系、放射状及向心状水系、环状水系等，可直接或间接作为解译区分岩性或构造的标志。

（2）地貌。地貌的形态取决于一定的岩性构造等地质基础，同时也取决于一定的气候水文等地质条件，不同的地貌形态是不同岩性、构造在不同内外动力作用下的结果。地形地貌特征差异是地表地质体依属性不同在内外营力作用下的综合产物。特定的地形地貌类型、形态、形态组合间接地反映了地质体属性特征的变化规律，是地层、岩性、构造现象解译区分的重要标志。根据地质解译内容不同，地形地貌标志可划分为下述两类。

第一类，构造类。

几何形态标志：它是以几何形态特征显示断裂构造的存在。主要标志形式有陡坎、三角面、透镜体、菱块体、环状体及环放体等。

构造地貌标志：它是以地貌形态特征显示褶皱、断块及断陷等构造现象的存在。主要标志形式有单面山、褶皱山、断块山、断陷盆、飞来峰等。

微地形地貌特征标志：它是以微地形规律显示断裂构造现象的存在。主要标志形式有串珠状负地形、鞍状脊等。

地形地貌单元差异：它是以地貌单元突然变化显示断裂的存在，如平原与山脉之间的分界线等。

第二类,岩性类。

被状地形标志:地形形态如被,反映的是现代火山喷发熔岩。

板状、条带状、垄岗状标志:反映的是单一岩石或岩石组合类型。

环形标志:反映的是侵入岩体、火山机构等。

(3) 水文。水文主要是指陆地水文特征,包括水体、土壤的含水性、地下水的溢出带等,特别是在干旱区为主要的解译标志。

(4) 植被的分布。尤其在识别矿产的露头时,对蚀变带的识别可将植被异常作为重点研究对象。

(5) 环境地质及人工标志。

古代与现代的采场、采坑、矿冶遗址、渣堆是地质找矿的标志,耕地的排布反映地形地貌的特征,是历史上活动与地质体有关的痕迹。

各类解译标志通常可分为直接标志和间接标志,间接标志是通过与之相联系的内在因素表现出来的特征,推理判断其属性,标志与目标间不直接对应。

2) 遥感地质解译方法[21]

一般是在计算机上以人机对话方式对遥感影像进行识别和解译工作,其基本方法有五方面内容:

(1) 解译是认识实践的反复过程,要熟悉、吃透本工作区域的有关资料(即地质、地貌、水文、气象、植被、土壤、物探、化探资料及前人各类工作成果),分析研究前人对区域地质遥感解译成果的合理、可靠程度,弄清遥感资料能解决的地质问题和已解决及有待解决的地质问题。地质体的性质是多方面的,主要包括物理性质与化学性质两大类,遥感主要是反映地质体的光谱特征信息,对全面认识地质体而言,有其局限之处。遥感影像记录的是地质体光谱反射(SAR 为后向散射)和辐射特征,地质体性质和表面特征不同所反映出的光谱特征差异可通过色、形、纹、貌四种影像特征要素加以表征。不言而喻,通过地质、物探、化探多方信息去认识地质体则是更为全面、可靠的。因此在遥感解译中,应充分收集利用已有地质、物探、化探等资料进行综合解译分析,有助于提高成果质量。地、物、化、遥多元信息的综合研究,在区域上常采用计算机多元信息迭加处理的方式来实现。通过空中、地面、地下三维空间信息的综合研究,将对地质体的空间展布和时间演化取得更好的效果。

(2) 总体观察分析。也就是初步解译,了解区域的格架,对地层、岩石、构造、矿产、地貌等因素的内在联系看成一个整体,分析其标志性的意义,由整体到局部进行逻辑性推理判断,区分异同。主要完成基础数据资料的收集、卫星影像图制作、遥感地质初步解译和野外地质踏勘四项工作,为专题遥感地质调查、区域遥感地质调查设计编写提供充分的遥感地质依据,对正确、合理部署野外调查工作起重要作用。

(3) 对比分析。要对不同比例尺、片种、时代、季节、波段、毗邻地段进行对比,了解解译标志变化与地质体、地质现象间的关系,提高认识。一种类型遥感图像只能反映一个时期、一种分辨率、一个最佳波段组合的图像,因此在地质解译中解译效果往往受信息源限制的影响。例如,工作需要或有条件获取更多类型遥感数据时,应充分应用这些信息进行综合地质解译;为了减少云、雪及植被覆盖对地质体的影响,应选择最佳时相图像作解译;当仍不能避让覆盖时,可选择其他时相图像对覆盖区作补充。另外,解译中要注意研究不同地质体在各波段图像上的影像特征,通过单波段图像中不同地质体波谱特性的反映,进一步深化地质解译。在单波段不同地质体波谱特性研究的基础上,再选择合适、有效的图像处理方法进一步增强或提取有效的地质信息,因此遥感解译地质图应是多源遥感数据解译的综合结果。

(4) 资料分析。遥感数据是遥感地质解译必需的基础数据源。为了最大限度地利用遥感数据提取地质专业信息,应系统地了解、掌握各类遥感数据的基本技术参数、地学特征,确保数据类型、最佳波段和最佳波段组合的选取,具体步骤包括:①了解和掌握资料的技术参数,如成像时间、季节、成像仪器、波段、经纬度、太阳高度角等,供解译时参考;②分析研究前人对区域地质遥感解译成果的合理、可靠程度,弄清遥感资料能解决的地质问题和已解决及有待解决的地质问题;③在明确前人解译成果中哪些是可以直接利用后,明确本次工作力争突破的重点和难点;④为合理选择新的遥感数据源、数据源组合及遥感地质信息处理方案提供依据。

(5) 解译的原则应采用由已知到未知、从区域到局部、先易后难、由宏观到微观、从总体到个别、从定性到定量、循序渐进、不断反馈和逐步深化的方法进行工作;边解译边勾绘,同时予以编录(填写解译卡片),指出成果及问题解决途径。

3) 遥感地质解译工作流程

首先,从已掌握地质情况或建立解译标志的区(点)出发,垂直地质构造走向(即沿地质剖面)进行解译,通过解译掌握地层层序与变化,了解调查区域的基本地质状况;然后,再由线(剖面或路线)沿地质走向向两侧延伸解译;进而,完成面的解译。区调中所采用的标志点、遥感点、线以及路线间的延伸解译,就是采用由点到线、由线到面的原则进行的。在实施解译中,也可根据实际情况采用点面结合、面中求点的方式。具体解译方法如下:

(1) 遥感剖面地质解译。在室内初步掌握测区地质情况及遥感影像特征的基础上,选取地质构造简单、岩石地层出露较齐全、影像特征清楚的地区,垂直地层或构造走向布置多条地质剖面进行系统的遥感地质解译。通过解译,按影像组合规律划分影像单元,作为遥感解译草图的编图实体,即编图单位。

(2) 区域性扩展解译。在完成标志性剖面解译后,以已知解译结果为基础,按照由点到线到面、由易到难的原则,向标志性剖面外围逐步扩展以至全测区的地质解译。解译中要充分参考已有的地质资料和图件,采取编译结合的方式进行。

解译时,要从已掌握地质情况或建立解译标志的地区开始,在熟悉地质影像特征,掌握解译技巧后,再扩展到相同地质条件、相同影像特征的未知区作解译。进行野外调查验证工作,是建立遥感影像解译标志的主要手段,特别是遥感影像解译工作程度较差地区更是必要的调查手段。对重点地区进行深入的实地调查可能会有所发现而令资源与环境遥感调查借此更加丰富。通过野外调查、查证,一是可以确定各类解译结果;二是可以对解译不准确部分进行修定和补充,从而提高解译资料与成果图件的可靠程度。

3.2.3　基于激光雷达的基础地形数据获取

空间信息获取技术是当前地球空间信息科学研究的热点问题之一。自然界空间对象的纷繁复杂,传统的地学三维数据采样率较低,难以准确地表达地学对象的真实状况,三维数据实时获取在空间信息科学领域显得尤为重要。随着计算机技术的快速发展和科学技术的不断进步,将现实世界的实体信息快速地转换为计算机可以识别处理的数据已经成为现实。科技的创新、不断涌现的新技术为空间数据采集提供了各种各样的新方法和新手段,推动三维空间数据获取朝集成化、实时化、动态化、数字化和智能化的方向发展。激光雷达(LiDAR)技术就是近年来迅猛发展的新兴空间信息技术,该技术作为获取空间数据的有效手段,能够快速地获取反映客观事物实时、动态变化、真实形态特性的信息。有人称激光雷达技术是继 GPS 技术以后测绘领域的又一次技术革命。

激光雷达技术按照仪器搭载平台划分,可分为地面、车载、机载以及星载等类型,与传统的测量技术相比,它采用非接触的相位式或脉冲式测量技术,能够快速且大量地获取目标的表面点坐标数据,构成数据点云;部分仪器甚至可以同时获取反射点激光反射强度和颜色信息,更有效地进行相关数据处理。

1. 激光雷达技术优势

LiDAR 技术作为信息获取的一种新模式,其理论依据、集成方案和相关技术、数据处理等方面与传统的遥感系统有所不同。相比而言,机载激光雷达技术在应用中主要有以下几个方面的优势:

第一,LiDAR 技术采用主动式的工作方式,主动发射测量信号,通过探测自身发射光的反射来获得目标信息,无需借助外部光源,因此不受日照和天气条件的限制,能够全天候实施对地观测,这些特点使它在灾害监测、环境检测、资源勘察、军事等方面的应用具有独特的优势。

第二,LiDAR 技术发射的激光脉冲具有很强的穿透能力,能部分穿透树林遮挡,直接获取真实地面的高精度三维地形信息。

第三,LiDAR 技术能快速获取大面积的目标空间信息,实现空间数据的及时采集,从而可以应用于需自动监控的行业。

第四,LiDAR 技术通过对目标的直接扫描来描述目标特征,使用庞大的点阵和浓密的格网来获取目标信息,采样点之间的间距很小,具有精度高、密度大的特点。

第五,LiDAR 技术既可以作为获取地表资源、环境信息的一种重要技术手段,又可以同其他技术手段集成使用(如可与传统的航空摄影测量、数字摄影测量以及红外遥感等结合组成一套新的功能更强的遥感系统),为数字地球信息智能化的处理提供新的融合数据源。

2. 激光雷达数据获取

为获取全面细致的地形数据信息,一般采用机载与地面或车载 LiDAR 技术集成的方式完成数据采集,机载 LiDAR 用以获取宏观的大范围的地形数据,地面、车载 LiDAR 用以补测漏洞及获取细致的地形数据。

1) 机载 LiDAR 数据获取

机载 LiDAR 数据采集过程如图 3-22 所示,采集是通过激光发射装置按设置好的时间间隔不断发射激光束,激光束打在反射镜上,通过反射镜的左右摆动,将激光束反射到地面上。激光束碰到物体,将发生反射,此时机载接收装置将记录返回信号,即记录一个相应的数据点。激光束在发生反射时,并非一次全部反射。当激光束经多次反射时,接收装置将记录多个相应数据点。飞机沿航线飞行,激光发射,接收装置不断采集,记录地面数据点。完成整个区域的数据采集。若设计测区过大,则可采用多次起飞的方式获得整个测区的数据。

图 3-22　机载 LiDAR 数据采集过程

　　LiDAR 数据采集流程图如图 3-23 所示。根据机载 LiDAR 数据采集的特点，需选择合适的飞行平台和飞行参数，研究、探讨多种飞行方案，考虑施测区域地形特点，兼顾常规与非常规飞行方案的设计、分析。机载 LiDAR 数据采集需要按照事先制订的详细飞行计划进行，计划内容包括飞行时间、地点以及地面控制点的设置等。航摄飞行设计可使用 WinMP 或 Flight Planning & Evaluation Software 进行辅助设计，航飞控制采用计算机控制导航系统。

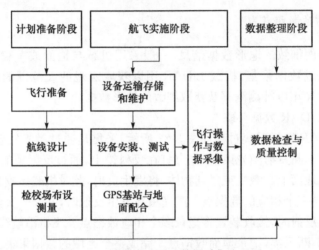

图 3-23　机载激光雷达数据采集流程图

　　利用机载 LiDAR 设备进行数据采集时，常用指标如下所示：

　　(1) 发散度。发散度决定了打在地面光斑的大小。发散度较大对植被的测量较好，发散度较小具有较强的穿透力。当航高为 1000m 时，发散度小的打在地面上的光斑大小约为 20cm，而发散度大的约为 1m。

　　(2) 回波数。由于激光的光斑较小(0.15/0.25mrad)，从空中对植被茂密地区进行测量时，每发射出一个脉冲，常可以收到树冠、树干、地表灌木以及地面等多个反射回波，目前几种主流机载 LiDAR 都有获取多次回波的能力。

　　(3) 飞行高度。要考虑飞行高度不但要保障安全作业，还要留有相当的余地以供飞机转弯；如果能获得较好的气象保障并精心设计飞行航线，飞行高度可以进一步降低，机载 LiDAR 的精度也会随之提高，这对大比例尺地形测绘是非常有利的。

　　(4) 平面精度与高程精度。机载 LiDAR 设备厂家给出的精度指标一般是准确的，但并没有考虑坡度对精度的影响。通常，高程精度指标是分段给出的，其相对精度可以发现随着型号升级，高程的精度和相对精度都在不断提高，且高程精度高于平面精度。

　　(5) 波长。机载 LiDAR 采用的激光波长一般位于近中红外的大气窗口，常用的有 1064nm、1104nm、1550nm 等,测深 LiDAR 系统还采用透水性较好的蓝绿激光波段,如 532nm。

(6) 脉冲重复频率。脉冲重复周期体现激光脉冲序列中两相邻脉冲的间隔。在一定的高度和扫描角的情况下,脉冲重复频率越高,所获得的地面激光点的密度越高。

(7) 功率。设脉冲激光器输出的单个脉冲持续时间(脉冲宽度)为 t(实际为 FWHM 宽度),单个脉冲的能量为 E,输出激光的脉冲重复周期为 T,那么,激光脉冲的平均功率 $P_{av}=E/T$(即在一个重复周期内单位时间输出的能量)。脉冲激光峰值功率 $P_{pk}=E/t$。在扫描角一定的情况下,功率越高,激光可测距离越远。

(8) 扫描方式。典型的扫描方式有线扫描、圆锥扫描和光纤扫描三种。线扫描在地面上的扫描线呈“Z”字型或平行线型;圆锥扫描随飞行平台的运动,光斑会在地面上形成一系列有重叠的圆;光纤扫描在地面上形成的扫描线呈平行或“Z”型。

(9) 最大扫描角。对于 Optech 的 ALTM 系列机载 LiDAR 而言,由于相机的像场角一般小于 LiDAR 的最大扫描角,在需要获取数码影像时,需要缩小激光的扫描角度,以保证二者的同步。扫描角缩小之后,扫描的频率可以有所提高,相应地就缩小了点的间距,对提高精度更有益。

随着机载激光雷达技术应用范围的不断扩大,越来越多的公司投入到机载激光雷达设备生产中。国际上主要有 Riegl、Leica、Optech 等生产激光雷达设备的知名公司,其产品已遍布世界各地。

地面控制是整个航飞实施阶段的重要组成部分,一般分为检校场地面配合和测区地面配合。检校场地面配合是针对检校场开展工作,主要包括现场确认、检校场标志布设与测量、基站布设与配合观测、控制点测量等方面的工作。测区地面配合主要包括基站选择与配合观测、野外检查点观测等。

2) 车载 LiDAR 数据获取

车载 LiDAR 采集流程和原理与机载 LiDAR 类似。车载激光扫描系统拥有多个相互关联的子系统,包括激光感应、GPS 定位、IRS 内部指令、数码摄像等部分。所有的这些子系统直接影响着数据的采集效率。其中,激光感应系统的性能不仅决定着数据成果的精度,而且也影响到整套系统的作业模式和实用性,主要取决于三个重要的技术指标:

(1) 精度。激光感应子系统的精度决定着最终数据成果的适用性,激光感应子系统质量的高低直接影响着测量工程的进展。低成本、廉价的激光感应系统应用于车载系统以后,其获得的数据满足不了测量的需要,生成的三维数据只可用于展示地物的外部特征,难于生成真实、可靠的数据模型。

(2) 视场角。激光感应子系统的视场角大小直接决定着外业测量的效率。大的视场角可以帮助移动载体改进工作路线,简单的几个来回就能完成一个大的测区的全部扫描和数据采集工作。

（3）数据叠加处理能力。这取决于车辆的行驶速度、镜像扫描速度、系统测量速度等因素。车辆的速度在测区的数据采集过程中对数据的叠加处理速度有很大的影响；镜像扫描速度直接影响整个系统的数据压缩过程。

车载激光扫描数据采集过程相对较为简单，其数据采集过程如下所示：

（1）设备检校。设备安装至载运工具上后，要对该设备进行检校测量，获得外方位元素（侧滚角、俯仰角、航偏角）相关信息后，方可进行工程测量工作。车载 LiDAR 设备检校主要是找一栋较大的外形规则的建筑物和一段尽可能直的道路（1～2km，宽度≥10m），匀速（16～20km/h）绕建筑物一周后再反方向绕建筑物一周，所得的数据可以通过检校获得俯仰角的值；同理，匀速对选定的道路进行往返测量，则可以从所得数据中获取侧滚角的值。

（2）路线设计。若载运工具上只安装单侧设备进行测量，在墙角、构造物、电杆等背向面容易出现盲区，因此要进行往返测量，消除盲区的影响，得到较为完整的激光点云数据；若载运工具上两侧均安装设备进行测量，只需要依照路线方向前进，不需要往返测量即可得到较为完整的激光点云数据。

（3）基站布设。为保证车载激光雷达扫描测量和 GPS/IMU 技术的实施，需要在测区沿线布设 GPS 基站，架设高精度 GPS 信号接收机与车载 POS 内置 GPS接收机同步进行 GPS 观测，基站选址原则如下：站点附近视野开阔，无强磁场干扰；站点附近交通、通信条件良好，便于联络和数据传输；站点附近地表植被覆盖稀浅，以抑制多路径效应；点位需要设立在稳定、易于保存的地点；一般基站均匀交叉分布在测量路线的两侧 1km 范围内，基站间距≤5km。为了提高测量效果，基站的数量、位置要在测量开始前确定，并且要随时调整，但必须保证载运工具所在测区有 2 台或 2 台以上的基站正常工作。

（4）操作要求。测量开始前，基站必须全部开机并使接收状态稳定；设备初始化，状态正常后，静置 15min，绕 8 字后开始测量；随时关注设备状态，如果发生异常或者卫星信号较差时，应立即停车，等异常情况消除或者卫星信号恢复后，方可继续测量；载运工具的行驶应尽量保持匀速平稳，保证采集数据的精度。

3）地面 LiDAR 数据获取

地面三维激光扫描仪是一种集成了多种高新技术的新型测绘仪器，采用非接触式高速积广测量方式，以点云形式获取地形及复杂物体三维表面的阵列式几何图形数据。市场上有多种类型的仪器，尽管生产厂家及型号不同，但仪器的基本组成部分及实现的功能相似。

一台地面三维激光扫描仪主要由激光测距系统、激光扫描系统、控制系统、电源供应系统及附件等部分构成，同时也集成了 CCD 相机和仪器内部校正系统等。

其中,激光扫描仪是核心,主要包括激光测距系统和激光扫描系统。激光测距系统是技术发展已经相当成熟的部分,地面三维激光扫描仪目前主要采用的脉冲法测距是一种高速激光测时测距技术,测距过程可以分为激光发射、激光探测、时延估计和时延测量四个环节。激光扫描系统通过内置伺服驱动马达系统精密控制多面反射棱镜的转动,使脉冲激光束沿横轴方向和纵轴方向快速扫描以获得大范围的扫描幅度、高精度的小角度扫描间隔。

地面激光扫描数据采集过程较为简单,其流程如图 3-24 所示。

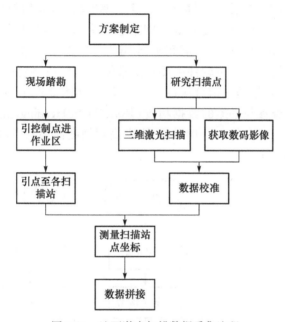

图 3-24　地面激光扫描数据采集流程

地面 LiDAR 数据采集过程与传统的全站仪测量方法类似,这里不作具体介绍,其数据采集过程中的控制点布设的注意事项主要有:

(1) 在测区内布置控制点,以便于将扫描坐标系统统一到外部坐标系下。控制点要求通视良好,各点间距大致相等。

(2) 在控制点附近选择扫描站点,通常选择平坦、稳定的地方且在保证精度的情况下,每个扫描点应能最大范围地扫描到目标场景。

3. 激光雷达数据处理

机载、车载及地面 LiDAR 虽然设备相异,侧重不同,但是最终获取的数据成果基本为具备三维空间坐标以及可能包含激光强度、颜色信息等其他属性的空间点,由于数据量呈海量,因此 LiDAR 数据也称为点云数据。

点云数据的处理主要包含数据预处理及应用处理两部分,其中预处理部分根据搭载设备的不同也有所差别;应用处理部分则随使用用途相异,但仍具备共性。下面将对数据预处理及应用处理分别介绍。

1) 机载 LiDAR 数据预处理

(1) 数据解算。

激光点云数据几何地理定位数据处理是对点云数据进行正确滤波处理的前提条件,有效的激光点云数据几何地理定位可提高定位精度。原始激光数据仅仅包含每个激光点的发射角、测量距离、反射率等信息,原始数码影像也只是普通的数码影像,都没有坐标、姿态等空间信息。只有在经过几何地理定位后,才能完成激光"大地定向",即具有空间坐标(定位)和姿态(定向)等信息的点云数据。激光点云几何地理定位软件主要是由数据分离模块、差分 GPS 解算模块和 GPS/IMU 联合平差处理三部分构成[22]。其流程如图 3-25 所示。解算完毕后,精度检查需要检查参与平差的数据精度(Roll、Pitch、Heading、经纬度、速度等的精度)和计算结果精度(偏心分量误差、平面高程精度误差)。解算精度要求一般为控制在 10cm 以内。

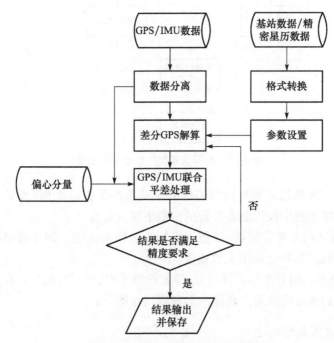

图 3-25　GPS/IMU 联合处理流程图

(2) 数据校正。

安装 LiDAR 测量系统要求 LiDAR 参考坐标系同惯性平台参考坐标系的坐

标轴间相互平行,但系统安装时不能完全保证它们相互平行。其中,IMU 的参考坐标系与 Laser/Mirror 的参考坐标系之间存在三个姿态角的偏移。这些偏移会在设备运输、设备安装或者随着时间的变化有所改变。LiDAR 检校是指根据特定的地物在不同航飞线路中所表现的特征,对 LiDAR 相机参考坐标系同惯性平台参考坐标系的坐标轴间的三个姿态角偏移的检校工作。

2)车载 LiDAR 数据预处理

车载激光扫描数据处理方法与机载类似,也分为几何定位和滤波两大部分,其处理过程主要通过设备自带的软件实现,基本处理流程如图 3-26 所示。

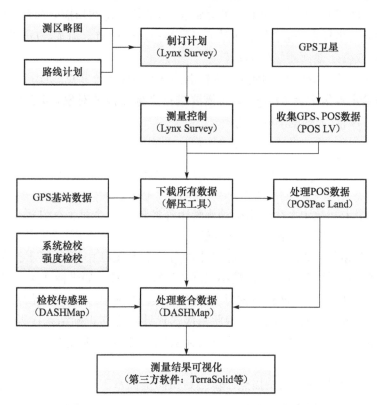

图 3-26 Lynx Mobile Mapper 系统数据处理流程

3)地面 LiDAR 数据预处理

(1)数据解算。

地面三维激光扫描仪通过数据采集获得测距观测值 S,精密时钟控制编码器同步测量每个激光脉冲横向扫描角度观测值 α 和纵向扫描角度观测值 θ。地面激光扫描三维测量一般使用仪器内部坐标系,X 轴在横向扫描面内,Y 轴在横向扫描面内与 X 轴垂直,Z 轴与横向扫描面垂直。由此可得到三维激光脚点坐标的计算公式：

$$\begin{cases} X = S\cos\theta\cos\alpha \\ Y = S\cos\theta\sin\alpha \\ Z = S\sin\theta \end{cases}$$

通常每一种扫描仪配备有专业的解算程序，可自动解算获取地面三维点云数据。

(2) 数据配准。

由于每一站所获取的点云数据是处于当前扫描站坐标系下，且每一站坐标系是相对独立的，为了得到整个测区的完整表达，必须将每站扫描坐标系下的点云数据转换至同一坐标系下，这个坐标系可以是某一站的扫描坐标系，也可以是某一局部坐标系，或者是地面测量坐标系。

可采用公共区域内最近的点作为同名点来匹配，即公共点匹配拼接法。其基本思想是给定点集 $P_c = (x_c, y_c, z_c)$（需要进行坐标变换的对象）和参考点集 $P_a = (x_a, y_a, z_a)$，则点云的配准模型为

$$x_a = r_{xx}x_c + r_{xy}y_c + r_{xz}z_c + t_x$$
$$y_a = r_{yx}x_c + r_{yy}y_c + r_{yz}z_c + t_y$$
$$z_a = r_{zx}x_c + r_{zy}y_c + r_{zz}z_c + t_z$$

其 12 个未知数中 9 个是坐标轴旋转矩阵参数 R、3 个是坐标轴平移参数 t，故需要 12 个方程才能解算出 12 个未知数。

要使 P 能够和 Q 匹配，首先对 P 中的每一个点在 Q 中找一个与之最近的点，建立点对的映射关系，然后通过最小二乘法计算一个最优的坐标变换，进行迭代求解直到满足精度为止。这种方法计算两个点集间的匹配关系使用的是最邻近原则，而不是通过寻找同名点对应，因此每次迭代计算都向正确结果接近一些，通常迭代计算需要几十次才能收敛。该方法无法完全自动化，只能通过交互操作的方式人为判断拼接效果。

这样将所有扫描站的扫描点云转换到相同坐标系下，从而使这些测站的数据统一到相同的坐标系统中。

4) 数据应用处理

(1) 去噪。

由于测量仪器等方面的原因，在获取的原始点云数据中不可避免地存在着各种噪声点。这些噪声点对后续数据处理以及模型构建质量具有很大影响，因此，在进行点云数据操作之前，首先要进行消除噪声的工作，将其中的噪声数据点去掉，这个过程称为点云的去噪滤波。去噪滤波的目的是去除测量噪声，以得到后续处理所用的点云数据。

三维激光扫描系统获取的三维场景原始点云数据中,噪声点一般为非高斯噪声,中值滤波可以有效去除这种噪声,并可较好地保存边缘信息,是一种非线性的数据平滑方法。采用中值滤波器去除噪声,具体算法过程描述如下:根据选用的模板确定某一中心像素的邻域值;对该中心像素所有邻域值进行统计排序;用统计排序结果的中间值代替中心像素的值;选取图像中的最大连通区域 S_{max},如果 S_{max} 小于中心像素的值,则认为其属于噪声,将其去除。

(2)滤波。

国际上对机载 LiDAR 数据的分类方法研究较多,主要有形态学法、移动窗口法、高程纹理法、迭代线性最小二乘内插法、基于地形坡度法、移动曲面拟合法等,大部分都是基于三维激光数据的高程突变等信息进行的[23,24]。点云滤波分类流程图如图 3-27 所示。

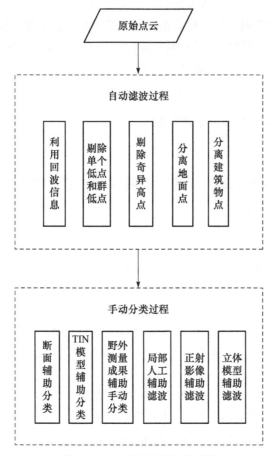

图 3-27　点云滤波分类流程图

地面 LiDAR 数据不同于机载 LiDAR 数据,其采样点分布较为密集,地面点和地物点有明显区别,三维激光扫描仪与目标地物之间还存在树木、行人、车辆等遮挡物,目标地物之后也有大量其他冗余数据,因此,不能直接沿用机载激光扫描数据处理方法进行地面激光扫描数据处理。在对地面激光扫描数据进行分类方面,很多学者进行了大量研究和尝试,取得了一定进展,但是还都局限于对距离图像中目标对象的初步分类。如利用每个断面扫描点的点位空间分布特征(几何结构、分散程度及点密度信息)来将建筑物、道路和树木等初步分离;基于建筑物几何特征直接从车载激光扫描数据中提取建筑物平面外轮廓信息[25];基于投影点密度的车载激光扫描距离图像分割与特征提取方法来区分不同目标。根据分类时所考察对象的不同,现有的分类算法可以分为两种:一种是基于点的方法,即通过考察单个点与其周围邻接点间的关系来判断点的类别。大多数滤波方法都属于这一种。但在裸露地面的不连续边缘处和建筑物边缘处,仅凭单个点的邻接关系常常无法正确区分点的类别。另一种方法是基于分割的滤波方法。该方法先将点云分割成段,然后再根据段间的关系来判断段的类别[26,27]。该类方法较其他方法更多地考虑了段的上下文关系,但容易造成对点云的过度分割。对于地面激光扫描数据的识别分类尚没有有效的工具和方法。

3.2.4　基于野外实测的基础数据获取

1. 传统测图前的准备工作

传统测图前,需做好仪器、工具及资料的准备工作。它包括图纸的准备、绘制坐标格网及展绘控制点等工作。

2. 碎部测量

碎部测量就是测定碎部点的平面位置和高程。

1) 碎部点的选择

应选地物、地貌的特征点。对于地物,碎部点应选在地物轮廓线的方向变化处,如房角点、道路转折点、交叉点、河岸线转弯点以及独立地物的中心点等。连接这些特征点,便得到与实地相似的地物形状。由于地物形状极不规则,一般规定主要地物凸凹部分在图上大于 0.4mm 均应表示出来,小于 0.4mm 时,可用直线连接。对于地貌来说,碎部点应选在最能反映地貌特征的山脊线、山谷线等地性线上,如山顶、鞍部、山脊、山谷、山坡、山脚等坡度变化及方向变化处。根据这些特征点的高程勾绘等高线,即可将地貌在图上表示出来。

2) 地形图的绘制

地物要按地形图图式规定的符号表示。房屋轮廓需用直线连接起来,而道路、河流的弯曲部分则是逐点连成光滑的曲线。不能依比例描绘的地物,应按规定的非比例符号表示。

勾绘等高线时,首先用铅笔轻轻描绘出山脊线、山谷线等地性线,再根据碎部点的高程勾绘等高线。不能用等高线表示的地貌,如悬崖、峭壁、土堆、冲沟、雨裂等,应按图式规定的符号表示。

将高程相等的相邻点连成光滑的曲线,即为等高线,勾绘等高线时,要对照实地情况,先画计曲线,后画首曲线,并注意等高线通过山脊线、山谷线的走向。地形图等高距的选择与测图比例尺和地面坡度有关。

3. 全站仪数字化测图

利用全站仪能同时测定距离、角度、高差,能提供待测点三维坐标,将仪器野外采集的数据结合计算机、绘图仪以及相应软件,就可以实现自动化测图。

1) 全站仪测图模式

结合不同的电子设备,全站仪数字化测图主要有如图 3-28 所示的三种模式。

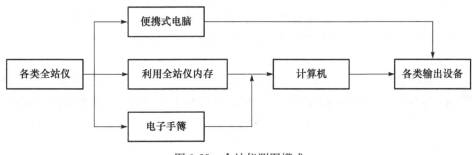

图 3-28　全站仪测图模式

2) 全站仪数字测图过程

全站仪数字化测图,主要分为准备工作、数据获取、数据输入、数据处理、数据输出等五个阶段。在准备工作阶段,包括资料准备、控制测量、测图准备等,与传统地形测图一样,不再赘述。

野外工程测量仪器可分为通用仪器和专用仪器。通用仪器中常规的光学经纬仪、光学水准仪和电磁波测距仪将逐渐被电子全站仪、电子水准仪所替代。电子型全站仪配合丰富的软件,向全能型和智能化方向发展。带电动马达驱动和程序控制的全站仪结合激光、通信及 CCD 技术,可实现测量的全自动化,被称作测量机器人。测量机器人可自动寻找并精确照准目标,在 1s 内完成对目标点的观测,像机器人一样对成百上千个目标作持续和重复观测,可广泛用于变形监测和施工测量。

GPS 接收机已逐渐成为一种通用的定位仪器在工程测量中得到广泛应用。将 GPS 接收机与电子全站仪或测量机器人连接在一起,称超全站仪或超测量机器人。它将 GPS 的实时动态定位技术与全站仪灵活的三维极坐标测量技术完美结合,可实现无控制网的各种工程测量。

专用仪器是工程测量学仪器中发展最活跃的,主要应用在精密工程测量领域。包括机械式、光电式及光机电(子)结合式的仪器或测量系统。主要特点是高精度、自动化、遥测和持续观测。用于建立水平的或竖直的基准线或基准面,测量目标点相对于基准线(或基准面)的偏距(垂距),称为基准线测量或准直测量。这方面的仪器有正锤、倒锤与垂线观测仪,金属丝引张线,各种激光准直仪、铅直仪(向下、向上)、自准直仪,以及尼龙丝或金属丝准直测量系统等。

在距离测量方面,包括中长距离(数十米至数千米)、短距离(数米至数十米)和微距离(毫米至数米)及其变化量的精密测量。以 ME5000 为代表的精密激光测距仪和 TERRAMETER LDM2 双频激光测距仪,中长距离测量精度可达亚毫米级。可喜的是,许多短距离、微距离测量都实现了测量数据采集的自动化,其中最典型的代表是钢瓦线尺测距仪 DISTINVAR,应变仪 DISTERMETER ISETH,石英伸缩仪,各种光学应变计,位移与振动激光快速遥测仪等。采用多普勒效应的双频激光干涉仪,能在数十米范围内达到 $0.01\mu m$ 的计量精度,成为重要的长度检校和精密测量设备;采用 CCD 线列传感器测量微距离可达到百分之几微米的精度,它们使距离测量精度从毫米、微米级进入到纳米级世界。

高程测量方面,最显著的发展是液体静力水准测量系统。这种系统通过各种类型的传感器测量容器的液面高度,可同时获取数十乃至数百个监测点的高程,具有高精度、遥测、自动化、可移动和持续测量等特点;两容器间的距离可达数十千米,如用于跨河与跨海峡的水准测量;通过一种压力传感器,允许两容器之间的高差从过去的数厘米达到数米。

与高程测量有关的是倾斜测量(又称挠度曲线测量),即确定被测对象(如桥、塔)在竖直平面内相对于水平或铅直基准线的挠度曲线。各种机械式测斜(倾)仪、电子测倾仪都向着数字显示、自动记录和灵活移动等方向发展,其精度达微米级。具有多种功能的混合测量系统是工程测量专用仪器发展的显著特点,采用多传感器的高速铁路轨道测量系统,用测量机器人自动跟踪沿铁路轨道前进的测量车,测量车上装有棱镜、斜倾传感器、长度传感器和计算机,可用于测量轨道的三维坐标、轨道的宽度和倾角。液体静力水准测量与金属丝准直集成的混合测量系统在数百米长的基准线上可精确测量测点的高程和偏距。

综上所述,工程测量专用仪器具有高精度(亚毫米、微米乃至纳米)、快速、遥测、无接触、可移动、连续、自动记录、微机控制等特点,可作精密定位和准直测量,可测量倾斜度、厚度、表面粗糙度和平直度,还可测振动频率以及物体的动态行为,为三维工程环境构建提供高精度数据源。

3.3　工程基础数据质量评价及控制

一般来说,应根据制订的数据产品质量检查验收方案对数据产品进行实验性检查评价,按照实验性检查评价的情况,对方案进行调整完善。

测绘成果质量通过二级检查一级验收方式进行控制,测绘成果应依次通过测绘单位作业部分的过程检查、测绘单位质量管理部门的最终检查和项目管理单位组织的验收或委托具有资质的质量检验机构进行质量验收[28]。

单位成果(item)是为实施检查与验收而划分的基本单位。其中,大地测量成果中的各级三角点、导线点、GPS 点、重力点和水准测段等以"点"或"测段"为单位;像片控制测量成果以"区域网"、"景"为单位;地形测量、地图编制、地籍测绘等测绘成果的各种比例尺地形图或影像平面图中以"幅"为单位;房产面积测算成果以"幢"为单位等。

数据质量检查与验收要求如下:

(1)测绘单位实施成果质量的过程检查和最终检查。过程检查采用全数检查。最终检查一般采用全数检查,涉及野外检查项的可采用抽样检查(样本量按表 3-3 执行),样本以外的应实施内业全数检查。

(2)验收一般采用抽样检查,样本量按表 3-3 执行。质量检验机构应对样本进行详查,必要时可对样本以外的单位成果的重要检查项进行概查。

(3)各级检查验收工作应独立、按顺序进行,不得省略、代替或颠倒顺序。

(4)最终检查应审核过程检查记录,验收应审核最终检查记录,审核中发现的问题作为资料质量错漏处理。

表 3-3　批量与样本量对照表

批量	样本量
1～20	3
21～40	5
41～60	7
61～80	9
81～100	10
101～120	11
121～140	12

批量	样本量
141~160	13
161~180	14
181~200	15
≥201	分批次提交,批次数应最小,各批次的批量应均匀

注:当样本量等于或大于批量时,则全数检查。

3.3.1　数学精度检测

图类单位成果高程精度检测、平面位置精度检测及相对位置精度检测,监测点(边)应分布均匀、位置明显。监测点(边)数量视地物复杂程度、比例尺等具体情况确定,每幅图一般各选取 20~50 个。按单位成果统计数学精度,困难时可以适当扩大统计范围。

在允许中误差 2 倍以内(含 2 倍)的误差值均应参与数学精度统计,超过允许中误差 2 倍的误差视为粗差。同精度检测时,不超过允许中误差 $2\sqrt{2}$ 倍的误差值均应参与数学精度统计,超过允许中误差 $2\sqrt{2}$ 倍的误差视为粗差。监测点(边)数量小于 20 时以误差的算术平均值代替中误差,大于等于 20 时按中误差统计。高精度检测时,中误差为

$$M = \pm\sqrt{\frac{\sum\limits_{i=1}^{n}\Delta_i^2}{2n}} \tag{3-14}$$

式中,M 为成果中误差;n 为检测点(边)总数;Δ_i 为较差。

样本及单位成果质量采用优、良、合格和不合格四级评定。测绘单位评定单位成果质量和批成果质量等级。验收单位根据样本质量等级核定批成果质量等级。

3.3.2　质量表征

单位成果质量水平以百分制表征。权的调整原则如下:质量元素、质量子元素的权一般不作调整,当检验对象不是最终成果(一个或几个工序成果、某几项质量元素等)时,按本标准所列相应权的比例调整质量元素的权,调整后的成果各质量元素权之和应为 1.0。

质量评分中,数学精度评分方法,按表 3-4 的规定采用分段直线内插的方法计算质量分数;多项数学精度评分时,单项数学精度得分均大于 60 分时,取其算术平均值或加权平均。

表 3-4　数学精度评分标准

数学精度值	质量分数
$0 \leqslant M \leqslant 1/3\ M_0$	$S = 100$ 分
$1/3\ M_0 < M \leqslant 1/2\ M_0$	90 分 $\leqslant S < 100$ 分
$1/2\ M_0 < M \leqslant 3/4\ M_0$	75 分 $\leqslant S < 90$ 分
$3/4\ M_0 < M \leqslant M_0$	60 分 $\leqslant S < 75$ 分

注:M_0 为允许中误差的绝对值,$M_0 = \sqrt{m_1^2 + m_2^2}$,$m_1$ 为规范或相应技术文件要求的成果中误差,m_2 为检测中误差(高精度检测时取 $m_2 = 0$);M 为成果中误差的绝对值;S 为质量分数(分数值根据数学精度的绝对值所在区间进行内差)。

成果质量错漏扣分标准按表 3-5 执行。

表 3-5　成果质量错漏扣分标准

差错类型	扣分值/分
A 类	42
B 类	$12/t$
C 类	$4/t$
D 类	$1/t$

注:一般情况下取 $t=1$。需要进行调整时,以困难类别为原则,按《生产困难类别细则》进行调整(平均困难类别 $t=1$)。

质量子元素评分方法,根据成果数学精度值的大小,按上文的要求评定数学精度的质量分数,即得到 S_2。其他质量子元素,则首先将质量子元素得分预置为 100 分,再对相应质量子元素中出现的错漏逐个加分。

$$S_2 = 100 - [a_1 \times (12/t) + a_2 \times (4/t) + a_3 \times (1/t)] \tag{3-15}$$

式中,S_2 为质量子元素得分;a_1、a_2、a_3 分别为质量子元素中相应的 B 类错漏、C 类错漏、D 类错漏个数;T 为扣分值调整系数。

采用加权平均法计算质量元素得分 S_1:

$$S_1 = \sum_{i=1}^{m} (S_{ti} \times p_i) \tag{3-16}$$

式中,S_{ti} 为相应质量子元素得分;p_i 为相应质量子元素的权;m 为质量元素中包含的质量子元素个数。

采用加权平均法计算单位成果质量得分 S:

$$S = \sum_{j=1}^{n} (S_{tj} \times p_j) \tag{3-17}$$

式中,S_{tj} 为质量元素得分;p_j 为相应质量元素的权;n 为质量成果中包含的质量元素个数。

单位成果质量评定时,当单位成果出现以下情况之一,即判定为不合格:

(1) 单位成果中出现 A 类错漏;

(2) 单位成果高程精度检测、平面位置精度检测及相对位置精度检测,任一项粗差比例超过 5%;

(3) 质量子元素质量得分小于 60 分。

根据单位成果的质量得分,按表 3-6 划分质量等级。

表 3-6　单位成果质量等级评定标准

质量等级	质量得分
优	$S \geq 90$ 分
良	75 分 $\leq S < 90$ 分
合格	60 分 $\leq S < 75$ 分
不合格	$S < 60$ 分

3.3.3　抽样检查程序

首先,确定样本量。根据检验批的批量按表 3-7 确定样本量。

表 3-7　批量与样本量对照表

批量	样本量
1~20	3
21~40	5
41~60	7
61~80	9
81~100	10
101~120	11
121~140	12
141~160	13
161~180	14
181~200	15
≥201	分批次提交,批次数应最小,各批次的批量应均匀

注:当样本量等于或大于批量时,则全数检查。

抽取样本时,样本需分布均匀。以"点"、"景"、"幅"、"测段"、"幢"或"区域网"等为单位在检验批中随机抽取样本。一般采用简单随机抽样,也可根据生产方式或时间、等级等采用分层随机抽样。按样本量,从批成果中提取样本,并提取单位成果的全部有关资料。下列资料按 100% 提取样品原件或复印件:

(1) 项目设计书、专业计划书,生产过程中的补充规定;

（2）技术总结,检查报告及检查记录；

（3）仪器鉴定证书和检验资料复印件；

（4）其他需要的文档资料。

根据测绘成果的内容与特性,分别采用详查和概查的方式进行检验。详查是根据各单位成果的质量元素及检查项,按有关的规范、技术标准和技术设计的要求逐个检验单位成果并统计存在的各类差错数量,评定单位成果质量。

概查是指对影响成果质量的主要项目和带倾向性的问题进行的一般性检查,一般只记录 A 类、B 类错漏和普遍性问题。

若概查中未发现 A 类错漏或 B 类错漏小于 3 个时,判成果概查为合格；否则,判概查为不合格。当样本中出现不合格单位成果时,评定样本质量为不合格。全部单位成果合格后,根据单位成果的质量得分,按算术平均方式计算样本质量得分 S,按表 3-8 评定样本质量等级。

表 3-8　样本质量等级评定标准

质量等级	质量评分
优	$S \geqslant 90$ 分
良	75 分 $\leqslant S <$ 90 分
合格	60 分 $\leqslant S <$ 75 分

批质量的判定,最终检查批成果合格后,按以下原则评定批成果质量等级:优良品率达到 90% 以上,其中优级品率达到 50% 以上,评为优级；优良品率达到 80% 以上,其中优级品率达到 30% 以上,评为良级；未达到上述标准,评为合格。

批成果质量核定,验收单位根据评定的样本质量等级,核定批成果质量等级,当测绘单位未评定成果质量等级,或验收单位评定的样本质量等级与测绘单位评定的批成果质量等级不一致时,以验收单位评定的样本质量等级作为批成果质量等级。

批成果质量判定,生产过程中,使用未经计量检定或检定不合格的测量仪器,均判为批不合格。当详查和概查均为合格时,判为批合格；否则,判为批不合格。若验收中只实施了详查,则只依据详查结果判定批质量。当详查和概查中发现伪造成果现象或技术路线存在重大偏差,均判为批不合格。

最后,编制报告,检查报告、检验报告的内容,格式按 GB/T 18316—2008 的规定执行。

3.3.4　质量元素权重

三维工程环境基础数据主要有如表 3-9 所示的五种类型。

表 3-9　三维工程环境基础数据种类统计表

序号	基本类型	成果种类	总数
1	大地测量	GPS 测量,三角测量,导线测量,水准测量,光电测距,天文测量,重力测量,大地测量计算	8
2	航空摄影	航空摄影,航空摄影扫描数据,卫星遥感影像	3
3	摄影测量与遥感	像片控制测量,像片调绘,空中三角测量,中小比例尺地形图,大比例尺地形图	5
4	工程测量	平面控制测量,高程控制测量(三角高程、GPS 拟合高程),大比例尺地形图	3
5	激光扫描	机载激光扫描,车载激光扫描,地面激光扫描	3

以下介绍各类成果质量元素及权重划分情况。

1. 大地测量

大地测量各种成果的质量元素及权重划分见表 3-10～表 3-17。

表 3-10　GPS 测量成果质量元素及权重表　　　　　　　(单位:点)

质量元素	权	质量子元素	权	检查项
数量质量	0.50	数学精度	0.30	1. 点位中误差与规范及计划书的符合情况 2. 边长相对中误差与规范及设计书的符合情况
		观测质量	0.50	1. 仪器检验项目的齐全性,检验方法的正确性 2. 观测方法的正确性,观测条件的合理性 3. GPS 点水准联测的合理性和正确性 4. 归心元素、天线高测定方法的正确性 5. 卫星高度角、有效观测卫星总数、时段中任一卫星有效观测时间、观测时段数、时段长度、数据采样间隔、PDOP 值、钟漂、多路径效应等参数的规范性和正确性 6. 观测手簿记录和注记的完整性和数字记录、划改的规范性 7. 数据质量检验的符合性 8. 规范和设计方案的执行情况 9. 成果取舍和重测的正确性、合理性
		计算质量	0.20	1. 起算点选取的合理性和起始数据的正确性 2. 起算点的兼容性及分布的合理性 3. 坐标改算方法的正确性 4. 数据使用的正确性和合理性 5. 各项外业验算项目的完整性、方法正确性,各项质量符合性

续表

质量元素	权	质量子元素	权	检查项
点位质量	0.30	选点质量	0.50	1. 点位布设及点位密度的合理性 2. 点位满足观测条件的符合情况 3. 点位选择的合理性 4. 点之记内容的齐全、正确性
		埋石质量	0.50	1. 埋石坑位的规范性和尺寸的符合性 2. 标石类型和标石埋设规格的规范性 3. 标志类型、规格的正确性 4. 标石质量,如坚固性、规格等 5. 托管手续内容的齐全、正确性
资料质量	0.20	整饰质量	0.30	1. 点之记和托管手续、观测手簿、计算成果等资料的规整性 2. 技术总结、检查报告格式的规范性 3. 技术总结、检查报告整饰的规整性
		资料完整性	0.70	1. 技术总结编写的齐全和完整情况 2. 检查报告编写的齐全和完整情况 3. 上交资料的齐全性和完整性情况

表 3-11　三角测量成果质量元素及权重表　　　（单位：点）

质量元素	权	质量子元素	权	检查项
数据质量	0.50	数学精度	0.30	1. 最弱边相对中误差符合性 2. 最弱点中误差符合性 3. 侧角中误差符合性
		观测质量	0.40	1. 仪器检验项目的齐全性、检验方法的正确性 2. 各项观测误差的符合性 3. 归心元素的测定方法、次数、时间及投影偏差情况,觇标高的测定方法及量取部位的正确性 4. 水平角的观测方法、时间选择、光段分布,成果取舍和重测的合理性和正确性 5. 天顶距(或垂直角)的观测方法、时间选择、成果取舍和重测的合理性和正确性 6. 记簿计算正确性、注记的完整性和数字记录、划改的规范性
		计算质量	0.30	1. 外业验算项目的齐全性,验算方法的正确性 2. 验算数据的正确性和验算结果的符合性 3. 已知三角点选取的合理性和起始数据的正确性
点位质量	0.30	选点质量	0.50	1. 点位密度的合理性 2. 点位选择的合理性 3. 锁段图形权倒数值的符合性 4. 展点图内容的完整性和正确性 5. 点之记内容的完整性和正确性
		埋石质量	0.50	1. 觇标的结构及樯柱与视线关系的合理性 2. 标石的类型、规格和预制的质量情况 3. 标石的埋设和外部整饰情况 4. 托管手续内容的齐全性和正确性

续表

质量元素	权	质量子元素	权	检查项
资料质量	0.20	整饰质量	0.30	1. 选点、埋石及验算资料整饰的齐全性和规整性 2. 成果资料整饰的规整性 3. 技术总结整饰的规整性 4. 检查报告整饰的规整性
		资料全面性	0.70	1. 技术总结内容的齐全性和完整性 2. 检查报告内容的齐全性和完整性 3. 上交资料的齐全性和完整性

表 3-12　导线测量成果质量元素及权重表　　　　（单位：点）

质量元素	权	质量子元素	权	检查项
数据质量	0.50	数学精度	0.30	1. 点位中误差符合性 2. 边长相对精度符合性 3. 方位角闭合差符合性 4. 测角中误差符合性
		观测质量	0.40	1. 仪器检验项目的齐全性、检验方法的正确性 2. 各项观测误差的符合性 3. 归心元素的测定方法、次数、时间及投影偏差情况,觇标高的测定方法及量取部位的正确性 4. 水平角和导线测距的观测方法、时间选择、光段分布、成果取舍和重测的合理性和正确性 5. 天顶距(或垂直角)的观测方法、时间选择、成果取舍和重测的合理性和正确性 6. 记簿计算正确性、注记的完整性和数字记录、划改的规范性
		计算质量	0.30	1. 外业验算项目的齐全性,验算方法的正确性 2. 验算数据的正确性及验算结果的符合性 3. 已知三角点选取的合理性和起始数据的正确性 4. 上交资料的齐全性
点位质量	0.30	选点质量	0.50	1. 导线网网型结构的合理性 2. 点位密度的合理性 3. 点位选择的合理性 4. 展点图内容的完整性和正确性 5. 点之记内容的完整性和正确性 6. 导线曲折度
		埋石质量	0.50	1. 觇标的结构及橹柱与视线关系的合理性 2. 标石的类型、规格和预制的规整性 3. 标石的埋设和外部整饰 4. 托管手续内容的齐全性和正确性

续表

质量元素	权	质量子元素	权	检查项
资料质量	0.20	整饰质量	0.30	1. 选点、埋石及验算资料整饰的齐全性和规整性 2. 成果资料整饰的规整性 3. 技术总结整饰的规整性 4. 检查报告整饰的规整性
		资料完整性	0.70	1. 技术总结内容的齐全性和完整性 2. 检查报告内容的齐全性和完整性 3. 上交资料的齐全性和完整性

表 3-13　水准测量成果质量元素及权重表　　　　（单位:测段）

质量元素	权	质量子元素	权	检查项
数据质量	0.50	数学精度	0.30	1. 每千米偶然中误差的符合性 2. 每千米全中误差的符合性
		观测质量	0.40	1. 测段、区段、路线闭合差的符合性 2. 仪器检验项目的齐全性、检验方法的正确性 3. 测站观测误差的符合性 4. 对已有水准点的水准路线联测和接测方法的正确性 5. 观测的检测方法的正确性 6. 观测条件选择的正确、合理性 7. 成果取舍和重测的正确、合理性 8. 记簿计算正确性、注记的完整性和数字记录、划改的规范性
		计算质量	0.30	1. 环闭合差的符合性 2. 外业验算项目的齐合性,验算方法的正确性 3. 已知水准点选取的合理性和起始数据的正确性
点位质量	0.30	选点质量	0.50	1. 水准路线布设及点位密度的合理性 2. 路线图绘制的正确性 3. 点位选择的合理性 4. 点之记内容的齐全、正确性
		埋石质量	0.50	1. 标石类型的正确性 2. 标石埋设规格的规范性 3. 托管手续内容的齐全、正确性
资料质量	0.20	整饰质量	0.30	1. 观测、计算资料整饰的规整性 2. 成果资料的整饰规整性 3. 技术总结整饰的规整性 4. 检查报告整饰的规整性
		资料完整性	0.70	1. 技术总结内容的齐全性和完整性 2. 检查报告内容的齐全性和完整性 3. 上交资料的齐全性和完整性

表 3-14　光电测距成果质量元素及权重表　　　　　（单位：条）

质量元素	权	质量子元素	权	检查项
数据质量	0.70	数学精度	0.30	边长精度超限
		观测质量	0.40	1. 仪器检验项目的齐全性，检验方法的正确性 2. 记簿计算正确性、注记的完整性和数字记录、划改的规范性 3. 归心元素测定方法的正确性以及测定时间的投影偏差情况 4. 测距边两端点高差测定方法的正确性及精度情况 5. 观测条件选择的正确性、光段分配的合理性，气象元素测定情况 6. 成果取舍和重测的正确性、合理性 7. 观测误差与限差的符合情况 8. 外业验算的精度指标与限差的符合情况
		计算质量	0.30	1. 外业验算项目的齐全性 2. 外业验算方法的正确性 3. 验算结果的正确性 4. 观测成果采用的正确性
资料质量	0.30	整饰质量	0.30	1. 观测、计算资料整饰的规整性 2. 成果资料整饰的规整性 3. 技术总结整饰的规整性 4. 检查报告整饰的规整性
		资料全面性	0.70	1. 技术总结内容的齐全性和完整性 2. 检查报告内容的齐全性和完整性 3. 上交资料的齐全性和完整性

表 3-15　天文测量成果质量元素及权重表　　　　　（单位：点）

质量元素	权	质量子元素	权	检查项
数据质量	0.50	数学精度	0.30	1. 经纬度中误差的符合性 2. 方位角中误差的符合性 3. 正、反方位角之差的符合性
		观测质量	0.40	1. 仪器检验项目的齐全性，检验方法的正确性 2. 记簿计算正确性、注记的光移性和数字记录、划改规范性 3. 归心元素测定方法的正确性 4. 经纬度、方位角观测方法的正确性 5. 观测条件选择的正确、合理性 6. 成果取舍和重测的正确、合理性 7. 各项外业观测误差与限差的符合性 8. 各项外业验算的精度指标与限差的符合性
		计算质量	0.30	1. 外业验算项目的齐全性 2. 外业验算方法的正确性 3. 验算结果的正确性 4. 观测成果采用正确性

质量元素	权	质量子元素	权	检查项
点位质量	0.30	选点质量	0.30	点位选择的合理性
		埋石质量	0.70	1. 天文墩结构的规整性、稳定性 2. 天文墩类型及质量符合性 3. 天文墩埋设规格的正确性
资料质量	0.20	整饰质量	0.30	1. 观测、计算资料整饰的规整性 2. 成果资料整饰的规整性 3. 技术总结整饰的规整性 4. 检查报告整饰的规整性
		资料全面性	0.70	1. 技术总结内容的齐全性和完整性 2. 检查报告内容的齐全性和完整性 3. 上交资料的齐全性和完整性

表 3-16　重力测量成果质量元素及权重表　　（单位：点）

质量元素	权	质量子元素	权	检查项
数据质量	0.50	数学精度	0.30	1. 重力联测中误差符合性 2. 重力点平面位置中误差符合性 3. 重力点高程中误差符合性
		观测质量	0.40	1. 仪器检验项目的齐全性、检验方法的正确性 2. 重力测线安排的合理性、联测方法的正确性 3. 重力点平面坐标的高程测定方法的正确性 4. 成果取舍和重测的正确、合理性 5. 记簿计算正确性、注记的完整性和数字记录、划改的规范性 6. 外业观测误差与限差的符合性 7. 外业验算的精度指标与限差的符合性
		计算质量	0.30	1. 外业验算项目的齐全性 2. 外业验算方法的正确性 3. 重力基线选取的合理性 4. 起始数据的正确性
点位质量	0.30	选点质量	0.50	1. 重力点布设位密度的合理性 2. 重力点位选择的合理性 3. 点之记内容的齐全性、正确性
		造埋质量	0.50	1. 标石类型的规范性和标石质量情况 2. 标石埋设规格的规范性 3. 照片资料的齐全性 4. 托管手续的完整性

质量元素	权	质量子元素	权	检查项
资料质量	0.20	整饰质量	0.30	1. 观测、计算资料整饰的规整性 2. 成果资料整饰的规整性 3. 技术总结整饰的规整性 4. 检查报告整饰的规整性
		资料完整性	0.70	1. 技术总结内容的全面性和完整性 2. 检查报告内容的全面性和完整性 3. 上交成果资料的齐全性

表 3-17　大地测量计算成果质量元素及权重表

（单位：按所计算成果的单位）

质量元素	权	质量子元素	权	检查项
成果正确性	0.70	数学模型	0.30	1. 采用基准的正确性 2. 平差方案及计算方法的正确性、完备性 3. 平差图形选择的合理性 4. 计算、改算、平差、统计软件功能的完备性
		计算正确性	0.70	1. 外业观测数据取舍的合理性、正确性 2. 仪器常数及检定系数选用的正确性 3. 相邻测区成果处理的合理性 4. 计量单位、小数取舍的正确性 5. 起算数据、仪器检验参数、气象参数选用的正确性 6. 计算图、表编制的合理性 7. 各项计算的正确性
成果完整性	0.30	整饰质量	0.30	1. 各种计算的规整性 2. 成果资料的规整性 3. 技术总结的规整性 4. 检查报告的规整性
		资料完整性	0.70	1. 成果表编辑或抄录的正确性、全面性 2. 技术总结或计算说明内容的全面性 3. 精确统计资料的完整性 4. 上交成果资料的齐全性

2. 航空摄影

航空摄影各种成果的质量元素及权重划分见表 3-18～表 3-20。

表 3-18　航空摄影成果质量元素及权重表　　　（单位：片）

质量元素	权		检查项
	A	B	
飞行质量	0.40	0.30	1. 航摄设计　　　　　　　　　　6. 航迹 2. 像片重叠度（航向和旁向）　7. 航线弯曲度 3. 最大和最小航高之差　　　　8. 边界覆盖保证 4. 航偏角　　　　　　　　　　9. 像点最大位移值 5. 像片航斜角
影像质量	0.40	0.30	1. 最大密度 D_{max}　　　　　5. 冲洗质量 2. 最小密度 D_{min}　　　　　6. 影像色调 3. 灰雾密度 D_0　　　　　　　7. 影像清晰度 4. 反差　　　　　　　　　　8. 框标影像
数据质量	—	0.20	1. 数据完整性　　　　　　　2. 正确性
附件质量	0.20		1. 摄区完成情况图、批区分区图、分区航线结合图、摄区航线及 像片结合图、航摄鉴定表的完整性、正确性 2. 航摄仪技术参数检定报告的正确性 3. 航摄仪压平检测报告的正确性 4. 各类注记、图表填写的完整性、正确性 5. 航摄胶片感光特性测定及航摄底片冲洗记录的正确性和完整性 6. 成果包装

注：A 为常规航空影像；B 为 GPS（或 IMU/DGPS）辅助空中三角测量、数字航空影像。

表 3-19　航空摄影扫描数据质量元素及权重表　　　（单位：片）

质量元素	权	检查项
影像质量	0.40	1. 影像分辨率的正确性 2. 影像色调是否均匀、反差是否适中 3. 影像清晰度 4. 影像外观质量（噪声、云块、划痕、斑点、污迹等） 5. 框标影像质量
数据正确性和完整性	0.50	1. 原始数据正确性 2. 文件命名、数据组织和数据格式的正确性、规范性 3. 存储数据的介质和规格的正确性 4. 数据内容的完整性
附件质量	0.10	1. 元数据文件正确性、完整性 2. 上交资料齐全性

表 3-20　卫星遥感影像质量元素及权重表　　　（单位：景）

质量元素	权	检查项
数据质量	0.20	数据格式的正确性，影像获取时的"侧倾角"等主要技术指标
影像质量	0.70	1. 影像反差 2. 影像清晰度 3. 影像色调
附件质量	0.10	影像参数文件内容的完整性

3. 摄影测量与遥感

摄影测量与遥感各种成果的质量元素及权重划分见表 3-21～表 3-24。

表 3-21　像片控制测量成果质量元素及权重表　　（单位：区域网）

质量元素	权	质量子元素	权	检查项
数据质量	0.30	数学精度	0.60	各项闭合差、中误差精度指标的符合情况
		观测质量	0.40	1. 观测手簿的规整性和计算的正确性 2. 计算手簿的规整性和计算的正确性
布点质量	0.30	1. 控制点点位布设的正确性、合理性 2. 控制点点位选择的正确性、合理性		
整饰质量	0.30	1. 控制点判、刺的正确性 2. 控制点整饰规范性 3. 点位说明的准确性		
附件质量	0.10	布点略图、成果表		

表 3-22　像片调绘成果质量元素及权重表　　（单位：幅）

质量元素	权	检查项
地理精度	0.40	1. 地物、地貌调绘的全面性、正确性 2. 地物、地貌综合取舍的合理性 3. 植被、土质符号配置的准确性、合理性 4. 地名注记内容的正确性、完整性
属性精度	0.40	各类地物、地貌的性质说明和说明文字，以及数字注记等内容的完整性、正确性
整饰质量	0.10	1. 各类注记的规整性 2. 各类线划的规整性 3. 要素符号间关系表达的正确性、完整性 4. 像片的整洁度
附件质量	0.10	1. 上交资料的齐全性 2. 资料整饰的规整性

表 3-23　空中三角测量成果质量元素及权重表　　（单位：区域网）

质量元素	权	质量子元素	权	检查项
数据质量	0.60	数学基础	0.10	大地坐标系、大地高程基准、投影系等
		平面位置精度	0.20	内业加密点的平面位置精度
		高程精度	0.20	内业加密点的高程精度
		接边精度	0.20	区域网间接边精度
		计算质量	0.30	基本定向点权、内定向、相对定向精度，多余控制点不符值，公共点较差

质量元素	权	质量子元素	权	检查项
布点质量	0.35	1. 平面控制点和高程控制点是否超基线布控 2. 定向点、检查点设置的合理性、正确性 3. 加密点点位选择的正确性、合理性		
附件质量	0.05	1. 上交资料的齐全性 2. 资料整饰的规整性 3. 点位略图		

表 3-24　中小比例尺地形图质量元素及权重表　　　（单位：幅）

质量元素	权	质量子元素	权	检查项
数学精度	0.25	数学基础	0.20	格网、图廓点、三北方向线
		平面精度	0.40	1. 平面绝对位置中误差 2. 接边精度
		高程精度	0.40	1. 高程注记高程中误差 2. 等高线高程中误差 3. 接边精度
数据及结构正确性	0.20			1. 文件命名、数据组织正确性 2. 数据格式的正确性 3. 要素分层的正确性、完备性 4. 属性代码的正确性 5. 属性接边正确性
地理精度	0.25			1. 地理要素的完整性与正确性 2. 地理要素的协调性 3. 注记和符号的正确性 4. 综合取舍的合理性 5. 地理要素接边质量
整饰质量	0.20			1. 符号、线划、色彩质量 2. 注记质量 3. 图面要素协调性 4. 图面、图廓外整饰质量
附件质量	0.10			1. 元数据文件的正确性、完整性 2. 检查报告、技术总结内容的全面性及正确性 3. 成果资料的齐全性 4. 各类报告、附图（接合图、网图）、附表、簿整饰的规整性

4. 工程测量

工程测量各种成果的质量元素及权重划分见表 3-25～表 3-27。

表 3-25　平面控制测量成果质量元素及权重表　　　　　（单位：点）

质量元素	权	质量子元素	权	检查项
数据质量	0.50	数学精度	0.30	1. 点位中误差与规范及设计书的符合情况 2. 边长相对中误差与规范及设计书的符合情况
		观测质量	0.40	1. 仪器检验项目的齐全性、检验方法的正确性 2. 观测方法的正确性，观测条件的合理性 3. GPS 点水准联测的合理性和正确性 4. 归心元素、天线高测定方法的正确性 5. 卫星高度角、有效观测卫星总数、时段中任一卫星有效观测时间、观测时段数、时段长度、数据采样间隔、PDOP 值、钟漂、多路径影响等参数的规范性、正确性 6. 观测手簿记录和注记的完整性和数字记录、划改的规范性，数据质量检验的符合性 7. 水平角和导线观测方法，成果取舍和重测的合理性和正确性 8. 天顶距(或垂直角)的观测方法、时间选择，成果取舍和重测的合理性和正确性 9. 规范和设计方案的执行情况 10. 成果取舍和重测的正确性、合理性
数据质量	0.50	计算质量	0.30	1. 起算点选取的合理性和真实数据的正确性 2. 起算点的兼容性及分布的合理性 3. 坐标改算方法的正确性 4. 数据使用的正确性和合理性 5. 各项外业验算项目的完整性、方法的正确性、符合性
点位质量	0.30	选点质量	0.50	1. 点位布设及点位密度的合理性 2. 点位满足观测条件的符合情况 3. 点位选择的合理性 4. 点之记内容的齐全性、正确性
		埋石质量	0.50	1. 埋石坑位的规范性和尺寸的符合性 2. 标石类型和标石埋设规格的规范性 3. 标志类型、规格的正确性 4. 托管手续内容的齐全性、正确性
资料质量	0.20	整饰质量	0.30	1. 点之记和托管手续、观测手簿、计算成果等资料的规整性 2. 技术总结整饰的规整性 3. 检查报告整饰的规整性
		资料完整性	0.70	1. 技术总结编写的齐全和完整情况 2. 检查报告编写的齐全和完整情况 3. 上交资料的齐全性和完整性情况

表 3-26　高程控制测量成果质量元素及权重表　　（单位：测段）

质量元素	权	质量子元素	权	检查项
数据质量	0.50	数学精度	0.30	1. 每千米高差中数偶然中误差的符合性 2. 每千米高差中数全中误差的符合性 3. 相对起算点的最弱点高程中误差的符合性
		观测质量	0.40	1. 仪器检验项目的齐全性、检验方法的正确性 2. 测站观测误差的符合性 3. 测段、区段、路线闭合差的符合性 4. 对已有水准点和水准路线联测和接测方法的正确性 5. 观测的检测方法的正确性 6. 观测条件选择的正确性、合理性 7. 成果取舍和重测的正确性、合理性 8. 记簿计算的正确性、注记的完整性和数字记录、划改的规范性
		计算质量	0.30	1. 外业验算项目的齐全性，验算方法的正确性 2. 已知水准点选取的合理性和起始数据的正确性 3. 环闭合差的符合性
点位质量	0.30	选点质量	0.50	1. 水准路线布设、点位选择及点位密度的合理性 2. 水准路线图绘制的正确性 3. 点位选择的合理性 4. 点之记内容的齐全性、正确性
		埋石质量	0.50	1. 标石类型的规范性和标石质量情况 2. 标石埋设规格的规范性 3. 托管手续内容的齐全性
资料质量	0.20	整饰质量	0.30	1. 观测、计算资料整饰的规整性，各类报告、总结、附图、附表、簿册整饰的完整性 2. 成果资料整饰的规整性 3. 技术总结整饰的规整性 4. 检查报告整饰的规整性
		资料完整性	0.70	1. 技术总结、检查报告编写内容的全面性及正确性 2. 提供成果资料项目的齐全性

表 3-27　大比例尺地形图成果质量元素及权重表　　（单位：幅）

质量元素	权	质量子元素	权	检查项
数学精度	0.20	数学基础	0.20	1. 坐标系统、高程系统的正确性 2. 各类投影计算、使用参数的正确性 3. 图框控制测量精度 4. 图廓尺寸、对角线长度、格网尺寸的正确性 5. 控制点间图上距离与坐标反算长度较差
		平面精度	0.40	1. 平面绝对位置中误差 2. 平面相对位置中误差 3. 接边精度
		高程精度	0.40	1. 高程注记点高程中误差 2. 等高线高程中误差 3. 接边精度

续表

质量元素	权	质量子元素	权	检查项
数据及结果正确性	0.20			1. 文件命名、数据组织正确性 2. 数据格式的正确性 3. 要素分层的正确性、完整性 4. 属性代码的正确性 5. 属性接边质量
地理精度	0.30			1. 地理要素的完整性与正确性 2. 地理要素的协调性 3. 注记和符号的正确性 4. 综合取舍的合理性 5. 地理要素接边质量
整饰质量	0.20			1. 符号、线划、色彩质量 2. 注记质量 3. 图面要素协调性 4. 图面、图廓外整饰质量
附件质量	0.10			1. 元数据文件的正确性、完整性 2. 检查报告、技术总结内容的全面性和正确性 3. 成果资料的齐全性 4. 各类报告、附图(接合图)、附表、簿册整饰的规整性 5. 资料装帧

5. 激光扫描

2012 年国家测绘地理信息局颁布了《机载激光雷达数据获取技术规范》与《机载激光雷达数据处理技术规范》两个国家标准,规定依据如下要求进行质量控制。

1) 点密度

激光扫描的各图幅比例尺与点密度关系的参考值[29]如表 3-28 所示。

表 3-28　各图幅比例尺与点密度关系参考值

比例尺	点密度/(点/m²)
1∶500	≥16
1∶1 000	≥4
1∶2 000	≥1
1∶5 000	≥1
1∶10 000	≥0.25

2) 地面基站

(1) 考虑观测备份和数据检核,根据测区大小,在测区内合理布置不少于 2 个基站。

(2) 成图比例尺大于 1∶2000 时,测区任意位置与最近基站间距不宜超过

30km;成图比例尺小于 1∶2 000 时,可以适当放大。

(3)基站点应选择等级 C 级或以上控制点,具备 WGS-84 坐标。坐标未知时,应进行坐标联测。

3)点云精度

点云精度如表 3-29 所示。

表 3-29　点云精度　　　　　　　　(单位:m)

比例尺	平地	丘陵地	山地	高山地
1∶500	0.15	0.25	0.35	0.5
1∶1 000	0.15	0.35	0.5	1.00
1∶2 000	0.25	0.35	0.85	1.00
1∶5 000	0.35	0.85	1.75	2.80
1∶10 000	0.35	0.85	1.75	3.50

4)成果精度

成果精度如表 3-30 所示。

表 3-30　DEM/DOM 成果精度　　　　　　　　(单位:m)

序号	比例尺	地形	DEM 高程精度	DOM 平面精度
1	1∶500	平地	0.2	0.3
		丘陵地	0.4	0.3
		山地	0.5	0.4
		高山地	0.7	0.4
2	1∶1 000	平地	0.2	0.6
		丘陵地	0.5	0.6
		山地	0.7	0.8
		高山地	1.5	0.8
3	1∶2 000	平地	0.4	1.2
		丘陵地	0.5	1.2
		山地	1.2	1.6
		高山地	1.5	1.6
4	1∶5 000	平地	0.5	2.5
		丘陵地	1.2	2.5
		山地	2.5	3.7
		高山地	4.0	3.7
5	1∶10 000	平地	0.5	5
		丘陵地	1.2	5
		山地	2.5	7.5
		高山地	5.0	7.5

说明：

（1）在植被覆盖密集区域、反射率较低区域等特殊困难地区，高程、平面中误差可放宽 50%；

（2）DEM 内插点的高程精度按高程中误差的 1.2 倍计[30]；

（3）中误差的两倍值为最大误差；

（4）DLG 成果精度要求按照相应比例尺地形图航空摄影测量内业规范执行。

6. 地质遥感

1）影像分辨率与地质解译要素之间的关系

影像空间分辨率、成图比例尺与地质解译要素间的对应关系如表 3-31 所示。

表 3-31　影像空间分辨率、成图比例尺与地质解译要素间的对应关系

遥感图像	空间分辨率	成图比例尺	工程地质解译要素
ETM+	15m	1/200 000～1/100 000	大地构造、地震烈度区划、区域断裂、地貌分区、岩性分类、一二级水系
SPOT5	5m	1/50 000～1/25 000	区域构造、工程地质分区、二级以下水系、工程地质岩组、中大型不良地质
Ikonos	1m	1/10 000～1/5 000	工程地质岩组、次级断层、中小型滑坡、岩溶、崩塌、堆积体规模、塌陷、地裂缝
QuickBird	0.61m	1/10 000～1/5 000	工程地质岩组、小型滑坡、坍塌、岩层产状、节理密集带、暗河、坑口
大比例尺航片	25 线对/mm	1/2 000	工程地质岩组、小型不良地质、泉眼、岩层产状、岩层出露厚度、断层破碎带规模

2）遥感影像与解译精度之间的关系

工程地质遥感解译特征表现为点、线、面三种几何图形。点代表泉眼、落水洞、坑口、矿洞等；线代表水系、阶地、冲沟、山脊、断层构造、地裂缝、地质界线、节理、褶皱等；面代表滑坡、泥石流、崩坍、堆积体、塌陷、溜坍、溶蚀洼地、采石场等。要判读工程地质特征的最小目标，不但要求它具有光谱成像特征，而且要求它能构成保持其基本几何特征的影像。通常认为 3～4 个像元的成像范围就构成了几何图形的最小单元，如要识别规模为 30m×30m 的小型滑坡，则要求图像地面分辨率为 10m。但对于线状特征目标，如果判读的最小单元尺寸能够达到图像地面分辨率尺寸，则在影像上是可以判读的，大量遥感图像判读表明，线状地物的地面分辨率高于点状和面状目标，线状目标中，水系又高于道路等线状目标。

不同类型传感器获取的遥感影像，其点状特征解译精度与图像地面分辨率 R_G 大小相当，线状特征解译精度均小于图像地面分辨率，面状特征解译精度约为图像地面分辨率的 3 倍。根据以往遥感图像判读的结果分析，图像地面分辨率 R_G 与图像

空间分辨率 R、地面线状地物分辨率 P'、地面面状地物的分辨率 P'' 有以下近似关系：

$$R_G = 3P' = 1/3P'' = 2\sqrt{2}R$$

　　根据上述公式，可确定遥感影像空间分辨率、地面分辨率、工程地质特征解译精度及成图比例尺关系如表 3-32 所示[31]。

表 3-32　工程地质特征解译精度

遥感图像类型	空间分辨率 R/m	地面分辨率 R_G/m	点状特征解译精度 p/m	线状特征解译精度 P'/m	面状特征解译精度 P''/m	遥感解译成图比例尺
ETM+	15	42	42	14	126	1/200 000～1/100 000
SPOT5	5	14	14	4.7	42	1/50 000～1/25 000
QuickBird	0.61	1.7	1.7	0.57	5.1	1/10 000～1/5 000
航片	0.2～1	0.56～2.8	0.56～2.8	0.2～1	1.7～8.5	1/10 000～1/2 000

　　3）成图比例尺与遥感影像空间分辨率的关系

　　成图比例尺与遥感影像空间分辨率间的关系如表 3-33 所示。

表 3-33　成图比例尺与遥感影像空间分辨率

勘察阶段	踏勘	加深地质	初测	定测
成图比例尺	1/200 000～1/50 000	1/10 000～1/5 000	1/10 000	1/2 000
空间分辨率 R/m	5～20	1～5	1	0.2

参 考 文 献

[1]　李德仁. 摄影测量与遥感的现状及发展趋势. 武汉测绘科技大学学报, 2000, 25(1):1-6.
[2]　百度百科. 矢量数据. http://baike. baidu. com/view/285316. htm, 2012-7-2.
[3]　百度百科. 数字栅格地图. http://baike. baidu. com/view/125928. htm, 2012-8-10.
[4]　百度文库. 小知识测绘 4D. http://wenku. baidu. com/view/81d3aa7d1711cc7931b716cc. html, 2012-8-10.
[5]　张祖勋, 张剑清. 数字摄影测量学. 武汉:武汉大学出版社, 1997.
[6]　张剑清, 潘励, 王树根. 摄影测量学. 武汉:武汉大学出版社, 2003.
[7]　邓权. GPS 辅助空中三角测量在大比例尺地形图测图中的应用——以四川某测区 1:500 地形图测图为例. 成都:成都理工大学, 2009.
[8]　蒋经天. 数字航摄仪技术应用与试验. 太原:太原理工大学. 2007.
[9]　百度文库. 解析空中三角测量. http://wenku. baidu. com/view/df2d6f47b307e87101f6960a. html, 2012-6-12.

[10] 王之卓. 摄影测量原理. 北京:测绘出版社,1979.

[11] 严卉. 无控制点方法 DEM 的生成与精度分析. 成都:西南交通大学,2008.

[12] 宁津生,陈俊勇,李德仁,等. 测绘学概论. 武汉:武汉大学出版社,2004.

[13] 胡国军. 三线阵 CCD 摄影测量卫星的数据传输与预处理研究. 西安:西安电子科技大学, 2008.

[14] 姜挺,龚志辉,江刚武,等. 基于三线阵航天遥感影像的 DEM 自动生成. 测绘学院学报, 2004,21(3):178-180.

[15] 王建荣. 三线阵 CCD 影像 DEM 自动生成技术的研究与实践. 西安:长安大学,2006.

[16] 舒宁. 雷达影像干涉测量原理. 武汉:武汉测绘科技大学出版社. 2000.

[17] 胡波,朱建军,张长书. InSAR 提取 DEM 的原理与实践. 测绘工程,2008,17(5):57-59.

[18] 方勇. 星载 SAR 图像空间信息提取技术研究与实践. 郑州:中国人民解放军信息工程大学. 2001.

[19] 国家铁路局. TB 10041—2018. 铁路工程地质遥感技术规程. 北京:中国铁道出版社,2018.

[20] 关泽群,刘继琳. 遥感图像解译. 武汉:武汉大学出版社,2007.

[21] 彭望琭,玉先川. 遥感与图像解译. 北京:电子工业出版社,2003.

[22] 郭力,刘晓东,张熙. LiDAR 数据预处理中两种差分解算方法的研究. 中外公路,2011, 31(6):56-58.

[23] Yan L, Zhao X, Zhang X, et al. Historical relics visualization by fusing terrestrial laser point-clouds and aerial orthophoto. Proceedings of SPIE—The International Society for Optical Engineering, v 7492, International Symposium on Spatial Analysis, Spatial-Temporal Data Modeling, and Data Mining, Wuhan, 2009.

[24] 闫利. 基于法向量模糊聚类的道路面点云数据滤波. 武汉大学学报(信息科学版),2007, 32(12):1119-1122.

[25] 李必军,方志祥. 从激光扫描数据中进行建筑物特征提取研究. 武汉大学学报,2003(1): 65-74.

[26] Wang G F, Zhang Y L, Li J C, et al. 3D road information extraction from LiDAR data fused with aerial-images. Proceedings of 2011 IEEE International Conference on Spatial Data Mining and Geographical Knowledge Services, Fuzhou, 2011:362-366.

[27] Wang G F, Zhang Y L, Li J C, et al. Digital intelligent road environment construction. Proceedings of 2011 International Conference on Remote Sensing, Environment and Transportation Engineering, Nanjing:1115-1117.

[28] 中华人民共和国国家质量监督检验检疫总局,中国国家标准化管理委员会. GB/T 24356—2009. 测绘成果质量检查与验收. 北京:中国标准出版社,2009.

[29] 范春波,李建成,王丹,等. ICESAT/GLAS 激光脚点定位及误差分析. 大地测量与地球动力学,2007,27(1):104-106.

[30] 王国锋,许振辉,周伟. LiDAR 数据在公路测设中的精度改善技术研究. 公路,2011(3): 165-166.

[31] 高山. 铁路工程地质遥感调查中的图像解译质量分析. 铁路勘察,2010(3):24-27.

第4章 三维工程环境数据模型

从技术上讲,三维场景可视化与计算机图形图像处理技术有密切关系。如果将现实世界中的三维场景涉及的空间数据简单化分为地形与地物两类,则三维场景可视化所要研究的,一方面是合理表达地形与地物的三维空间属性的空间数据模型,另一方面是将地形与地物逼真连贯地再现于计算机屏幕上的方法。

空间数据模型是以计算机能够接受和处理的数据形式,为了反映空间实体的某些结构特性和行为功能,按一定的方案建立起来的数据逻辑组织方式,是对现实世界的一种抽象、归类及简化的描述。三维空间数据模型是三维空间的几何对象的数据组织、操作方法以及规则约束条件等内容的集合。定义和开发一个三维数据模型需要考虑三个方面的问题:确定需要描述的对象;三维数据的存储以及逻辑关系的表达;显示模型。三维空间数据模型是人们对客观世界的理解和抽象,是建立三维空间数据库的理论基础。对三维空间数据模型的认识和研究在很大程度上决定着三维工程环境发展与应用的成败。一个三维空间数据模型应具有目标的几何、语义和拓扑描述,具有矢量和栅格数据结构,能够从已有的二维工程环境数据中获取以及具有三维显示和表示复杂目标的能力。

本章在第3章的基础上,介绍三维工程环境数据模型设计、地形建模方法以及地物建模方法,阐述基于摄影测量与遥感方法的多分辨率地形模型的生成,即基于规则格网的层次细节模型的建立和基于不规则格网的层次细节模型的建立。

4.1 三维工程环境数据模型设计

三维工程环境数据模型主要包括三类:场模型、对象模型、网络模型。场模型描述空间中连续分布的现象,主要用于地形的表达;对象模型描述各种空间地物,主要用于地物模型表达;网络模型模拟现实世界中的各种网络,如路网模型。在这三类模型数据中用到的数据类型又可分为矢量型数据、栅格型数据。本节首先介绍传统工程环境要素分类,在此基础上重点介绍三维工程环境下的地理空间要素组织分类。

4.1.1 传统工程环境要素分类

用于传统工程可视化的数据按其数据结构类型可分为矢量型数据和栅格型数

据两大类,矢量型数据主要包括等高线矢量数据,地形特征点、线矢量数据,各类地形要素的矢量数据(如居民地、河流、道路等)。栅格型数据主要包括纹理影像数据和 DEM 数据。

4.1.2　三维工程环境下的地理空间要素组织分类

三维工程环境的一个重要目标就是要在虚拟空间中表达工程建设过程中的地学现象和地学过程。由于客观世界中地学现象和地学过程的多样性和复杂性,三维工程环境要涉及多方面的数据集成,要采用较复杂的数据模型。为了有效地管理和分析三维工程环境中的各种数据,三维工程环境的数据模型要有着很强的数据表达能力,能表达三维工程环境中的矢量数据、栅格数据,以及 CAD 模型数据等。三维工程环境数据模型不但要满足三维空间分析的需要,也要满足三维图形空间生成和管理的需要。下面介绍三维工程环境数据地理空间要素组织分类。

1. 地形要素模型

三维工程环境地形要素模型主要涉及三维场景要素数据,包括:地表 DEM 数据,为地表仿真提供基础高程数据;遥感影像数据,为真实地表仿真提供地表覆盖信息。对数字高程模型[1]有很多不同的分类方法,这里只介绍根据数据结构特点的分类结果。

1) 结构化网格数据[2]

这类网格中的数据可看作在空间上三组相互垂直的平面公共交点的集合。逻辑上,结构化网格数据可以组织成三维数组,各个元素具有三维数组各元素之间的逻辑关系,每个元素有它的层号、行号和列号。结构化网格数据分为规则和非规则两种类型。其中,规则结构化网格数据又分为均匀网格、等距网格和矩形网格数据,非规则结构网格数据指曲线型网格数据,各类网格示意图如图 4-1 所示。

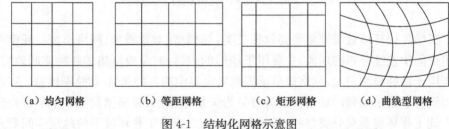

(a) 均匀网格　　　　(b) 等距网格　　　　(c) 矩形网格　　　　(d) 曲线型网格

图 4-1　结构化网格示意图

(1) 均匀网格。其特点是每个体元大小相同,各维比例也完全相同,按照坐标轴方向均匀排列成正方体形状。均匀网格实际上就是规则间隔的正方形网格点或经纬点阵列,每一个网格点与其他相邻网格点之间的拓扑关系都已经隐含在该阵列的行列号当中。因此,grid 数据除了每个网格点处的高程值外,只需要记录一个起算点的位置坐标和网格间距,存储量很小,结构简单,操作方便,非常适合于大规模的使用和管理。其缺点是对于复杂的地形地貌特征,难于确定合适的网格大小。

(2) 等距网格。其特点是所有体元大小相同,按坐标轴方向排列成长方体。体元坐标可以表示成 (idx,jdy,kdz),其中 dx、dy、dz 为在三个坐标轴上相邻体元点的距离。

(3) 矩形网格。其特点是沿每一坐标轴体元间距各不相同,但体元仍是沿坐标轴排列的长方体,该类型体数据中必须记录体元坐标,体元坐标可以表示为 $(x[i],y[j],z[k])$,其中 x、y、z 分别为坐标数组。

(4) 曲线型网格。非规则结构化网格数据,也称曲线型网格数据,这类体数据中,每个体元是逻辑上的六面体,相对的面并不要求平行,且每一面的四个顶点可以不共面。这种结构化的网格数据也必须记录体元坐标,体元坐标表示为 $(x[i,j,k],y[i,j,k],z[i,j,k])$。

2) 非结构化网格数据

非结构化网格数据主要是指不规则三角网(TIN)结构,是将按地形特征采集的点根据一定的规则连接成覆盖整个区域且互不重叠的许多三角形,构成一个不规则三角网。TIN 模型是一种典型的矢量拓扑结构,通过边与结点的关系以及三角形面与边的关系显式地表示地形参考点之间的拓扑关系。与结构化网格数据相比,非结构化网格数据模型能够较好地顾及地貌特征点、线,逼真地表示复杂地形起伏特征,并能克服地形起伏变化不大的地区产生冗余数据的问题。但由于数据量大、数据结构复杂和难于建立,非结构化网格数据一般只适用于小范围大比例尺高精度的地形建模。

3) 混合的结构

由于规则格网 DEM 和不规则三角网各有各的优缺点,在实际应用中,在大范围内一般采用规则网格附加地形特征数据,如地形特征点、山脊线、山谷线、断裂线等的形式,构成全局高效、局部完美的 DEM。考虑到混合结构将导致数据管理复杂化并降低数据检索的效率,根据研究区域的大小和软件性能,应用时常常将其实时地完全转换为 TIN 的数据结构。

2. 三维工程环境地物模型

地物模型在计算机三维模型空间里是以一个独立的空间实体模型表示,如建筑、桥梁、人工或自然景观等。主要包括建筑模型、交通设施模型、管线模型、植被模型以及其他地物模型。其中,每一类空间实体按照三维模型建立和应用需求,包括几何数据、纹理(材质)数据及属性数据,如河流、道路等矢量数据,房屋、桥梁等 CAD 数据,草地、树木、森林数据,气象、水文、资源(如土壤、湿地和植被)、文化、人口数据等。

在三维拓扑空间中,根据空间维数的不同,三维空间实体可以被划分成4种不同的空间实体类型,即点状实体(point entity)、线状实体(line entity)、面状实体(surface entity)和体状实体(body entity)。

三维空间实体建模方法主要分为两大类:一是在三维设计(建模)软件里,如3DMAX、MicroStation,手工输入三维模型,这种方式精度高,但是工作量非常大;二是利用数字摄影测量、数字图像处理、三维可视化的理论与方法进行地物的自动化或半自动化提取,通过这种方法可以快速地建立高精度、高质量的三维城市建筑物模型。

当前还没有能满足上述要求的三维工程环境数据模型,与之相近的是一些三维工程环境数据模型和自然环境仿真系统所使用的数据模型。

3. 地质要素模型

地质要素三维模型,是以地质体元作为建立模型的基础,把地下空间离散成镜体,每个镜体由上下对应的两组不间断片状物集合构成,单一或组合起来的镜体构成层。这个模型从数学的角度指出了片状物是由结点、边、三角形这三种单纯形构成的单元复形组成。

地质体三维建模的模型可以分为基于面表示的模型、基于体表示的模型和混合数据模型。基于面表示的模型侧重于空间实体的表面表示,如不规则三角网(TIN)、格网模型(grid)、三维规范化数据结构(3DFDS)、边界表示(B-rep)、断面(section)模型等。基于体表示的模型是以基本体元分割空间实体,如三维规则格网(3Dgrid)、四面体格网(TEN)、结构实体几何(CSG)、八叉树(octree)、三棱柱体(tri-prism)、面向对象的三维体元拓扑数据模型等。混合数据模型综合了面模型和体模型的优点,如基于八叉树和四面体格网的混合数据模型、八叉树与不规则三角形格网的混合模型(TIN-octree)、矢量与栅格集成的面向对象三维空间数据模型等。在工程地质领域普遍采用的软件有:XOX 公司开发的 SHARPES,采用格状(celluar)的几何形体表示模型,解决了 N 维曲面相交计算及与此相关的问题;Nancy 大学研制的地质目标的计算机辅助设计(GOCAD)软件,可以处理地质褶皱现象;DGI 公司的地球可视模拟系统,所生成的三维空间立体图形,较为清楚地反映了地层与地质结构的空间分布及其相关关系,以此揭示岩体中结构面的发育与分布规律[3]。

4.2　三维工程模型的多分辨率建模

为了能够在计算机环境下更逼真地模拟现实工程环境下的地形、地物以及地质环境,必须在三维空间系统中利用已有的三维建模技术,精确地描绘这些对象以实现三维实体的真实再现,进而为用户创造一个身临其境、形象逼真的环境。因而,对三维实体的图形图像处理及其模型建模研究显得尤为必要。三维建模技术的核心是根据研究对象的三维空间信息构造其立体模型尤其是几何模型,并利用相关建模软件或编程语言生成该模型的图形显示,然后对其进行各种操作和处理。为得到研究对象的三维空间信息,采用适当的算法,并通过计算机程序建立三维空间特征点(或某一空间域的所有点)的空间位置与二维图像对应点的坐标间的定量关系,最后确定出研究对象表面任意点的坐标值。

三维几何模型和场景的交互可视化是计算机图形、科学计算可视化、虚拟现实技术和 3DGIS 中很重要的研究主题。许多应用领域(如驾驶模拟、虚拟现实、远程会诊、数字城市等)都要求场景有很高的显示帧速率,以使用户能与场景中的对象进行实时交互。与二维工程环境下固定的视角或视点观察效果明显不同,当用户把视点放在三维空间(特别是透视投影空间)里时,不经意的旋转缩放和平移操作往往容易导致方位的迷失,进而导致难以迅速定位[4]。为了既能享受常规二维工程环境下优越的方位感,又能得到三维逼真显示的真实感和沉浸感,多视点的多模型可视化视图表示成为 3DGIS 最典型的界面特点。三维工程环境能提供多种形式的交互式三维动态可视化功能。比如,较宏观的飞越漫游能迅速把握整个空间分布,包括地形特征和地物布局;较微观的穿行漫游则能准确地分辨地形的微小变化和地物的明显特征,而且在运动中能及时更新可见的内容并根据距离远近以不同的细节或尺度进行表现。

三维系统与二维系统的最大区别是空间数据和属性数据的可视化。随着计算机硬件和计算机图形学的飞速发展,在计算机上实现真实的三维虚拟现实环境成为可能。具体来讲,图形生成的速度主要取决于图形处理的软硬件体系结构,在实时显示方面,图形硬件加速器的发展无疑起着关键作用。高性能的图形工作站和高度并行的图形处理硬件及软件体系结构是实现图形实时生成的重要保证,如目前主流图形硬件加速处理多边形的能力达到每秒百万级甚至是千万级。同时也应看到,实际应用中经常需要面对这样一个问题,即所需的图形数据量往往比硬件可以实时显示的数据量多一个或多个数量级,有时候达到几个 GB,而且应用模型的复杂程度往往超过当前图形工作站的实际处理能力。考虑到场景的复杂度几乎是无限的,用户对于三维系统的真实感、复杂度、保真度、交互性和分析功能等要求也越来越高,单纯依靠当前图形显示硬件的能力达不到理想的绘制速度和显示效果,不能满足用户的要求。

另外,在实际应用过程中,并不是在所有的环境中模型显示和处理都需要选用相同的精度,即使在相同任务及相同环境下,同一模型的不同位置,也会有不同的精度要求。例如,在飞机驾驶模拟视景仿真中的三维地形环境,地形表面的复杂程度以及表面上地物模型的数量和细致程度应该随驾驶者视点位置的视线主方向的变化而发生相应的改变,以提高图形显示的速度和效率。因此人们试图通过算法和软件技术,在所期望的硬件性能和现实硬件水平之间搭起一座桥梁。通常采用可见性剔除和多边形简化技术来对大的多边形场景绘制进行加速,其中,可见性剔除方法是通过采用视锥体裁剪技术来剔除掉视点之外的场景多边形,以加速场景绘制;多边形简化是用较少的多边形数来近似表示初始模型,以减少所绘制的多边形数目。

　　细节层次(level of detail,LOD)模型简化技术[5]是多边形简化方法中研究最热门的领域之一,在飞行模拟和地形仿真应用中得到了广泛的应用。LOD 模型是指根据不同的显示对同一个对象采用不同精度的几何描述,物体的细节程度越高、数据量越大,描述得越精细;细节程度越低、数据量越小,描述得越粗糙。因此,可以根据不同的显示需求,对需要绘制的对象采用不同精度的模型,从而大大降低需要绘制的数据量,使实时三维显示成为可能。从理论上讲,LOD 模型是一种全新的模型表示方法[6],改变了传统的"图像质量越精细越好"的片面观点,其依据视线的主方向、视线在景物表面的停留时间、景物离视点的远近和景物在画面上投影区域的大小等因素来决定景物应选择的细节层次,以达到实时显示图形的目的。另外,对场景中每个图形对象的重要性进行分析,对最重要的图形对象进行较高质量的绘制,而对不重要的图形对象则采用较低质量的绘制,在保证实时图形显示的前提下,最大程度地提高视觉效果。从应用上讲,LOD 模型具有广泛的应用领域,它最早应用在飞行仿真器中,其后在实时图像通信、碰撞检测、限时图形绘制、交互式可视化和虚拟现实等领域中都得到了应用,已成为一项关键技术。例如,在交通仿真、三维导航等交通应用中,道路交通网及相关数据是用户最为关心的,因此必须对其进行详细的表达。当道路网嵌入到地形模型中,与地形模型集成在一起进行地形简化时,道路网与地形应该统一进行简化。这样,以地形规则分块方式来建立多分辨率 LOD 模型并不能很好地满足要求。如何建立适合地形和道路网集成表达的多分辨率 LOD 模型是本章的研究重点。

　　多分辨率地形模型是由处于不同分辨率的面片构成的简化模型。在平坦地势的区域采用较低分辨率的数据,反之采用较高分辨率的数据,目的在于为原始模型建立一个近似模型,使其满足两个条件:①数据量较少;②与原始模型的差异尽量小。

　　根据纹理影像金字塔的建立方法,对各级原始影像的纹理直接分块就可以建立每个子块区域的多级分辨率纹理模型,其步骤如下:①读入各级原始影像,并判断原始影像的大小(宽度和高度),然后根据地形范围,按照纹理影像分块方法对各级原始影像进行预处理;②根据各级原始影像的分辨率、计算的各自的分块大小和将要被分割的块数,假定最后分割的结果为 $m \times n$ 块;③根据各级原始影像及其所对应的 DEM 子块的表面范围确定每一子块区域的映射范围;④依次对各级原始影像进行分块处理,建立每一个图像子块的金字塔模型,直到所有图像子块建立完毕为止;⑤逐个把建立完毕的图像子块按照设计的数据结构存储在数据库中,直到所有的图像子块处理完毕为止。

4.3　三维工程模型的建立与表示

4.3.1　三维地形场景模型表示与建模方法

在绘制大规模三维工程场景时,一方面需要得到非常逼真、精致的图像质量,另一方面要满足交互操作的实时性要求,避免产生画面不连贯的感觉。但是要绘制逼真、精致的图像质量则需要精细的几何模型,这就增加了要绘制的模型和场景的图形数据量,增加了场景复杂程度[7]。研究人员提出了多种图形生成加速方法,主要包括预测计算、脱机计算、场景分块、可见性计算、多分辨率细节层次模型等。其中,多细节层次技术已经被广泛用于各种大规模地形场景的快速绘制算法中。

LOD 模型的实现方式有离散 LOD 和连续 LOD 两种。离散 LOD 模型也称静态 LOD 模型,连续 LOD 模型也称动态 LOD 模型。

离散 LOD 模型是在数据建模阶段预先生成多个离散的不同细节层次的模型。实时显示时,根据地形离视点的距离或地形在图像空间投影后所占面积的大小等准则在不同细节层次模型之间切换,如地形离视点远用较粗的模型,离视点近则用较细的模型。生成 LOD 模型的基本方法有简化方法和细化方法两种:①简化方法从包含整个地形数据的三角形网格开始,逐步删除那些不符合一定判别准则的数据点,直至粗化到需要达到的细节水平为止,这类方法一般用局部的几何距离或角度作为判别准则的阈值;②细化方法从一个由很小的地形数据集构成的简单三角形网格结构开始,逐步添加进一些通过某种准则的点,从而改善分辨率,直到获得所需的细节层次,这类方法用作准则阈值的参数有最大误差值等。

连续 LOD 模型的算法主要有四种:①层次剖分方法(hierarchica subdivision method),根据一定的参数(视场范围或几何误差)递归地对地形进行剖分,在剖分的过程中用树把剖分后的三角形组织起来。所用的数据结构主要有四叉树(quad tree)[7]和三角形二叉树(triangle bin tree);②细化方法(refinement method),概念与离散 LOD 模型类似,但连续 LOD 模型是在运行时进行动态细化的;③简化方法(decimation method),概念与离散 LOD 模型类似,但连续 LOD 模型是在运行时进行动态简化的;④特征方法(feature method),主要是根据地形本身的特征,选取最重要的 N 个特征或关键点,然后根据这些点生成三角网格[8]。经常使用的方法是约束 Delaunay 三角剖分或数据依赖的三角剖分。

连续 LOD 的地形算法是本书将要研究和实现的方法。它是视点相关的,随着视点的移动,将根据算法自动生成具有不同细节层次的地形网格。相对于静态 LOD 来说,这是一类更为先进的算法。这种方式建立起来的场景更加符合人的视觉特性:看到的细节是连续变化的,可以很好地改善地表呼吸效应。动态地形网格的建立和更新要耗费额外的时间,但是这种开销是值得的,所有要做的就是在画面精度和绘制速度之间选择一个合适的平衡点。地形采样高度数据一般为 DEM 格式或类似于 DEM 的矩形网格采样数据。数字高程模型主要用于描述地面起伏状况,可以用于提取各种地形参数,如坡度、坡向、粗糙度等,并进行通视分析、流域结构生成等应用分析。从数学的角度,高程模型是高程 Z 关于平面坐标 X、Y 两个自变量的连续函数,数字高程模型只是它的一个有限的离散表示。

地形网格通常可以分为规则网格和不规则三角网。下面简单介绍这两种地形网格。基于 LOD 的实时地形渲染算法根据其生成的网格可以分为基于规则网格(regular square grid,RSG)的算法和基于不规则三角形网格 TIN 的算法两大类。图 4-2 给出了对于均匀 DEM 采样网格、基于规则网格的三角化和不规则三角形网格。

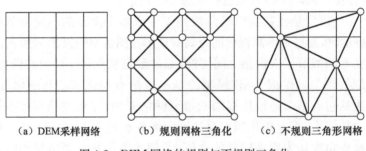

(a) DEM采样网络　　　　(b) 规则网格三角化　　　(c) 不规则三角形网格

图 4-2　DEM 网格的规则与不规则三角化

1. 基于规则网格的层次细节模型

规则网格,通常是正方形,也可以是矩形、三角形等规则网格。规则网格将区域空间切分为规则的格网单元,每个格网单元对应一个数值。数学上可以表示为一个矩阵,在计算机实现中则是一个二维数组。每个格网单元或数组的一个元素对应一个高程值。对于每个格网的数值有两种不同的解释:第一种是格网栅格观点,认为该格网单元的数值是其中所有点的高程值,即格网单元对应的地面面积内高程是均一的高度,这种数字高程模型是一个不连续的函数。第二种是点栅格观点,认为该网格单元的数值是网格中心点的高程或该网格单元的平均高程值,这样就需要用一种插值方法来计算每个点的高程。计算任何不是网格中心的数据点的高程值,使用周围四个中心点的高程值,采用距离加权平均方法进行计算,当然也可使用样条函数和克里金插值方法。

规则格网的高程矩阵,可以很容易地用计算机进行处理,特别是栅格数据结构的地理信息系统。它还可以很容易地计算等高线、坡度坡向、山坡阴影和自动提取流域地形,这使它成为 DEM 最广泛使用的格式,许多国家提供的 DEM 数据都是以规则格网的数据矩阵形式提供的。格网 DEM 的缺点是不能准确表示地形的结构和细部,为避免这些问题,可采用附加地形特征数据,如地形特征点、山脊线、谷底线、断裂线,以描述地形结构。格网 DEM 的另一个缺点是数据量过大,给数据管理带来了不方便,通常要进行压缩存储。DEM 数据的无损压缩可以采用普通的栅格数据压缩方式,如游程编码、块码等,但是由于 DEM 数据反映了地形的连续起伏变化,通常比较“破碎”,普通压缩方式难以达到很好的效果,对格网 DEM 数据可以采用哈夫曼编码进行无损压缩;有时,在牺牲细节信息的前提下可以对格网 DEM 进行有损压缩。通常的有损压缩大都是基于离散余弦变换(discrete cosine transformation,DCT)或小波变换(wavelet transformation)的,由于小波变换具有较好的保持细节的特性,近年来关于将小波变换应用于 DEM 数据处理的研究较多。

规则网格是一种被普遍采用的 DEM 数据表示方法,它利用一系列在地形所在水平面经纬度方向上等间隔的地形点形成矩形地形网格。这种表示方法便于对数据进行管理,也能使 LOD 算法得到简化。对规则网格的简化可采用自顶向下、逐层细化的方法,比较典型的有 Lindstrom 提出的基于四叉树和 Duchaineau 提出的基于二叉树的算法,它们都是从场景的最低细节层次开始,逐层分割细化,直到场景满足所需的精度要求为止。

1) 基于四叉树的 LOD 算法

基于四叉树的 LOD 算法以四叉树为基础,通过递归分割生成层次化的连续地形网格,然后以此为基础生成地表[9]。

在使用四叉树中,每个节点为矩形,都包含一个中心点,四个边的中点(称为边点)和四个角点,中心点的坐标为节点的坐标。四叉树从根节点开始,以中心点和四个边点将根节点等分为左上、左下、右上、右下四个子节点,然后继续将子节点递归划分为更细的子节点,分割的深度越大,得到的分辨率就越高,直到得到令人满意的分辨率为止,其结构如图 4-3 所示。

为了能结束四叉树的递归细分过程,需要建立一个节点评价系统,以确定节点是否需要进一步细分。在三维仿真系统中,对地形的视

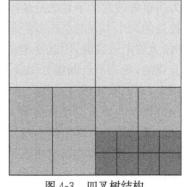

图 4-3　四叉树结构

觉效果产生影响的主要因素有两点：地表上点到视点的距离和地表的起伏程度。景物离观察者越远，所成的像越小，能够被观察到的细节越少，反之，近处的物体能够被观察到的细节较多。因此对于地表仿真来说，越是靠近视点的节点细分层次越深，而越是远离视点的节点细分层次越浅。在离视点距离相同的情况下，在地形起伏较大的地方，需要细化节点层次，以更细致的网格来描述地形变化；反之，在地形平坦的地方，较粗的网格就可以将地形描绘出来，相应的对四叉树细分深度的需求越低。设最小节点（宽度为 2 个单位的节点）的起伏度用四角点和四边点到中心点高度差的最大值除以节点面积来表示，则任意节点的起伏度将是该节点本身及所有后裔节点的起伏度的最大值。求此最大值显然开销太大，故对于非最小节点，其起伏度取其自身起伏度和四个子节点起伏度的最大值。

四叉树生成之前，需要先建立节点评价系统。根据上述分析，设节点中心点到视点的距离为 D，节点的起伏度为 H，则节点的细分程度 F 与 D 成反比，与 H 成正比。评价公式为 $F=H/D$。因为节点细分程度越高节点宽度 W 越小，故在四叉树细分时，如果节点当前宽度 $W>a/F$，节点需要进一步细分，反之，当 $W \leqslant a/F$，节点是子节点。在上述评价系统中，系数 a 与节点宽度的临界值成正比，它可以将临界宽度调整到一个合适的值，实际上决定了地形网格的整体细分程度。节点到视点的距离一定且起伏度固定时，a 越大，子节点宽度越大，网格越粗糙；反之，a 越小，子节点宽度越小，网格越精细。因为 a 值较小，在实际的使用过程中可用 $b=1/a$ 代替参数 a，在使用上更方便。那么在不考虑 D 和 H 时，减小 b 可以减少数据量，提高动画的帧率，增大 b 可以提高网格精度，但会增大数据量。

在四叉树网格中如果相邻的子节点细分层次不等，在地形生成时就会出现 T 型裂缝，见图 4-4（a）。通常有两种方法解决裂缝问题：一种方法是改变具有较低层次细节块的三角形的连接方式，在拼接地方增加一条边，使引起裂缝的节点在相邻两块边界上有相同的高度值，见图 4-4（b）；另一种方法是从较高细节的块中去掉引起裂缝的边，见图 4-4（c）。相对来说，第一种方法更加复杂，但是也更加全面，因为拼接处的两个节点的分辨率可以相差任意大。第二种方法相对简单，它要求拼接处的两个节点的层次差距最多不超过 1。在相邻的子节点细分层次相差 1 以上时，无法消去裂缝，因此要避免这种情况的发生。对此，可以设定树的深度是均匀变化的，相邻节点的细分深度不能超过 1，如果节点比相邻节点的深度值大 2 或 2 以上，则删除该节点及其兄弟节点并将其父节点设置为子节点。在四叉树中节点细分深度与节点宽度直接相关，进行节点宽度的比较就能确定细分层次的差异。

视景体裁剪即依据由视点、视线方向、视角大小、近远平面定义的可视平截头体对地表模型的四叉树结点进行裁剪。在三维场景中，点和面的可见性是受限的。虚拟的视野实际上是一个四棱台状的视景体。设三维场景建立在右手坐标系 (XYZ) 中，计算地形点 A 和视点 O 的连线 AO 在坐标平面 XZ 上的投影与视景体

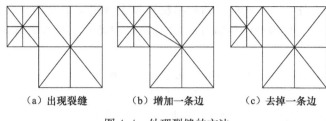

（a）出现裂缝　　　　（b）增加一条边　　　　（c）去掉一条边

图 4-4　处理裂缝的方法

轴线的夹角 α，AO 在平面 YZ 上的投影和视景体轴线的夹角 β 以及点 A 和点 O 的深度 Z 之差 δ。将 α、β 和 δ 与视景体的可视范围进行比较，将不在可视范围内的点删除，以减少数据量。

LOD 算法生成的地形网格具有层次性，在不考虑节点起伏度而只考虑节点到视点距离的前提下，同层次的子节点宽度相同。如果视点在网格的中点上，可设 MAPSIZE×MAPSIZE 尺寸的 LOD 地形网格为 n 层的环形结构，且最内层的三角形数量为 N，子节点宽度为 W，层面积为 S，层半径为 R。则对于相邻的外层，叶节点宽度为 $2W$，层半径为 $2R$，故层面积应为 $4S-S=3S$，其中所包含的三角形（此时三角形面积为前一层的 4 倍）个数最多为 $3S/(4(S/N))=3N/4$，以此类推，往后每层的三角形个数都为 $3N/4$，故总的三角形个数为

$$N+N(n-1)\times 3/4=(3n+1)N/4 \qquad (4\text{-}1)$$

而对一个相应的 MAPSIZE×MAPSIZE 尺寸的规格化正方形地形网格，将其类似地划分为 n 层后，其最内层的正方形面片数目应为 $N/2$（LOD 地形网格的叶节点被划分为两个三角形）。因为网格的总面积为其最内层面积的 2^{2n-2} 倍，且所有正方形面片大小相同，所以网格所包含的正方形面片总数为

$$2^{2n-2}\times N/2=2^{2n-3}N \qquad (4\text{-}2)$$

当 $n\geqslant 2$ 时，$(3n+1)N/4<2^{2n-3}N$，并且 n 越大差距越明显，故 LOD 算法的简化效果是较好的。

2）基于二叉树的 LOD 算法

基于二叉树的实时 LOD 地形算法中最具代表性的就是 Duchaineau 提出的实时优化自适应网格（real-time optimally adapting meshes，ROAM）算法。它是用二元三角树结构来动态表示网格，在漫游过程中，通过节点的分裂、合并操作来实时增加或删除需要渲染的网格点，从而保证网格的连续性。Duchaineau 声称该算法是优化的，因为对于任意给定的分解误差它将生成最少的多边形。ROAM 算法支持帧的一致性，并保证误差界限，这就意味着可以指定精确的帧率或想要的地形精度。

ROAM 算法之所以能生成最优网格，主要是因为它使用二元三角树来保持三

角坐标而不是存储一个巨大的三角形坐标数组来描绘地形结构,用基于树的结构来控制随着深度而呈指数增长的内存,这样可以保持它们的深度在一个很小的有限范围[11-15]。

图 4-5 给出了二元三角树的最初几个等级。根三角形 $T=(v_a,v_0,v_1)$ 被定义为具有最粗糙细节($l=0$)的等腰直角三角形;在下一个层次($l=1$),从顶点 v_a 到斜边中点 v_c 进行分割得到两个子三角形,左子三角形为 $T_0=(v_c,v_a,v_0)$,右子三角形为 $T_0=(v_c,v_1,v_a)$;树中的其他节点通过递归地重复这个分割过程得到。

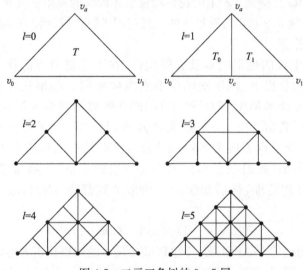

图 4-5　二元三角树的 0~5 层

在算法中每个节点需要包含五个指向树中其他节点的指针,分别指向基邻节点、左邻节点、右邻节点、左子节点和右子节点,如图 4-6 所示。

根据地形表面的粗糙程度和当前节点离视点的距离来决定每个节点所希望达到的细节等级。一般情况下,只要高度图不是动态改变的,每个节点的偏差(variance)值是不会变的,因此提出一个和二元三角树一起工作的 variance 树。一个 variance 树是一个填充高度值的二元树,用一个连续的数组来表示。生成二元树包括节点偏差计算、误差度量、节点分割三个部分。

(1)节点偏差计算

节点偏差只是另一种描述地形粗糙度的方式。二元三角树中一个节点的局部偏差相对来说比较容易计算,因为分割一个节点只是改变了该三角形斜边中点的高度值,其值可以通过该点的插值高度(另外两个点的高度值的平均)与其在高度图中的实际高度之差来计算。为了更好地理解一个节点的局部偏差的计算,绘制图 4-7。

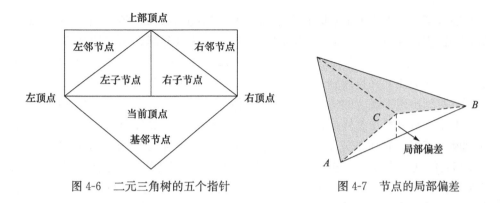

图 4-6　二元三角树的五个指针　　　　　图 4-7　节点的局部偏差

设 $A(X_a, Y_a, Z_a)$，$B(X_b, Y_b, Z_b)$，$C(X_c, Y_c, Z_c)$，则节点 C 的局部偏差（local variance）可以通过如下公式计算：

$$\text{local variance} = \text{abs}(Y_c - (Y_a + Y_b)/2) \tag{4-3}$$

在对整块地形渲染前，把它分成若干块，对每一块沿对角线划分为基本左三角形和基本右三角形。但是不能仅仅计算每一块的两个二元三角树 variance 值，因为这样计算带来的误差太大了，还应该计算树的深度。对于树中的子节点，式（4-3）的计算结果就是该节点的偏差。非子节点的最终偏差是其局部偏差和其两个子节点偏差中的最大值，而每个子节点偏差的计算又是另外一个递归的过程。设节点 N 有两个子节点 N_l 和 N_r，它们的节点偏差分别为 V_l 和 V_r，则节点 N 的偏差为 $V_n = \max(N_l, N_r)$。

（2）误差度量

在每个生成二元三角树的递归步骤中都要进行分解误差的计算，以确定是否需要对某个节点进行分解。文献中提出了基于嵌套的世界空间范围的分解误差，虽然这个误差计算更加精确，但同时计算速度也相当缓慢。在本书中采用如下误差计算方法：

$$\text{Split Metrie} = (\text{Variance} \times \text{MAPSIZE} \times 2)/\text{Distance} \tag{4-4}$$

式中，Variance 是节点偏差；MAPSIZE 是整个地形网格的宽度；Distance 是当前节点与视点之间的距离。这种分解误差综合考虑了如前所述的地表粗糙度和观察点与节点的距离。

（3）节点分割

在 ROAM 算法中，共享同一条底边的两个节点三角形构成一个菱形（diamond）。对于当前节点，如果它的误差大于所给定的阈值，就从三角形的顶点到斜边中点进行分割，将此三角形一分为二，但是这样简单的分割会造成裂缝。因此，为避免在分解的过程中产生裂缝，必须保证相邻三角形之间的层次相差不能超过 1。

在分割一个三角形节点时存在下面三种情况：①节点的基邻居节点是节点本身，也就是节点和它的基邻居节点互为下邻关系，这时分割它和它的基邻居节点，如图 4-8 所示。②节点在地形块的边界上，这时只分割这个节点。③如果要分割的节点不在边界上并且和它的基邻居节点不是互为下邻关系，则要递归分割基邻居节点直到出现①或②的情况。这种分割称为强行分割。图 4-9 所示的例子很好地说明了强行分割是怎样进行的：如图 4-9(a)所示，1 是要分割的三角形节点，首先判断出节点 1 的基邻居节点 2 和 1 本身不是互为下邻关系，则分割基邻居节点 2，2 和它的基邻居节点 3 也不是互为下邻关系，继续分割节点 3，同样 3 和它的基邻居节点 4 也不是互为下邻关系，递归分割 4(图 4-9(b)所示)，这时 4 和它的基邻居节点 5 是互为下邻关系，分割 4 和 5 的最长边(图 4-9(c)所示)，递归返回，依次分割 3 和 4、2 和 3、1 和 2(图 4-9(d)所示)，强行分割完毕。

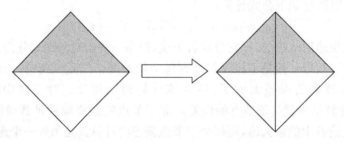

图 4-8　分割该节点和其基邻居节点

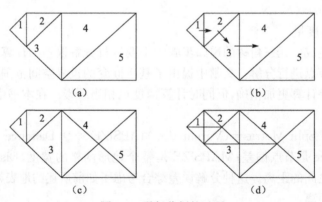

(a)　　　　　　　　　　　　(b)

(c)　　　　　　　　　　　　(d)

图 4-9　强行分割的过程

2. 基于不规则网格的层次细节模型

尽管规则格网 DEM 在计算和应用方面有许多优点，但也存在许多难以克服的缺陷：在地形平坦的地方，存在大量的数据冗余；在不改变格网大小的情况下，难以表达复杂地形的突变现象；在某些计算中，如通视问题，过分强调网格的轴方向。

TIN 是另外一种表示数字高程模型的方法,它既减少规则格网方法带来的数据冗余,也在计算(如坡度)效率方面优于纯粹基于等高线的方法。TIN 模型根据区域有限个点集将区域划分为相连的三角面网络,区域中任意点落在三角面的顶点、边上或三角形内。如果点不在顶点上,该点的高程值通常通过线性插值的方法得到(在边上用边的两个顶点的高程,在三角形内则用三个顶点的高程)。所以 TIN 是一个三维空间的分段线性模型,在整个区域内连续但不可微。

对于不规则分布的高程点,可以形式化地描述为平面的一个无序的点集 P,点集中每个点 p 对应于它的高程值。将该点集转成 TIN,最常用的方法是 Delaunay 三角剖分方法。生成 TIN 的关键是 Delaunay 三角网的产生算法,下面先对 Delaunay 三角网和它的偶图 Voronoi 图作简要的描述。Voronoi 图,又称泰森多边形或 Dirichlet 图,它由一组连续多边形组成,多边形的边界是由连接两邻点线段的垂直平分线组成。N 个在平面上有区别的点,按照最近邻原则划分平面:每个点与它的最近邻区域相关联。Delaunay 三角形是由与相邻 Voronoi 多边形共享一条边的相关点连接而成的三角形。Delaunay 三角形的外接圆圆心是与三角形相关的 Voronoi 多边形的一个顶点,Delaunay 三角形是 Voronoi 图的偶图。

对于给定的初始点集 P,有多种三角网剖分方式,而 Delaunay 三角网有以下特性:①点集 P 的 Delaunay 三角网是唯一的;②三角网的外边界构成了点集 P 的凸多边形“外壳”;③点集 P 的任何点在三角形的外接圆内部,则该三角网是 Delaunay 三角网;④如果将三角网中的每个三角形的最小角进行升序排列,则 Delaunay 三角网的排列得到的数值最大,从这个意义上讲,Delaunay 三角网是“最接近于规则化”的三角网。

下面简要介绍 Delaunay 三角形产生的基本准则。Delaunay 三角形产生准则的最简明的形式是任何一个 Delaunay 三角形的外接圆的内部不能包含其他任何点。Lawson 提出了最大化最小角原则:每两个相邻的三角形构成的凸四边形的对角线,在相互交换后,六个内角的最小角不再增大。Lawson 又提出了一个局部优化过程(local optimization procedure,LOP)方法。先求出包含外接圆新插入点 p 的三角形,这种三角形称为影响三角形(influence triangulation),再删除影响三角形的公共边,将 p 点与全部影响三角形的顶点连接,完成 p 点在原 Delaunay 三角形中的插入。

TIN 的数据存储方式比格网 DEM 复杂,它不仅要存储每个点的高程,还要存储其平面坐标、节点连接的拓扑关系,三角形及邻接三角形等关系。TIN 模型在概念上类似于多边形网络的矢量拓扑结构,只是 TIN 模型不需要定义“岛”和“洞”的拓扑关系。有许多种表达 TIN 拓扑结构的存储方式,一个简单的记录方式是:对于每一个三角形、边和节点都对应一个记录,三角形的记录包括三个指向其三个边的记录的指针;边的记录有四个指针字段,包括两个指向相邻三角形记录的指针和它的两个顶点的记录的指针;也可以直接对每个三角形记录其顶点和相邻三角形(图 4-10)。每个节点包括三个坐标值的字段,分别存储 X、Y、Z 坐标。这种拓扑网络结构的特点是对于给定一个三角形查询其三个顶点高程和相邻三角形所用的时间是定长的,在沿直线计算地形剖面线时具有较高的效率。当然可以在此结构的基础上增加其他变化,以提高某些特殊运算的效率。例如,在顶点的记录里增加指向其关联的边的指针。三角面的形状和大小取决于不规则分布的测点或节点的位置和密度。不规则三角网与高程矩阵方法的不同之处是随地形起伏变化的复杂性而改变采样点的密度和决定采样点的位置,因而它能够避免地形平坦时的数据冗余,又能按地形特征点如山脊线、山谷线、地形变化线等表示数字高程特征。

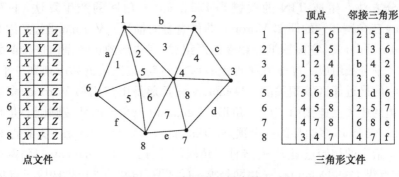

图 4-10　三角网的一种存储方式

在 TIN 中,对于任意一个具有 x、y 值的点,其高程都可以通过确定三角形,然后在其中内插高程来计算,其表面上任意区域的点密度与该处地形的变化率成比例。平坦的草原点密度低,而山区地形则要求较高的点密度,尤其是表面发生显著变化处。

不规则三角网能随地形起伏变化的复杂性而改变采样点的密度和决定采样点的位置,因而能够克服地形起伏变化不大的地区产生冗余数据的问题,同时还能按地形特征点如山脊线、山谷线、地形变化线和其他能按精度要求进行数字化的重要地形特征,获得 DEM 数据。TIN 数字地形模型能够较好地适应不规则地形区域并避免地形平坦时的数据冗余。

基于 TIN 的 LOD 算法虽然生成的三角形数目不多,但是处理时需要占用较大内存,实时计算量较大,灵活性差,效率较低,也较难于与连续细节层次处理相结合,因此对于这方面的研究相对较少。比较有代表性的是 Hoppelv 提出的视点相关的 LOD 动态地形生成算法。该算法在预处理阶段对不规则网格构造多分辨率序列,在实时显示时根据视点到地形块的距离以及地形本身的粗糙度来进行选择性的细化和粗化,动态更新网格。

4.3.2　三维空间实体模型的建立与表示

利用遥感卫星影像进行三维建模[16]在虚拟现实领域是一个基本的研究问题,

通过多年的研究与探索,也积累了大量成功的经验。但是,由于城市空间中的自然或人工的地物具有种类繁多、结构各异、数量巨大的特点,还必须针对空间实体的特殊需要研究适合的建模方法。

与二维工程环境不同,用户对三维场景中地物模型的可视效果常常给予很高的期望。但对于大规模场景可视化系统来说,在有限的软硬件计算资源下,基于现有的处理方法,仍然需要在场景绘制的准确性和系统可用性之间进行权衡。为了保证系统在绘制场景时能够满足实时交互的要求,在地物建模过程中一般需要进行简化处理,或者按照 LOD 的思想,创建细节层次不同的多个版本。另外,不同类别的地物在细节表现方面可能有不同的需求,需根据具体应用的特点来决定。

1. 三维空间实体建模

由拓扑学的基本概念可知,任意一个三维空间实体可定义为一个可定向的 n 维伪流形(n-pseudo manifold),它对应于一个具有良好单纯形结构的 n-单纯复形(n-complex),在几何上可剖分成若干个维数小于或等于它的、连通但不相互重叠的 k-单纯形(k-simplex)。一个 k-单纯形定义为一个在 k 维(或更高维数)欧几里得空间,由 $k+1$ 个离散点构成的 k 维最简单的封闭凸几何目标,并且一个 k-单纯形是由 $k+1$ 个($k-1$)-单纯形封闭形成,且相交于 $k(k+1)/2$ 个($k-2$)-单纯形。

在三维空间有几种单纯形:0-单纯形(点),1-单纯形(线段),2-单纯形(三角形),3-单纯形(四面体)。点状实体是一个零维空间目标,可以用来表示三维空间中的点状地物,如水井、树或电线杆的位置等。它只有空间位置而无空间扩展。所有的点状实体均唯一对应于一个 0-单纯形,而 0-单纯形包含了三维空间实体的位置信息,即 X、Y、Z 坐标。线状实体是一个一维空间目标,可以用来表示三维空间中的线状地物,如铁路、公路、桥梁、河道、输电线路等。它只能用长度来作为其空间度量。线状实体可以是一个封闭曲线,也可以是具有多个分支的曲线,它由有限多个连通且有向的 1-单纯形所组成,且这些 1-单纯形不能与其他 1-单纯形相交。面状实体是一个二维空间目标,可以用来表示三维空间中的面状地物,如操场、湖泊、森林的覆盖区域等。它可以用面积和周长来作为其空间度量,任意一个面状实体均可以剖分成有限多个 2-单纯形。一个具有规则边界的面状实体,即由有限个连通但不相互重叠的平面构成的面状实体,可以简单地用构成该实体的平面来表达,必要时再对这些平面进行空间剖分以生成相应的 2-单纯形。体状实体是一个三维空间目标,可以用来表示三维空间中的体状体物,如建筑物、矿体、丘陵等。它可以用体积和表面积来作为其空间的度量。任意一个体状实体均可以剖分成有限多个沿着其边界进行黏合的 3-单纯形,且其上任意两个相邻的 3-单纯形在其公共面上总是诱导出相反的序向。一个具有规则边界的体状实体,即由有限个不相互重叠的平面包围而成的体状实体,当不需要考虑该实体的内部信息时,也可以简单地用构成该实体的边界面来表达,当需要考虑该实体的内部信息时,再对该实体进行空间剖分以生成相应的3-单纯形。

基于面模型的构模方法侧重于3D空间实体的表面表示,如地形表面、地质层面、建筑物及地下工程的轮廓与空间框架。所模拟的表面可能是封闭的,也可能是非封闭的。基于采样点的TIN模型和基于数据内插的grid模型用于非封闭的表面模拟;而B-Rep模型和wireframe模型通常用于封闭表面或外部轮廓模拟。通过表面表示形成3D空间目标轮廓,其优点是便于显示和数据更新,不足之处是由于缺少3D几何描述和内部属性记录而难以进行3D空间查询与分析。

体模型基于3D空间的体元分割和真3D实体表达,体元的属性可以独立描述和存储,因而可以进行3D空间操作和分析。体元模型可以按体元的面数分为四面体(tetrahedral)、六面体(hexahedral)、棱柱体(prismatic)和多面体(polyhedral)等4种类型,也可以根据体元的规整性分为规则体元和非规则体元两种类型。规则体元包括CSG-tree、Voxel、octree、Needle和Regular Block等5种模型(图4-11)。规则体元通常用于水体、污染和环境问题构模。其中Voxel、octree模型是一种无采样约束的面向场物质(如重力场、磁场)的连续空间的标准分割方法,Needle和Regular Block可用于简单地质构模。非规则体元包括四面体、金字塔、三棱柱、地质细胞、不规则块、实体、三维泰森多边形、广义三棱柱(GTP)共8种模型(图4-12)。非规则体元均是有采样约束的、基于地质地层界面和地质构造的面向实体的3D模型。

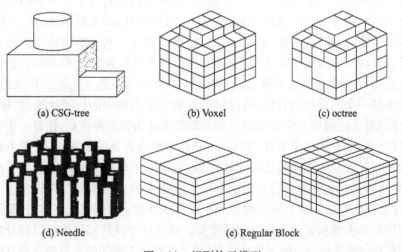

(a) CSG-tree　　　　　(b) Voxel　　　　　(c) octree

(d) Needle　　　　　(e) Regular Block

图4-11　规则体元模型

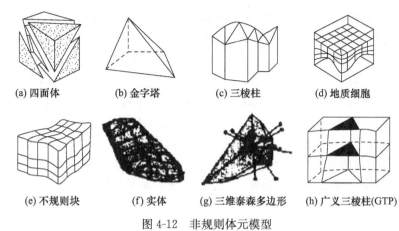

| (a) 四面体 | (b) 金字塔 | (c) 三棱柱 | (d) 地质细胞 |

| (e) 不规则块 | (f) 实体 | (g) 三维泰森多边形 | (h) 广义三棱柱(GTP) |

图 4-12　非规则体元模型

2. 空间元数据的处理

在地理信息研究领域,面对大量的空间数据,用户往往无法知道哪些数据是他们真正需要的。而提供空间元数据服务的意义就在于为用户解决这一问题。空间数据的元数据是指地理空间相关数据集和信息资源的描述信息,它是对空间特征的概括和抽取。元数据(metadata)是关于数据的数据,它是实现数据共享的重要基础,主要描述数据的内容、质量、组织形式、存取方式和其他特征,帮助人们理解和操作数据。其内容基本上包括以下几个方面:

(1)基本识别信息。数据集的基本信息,如标题名称、地理范围等。

(2)空间数据组织信息。用于表示数据集中空间信息的数据结构,如用于描述空间位置的方法以及数据集中空间目标的数目。

(3)空间参考信息。数据集中坐标的参考坐标系和编码方法的描述,如地图投影或网格坐标系统、水平和垂直基准以及坐标系分辨率的名称和参数。

(4)实体和属性信息。主要包括数据集内容的信息,如实体类型、属性及属性赋值的范围。

(5)数据质量信息。数据集质量的评定信息,如接边质量评定信息,位置和属性的精度、完整性、一致性以及数据生产的方法。

(6)数据来源信息。关于获取数据集的信息,即分发者描述信息。

(7)其他参考信息。包括元数据的现势性和应负责任等描述信息。

可见,空间元数据条目繁多,并且内容之间关系复杂,存在很多"一对多"的对应关系,管理这些信息的方法是非常重要的。

对于一个大规模三维场景来说,尽管利用前面给出的处理方法对场景空间数据进行了分割和简化,但不应该破坏场景的完整性。这种完整性可以借助场景的元数据间接地体现,所有的子场景通过标志信息从属于一个场景,并共享该场景相关的空间元数据,尽管该场景仅仅是存在于概念上。在整个场景的空间元数据中(利用空间数据组织信息)要增加有关数据分割的信息,如子场景的个数、层次关系、存放位置等的说明,以便于数据的管理和维护。此外,每个子场景还拥有一些个性化的元数据,如地理覆盖范围、数据精度、所包含地物的信息等。对地理空间元数据进行管理和维护适于采用数据库管理系统(DBMS),其基本思路是:将地理空间元数据信息进行分类和规划,确定各元数据项的类型和长度,并建立相应的地理空间元数据库(geospatial meta database);利用各种编程工具实现地理空间元数据管理系统,完成对地理空间元数据信息的录入、查询、编辑等功能。

4.3.3　常用三维空间实体建模方法

三维场景中各种地物是建立在地形起伏基础上,因此,在建模的过程中要充分考虑地形模型的高程信息。同时为了地形与地物相互融为一体,必要时还要对地物所在处地形进行削减调整。地物种类多样,各种三维模型的建立也是相当复杂的。以下选取几类具有代表性的、常见的地物为例进行研究,其他地物的模型可同理建立。

1. 建筑物模型

以楼房为例,基于地形模型建立建筑物模型的过程如下:

(1) 计算建筑物的基准高程。首先根据建筑物各个顶点的平面坐标及各DEM 网格点平面坐标计算出每个顶点落于哪个 DEM 三角网格内,并通过线性内插获得该点的高程,对于每个顶点都求出所在点的高程,为了使建筑物底面保持水平,可以通过取平均值或取最小值确定一个值作为该建筑物的基准高程,设为 H_1。

(2) 建立建筑物的侧面三角网。设建筑物的高度为 H_2,加上基准高程,得到建筑物模型顶面的高程 H_3,然后建立建筑物模型侧面的三角网,具体过程如下:设建筑物地面边界点为 $A(x_1,y_1,z_1)$,$B(x_2,y_2,z_2)$,$C(x_3,y_3,z_3)$,$D(x_4,y_4,z_4)$,$E(x_5,y_5,z_5)$,$F(x_6,y_6,z_6)$,$ABCDEF$ 为二维矢量图中代表建筑物几何范围的折线,加上前面计算的高度 H_1,H_2,可以得到位于这些点正上方的一系列新的三维点坐标,设为 A'、B'、C'、D'、E'、F'。如图 4-13 所示,点 A 的平面坐标与 A' 的相同,其 z 坐标为 $z_1+H_1+H_2$,其他点同理计算,可得到新的空间折线。新的空间折线和已有建筑物的几何折线之间形成了建筑物的各个侧面。位于同一侧面上的四点 $AA'F'F$ 组成一个平行四边形,沿对角线将它剖分为两个三角形 $\triangle AA'F$ 和 $\triangle A'F'F$,同样可以对平行四边形 $AA'B'B$ 进行剖分得到两个三角形 $\triangle AA'B$ 和 $\triangle A'B'B$,以此类推,即可形成构造侧面的三角网。

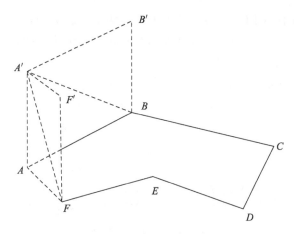

图 4-13　建筑物侧面示意图

（3）构造建筑物顶平面。这里假设建筑物的形状是规则的，即建筑物不同高度的水平截面相同。由于建筑物顶平面多边形的不规则性，同时由于多边形绘制的速度以及任意多边形在绘制过程中的不稳定性，必须将建筑物顶平面多边形进行三角形剖分，如图 4-14 所示。为了使问题简化，只考虑简单的凸、凹多边形情况。具体思路如下：首先求出简单多边形的凹凸顶点，建立链表；然后逐次割去一个权值最大的三角形，构造三角形网格，修改多边形顶点链表，并重新计算受影响的顶点的凹凸性；重复这个过程，直到边界顶点链表为空时结束；最后按最大-最小内角准则，通过局部变换，得到 Delaunay 三角剖分。

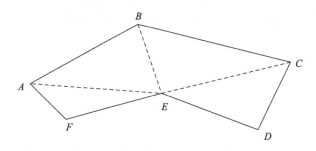

图 4-14　建筑物顶面示意图

值得一提的是，在上述建模过程中，各种几何图元是按照实体模型进行组织建模的。也就是说把相互联系、具有现实意义的几何图元组织在一起，形成一个独立、可操作的三维实体模型。

2. 道路模型

道路是典型的带状地物。它的构造过程如下：

根据道路的中心线信息,依次计算出中心线上与相邻两点连线平行的左边界线及右边界线,然后用与中心线段垂直的线段将其封闭成多边形。然后按照建筑物建立的方法,建立道路模型。

最后形成的道路几何信息用一系列空间曲面描述,每条道路具有唯一标志ID,从属于某一道路类别。道路的数据结构如图 4-15 所示。

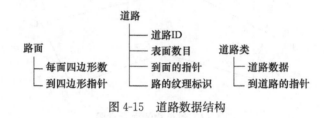

图 4-15　道路数据结构

对于三维公路表达,除了点状地物(如路灯等)外,所有地物模型只要是与地形模型相交的,都应该被镶嵌在地形模型中,成为地形模型中的一部分或一层,这样才能在三维显示时取得正确的表达效果。因此,路面及其构造物必须镶嵌在地形模型中(考虑到带状地形特征和路面的限制条件,一般选择 TIN 来表达地形),应该用道路模型替换地形模型中属于此范围的三角形,使地面模型和道路模型无缝地集成在一起。具体思路是:先建立地形模型,然后将设计数据的外围轮廓线提出来,一个外围轮廓线组成一个平面多边形。将该多边形按约束边对 TIN 进行插值处理,并将该多边形内的三角形剔除,步骤如图 4-16 所示。

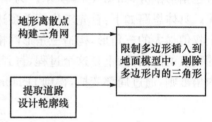

图 4-16　建立道路模型步骤

3. 其他独立地物模型

将独立地物三维模型分为 3 类:①具有几何形态的不变性和表面材质、纹理的相似性,具有重要的形状和位置特征,如路灯等;②具有几何形态的随机性和表面材质、纹理的相似性,有大小和位置特征,通过纹理图像表现这些目标,如树木等;③具有几何形态与表面材质、纹理表示的随机性,可通过特定的随机函数模拟这些对象,如瀑布等。这类模型一般先在工具软件(如 3DMAX)里建好,然后导出为3DS 格式的文件。模型处于自己独立的坐标系中,建模完毕后要重新规划坐标原点,模型上所有点的坐标值都应以该坐标原点为基础。在应用过程中,模型在TIN 上的位置就相当于模型的坐标原点在 TIN 上的位置。此外,模型在场景中的缩放及旋转也以该坐标原点为基础。

4.3.4　地质体要素建模方法

在地质研究领域为了描述地质体内部的结构与属性,通常采用基于体元的建模方法。基本体元有六面体、四棱锥、四面体、三棱柱体等。采用六面体作为基本体元时,边界区域难以精确表示。四面体结构在表达复杂结构上较灵活,但会产生大量的冗余,且生成四面体的算法比较复杂。近年来,有些学者开始研究基于三棱柱体体元的 GTP 数据模型,以 NURBS 结构和 TIN 模型的混合数据结构来重建复杂地质体的三维模型。其基本思路是:根据地质钻孔、平硐和地质勘探剖面等资料,交互解译形成平面地质剖面图,包括横、纵剖面图和平切图等,然后以此为基础,将一系列剖面数字化输入存储,采用人工定义和计算机内插计算的方式结合地质趋势面分析,运用 NURBS 技术和 TIN 模型重构各种地质构造结构面,进而利用图形布尔运算形成模拟真实地质形态的三维地质实体模型[17]。

其基本思路如下:①将离散钻孔点投影到 XY 平面并进行 Delaunay 剖分形成钻孔 Delaunay 三角网;②使用钻孔 Delaunay 三角网中的每一个三角形所代表的钻孔从上到下按 GTP 的建模思想构建广义三棱柱;③将三棱柱上下底面和侧面拆分成多个三角形,并根据其所在的地层进行存储;④循环②、③步,直到所有三角形处理完毕;⑤提取同一地层属性的所有边界三角形,并形成包围该地层的一个或多个闭合三角网,这些闭合的三角网就是同一地层属性的所有地层(包括分离和重复的情况);⑥所有地层的闭合三角网形成地质体的 TIN 表面模型;⑦对 TIN 表面模型进行插值形成更精细的 TIN 表面模型。

基于 GTP 构架的闭合 3D-TIN 表面模型的基本流程如图 4-17 所示。

图 4-17　3D-TIN 表面模型的基本流程

在地质曲面插值与拟合方面,常用的方法有三角面片模型的线性插值法、分片连续加权插值模拟法、双三次样条曲面模型计算、克里金层面模型估计、分形层面模型、多重二次曲面插值、曲面样条插值曲面磨光法、克里金插值算法等。

本章阐述了针对地形与地物三维建模方法,是本书后续研究内容的基础,为后续研究中所提出的方法提供了操作的对象。为了实现三维场景的可视化,需要用于表达地形的 DEM 数据,需要各类地物的三维模型数据以及表示各类地质构造的地质体模型数据,另外还需要用作纹理映射的影像数据。在经过不同的数据采集、建模处理后,面对的是一个包含大量 DEM 数据、以边界面表达的三维地物模型数据、纹理影像数据、元数据、非空间属性数据的数据库。三维工程环境的目标是通过合理高效的数据组织与调度,实现大规模三维场景中的实时交互浏览。后面两章,将依次论述数据组织方法和基于可视化理论的三维工程环境构建。

参 考 文 献

[1] 李志林,朱庆. 数字高程模型. 武汉:武汉测绘科技大学出版社,2000.

[2] 陈刚,夏青,万刚. 地形 RSG 模型的动态构网. 测绘学报,2002,31(1):44-48.

[3] 吴立新. 三维地学模拟与虚拟矿石系统. 测绘学报,2002,31(1):28-33.

[4] 王源,刘建永. 视点相关实时 LOD 地形模型动态网算法. 测绘学报,2003,32(1):47-52.

[5] 黄野,常歌. 基于多分辨率模型的地形实时显示. 测绘学院学报,2001,18(2):121-123.

[6] 赵友兵,潘志庚,石教英. 视点相关的地形 LOD 模型的动态生成算法. 软件学报,1999,10: 251-254.

[7] 杨晓霞,齐华. 一种大规模地形的高效绘制算法. 计算机工程与应用. 2005,14:229-232.

[8] 郝鹏威,黄波,朱重光. 用于地面可视化的 DEM 四叉树改进. 中国图象图形学报,1997, 2(8/9):578-583.

[9] 刘学军,符锌砂. 三角网数字地面模型的理论、方法现状及发展. 长沙交通学院学报,2001, 17(3):24-31.

[10] 柯希林,曾军. 动态 LOD 四叉树虚拟地形绘制. 测绘通报,2005(6):10-13,32.

[11] Cohen-Or D,Chrysanthou Y,Silva C. A survey of visibility for walkthrough applications. IEEE Transactions on Yisualization and Computer Graphics,2003(3):412-413.

[12] Guttman A. R-trees:A dynamic index structure or spatial searching. Proceeding of ACM SIGMOD Conference,1984:47-57.

[13] Hesina G,Sehmalstieg D. A network architecture for remote rendering. Proceedings of 2nd International Workshop on Distributed Interactive Simulation and Real-Time Applications,Montreal,1998:88-91.

[14] Maciel P W C,Shirley P. Visual navigation of large environments using textured clusters. Symposium on Interactive 3D Graghics,1995:95-102,211.

[15] Voigtmann A,Beeker L,Hinriehs K. A hierarchical model for multiresolution surface reconstruction. Graphical Models and Image Processing,1997,59:333-348.

[16] 张顺谦. 遥感影像三维可视化研究. 气象科技,2004,32(4):233-236.

[17] 程朋根,刘学斌,史文中,等. 一种基于似三棱柱体元的地质三维建模方法研究. 东华理工学院学报,2004,27(1):73-79.

第5章 三维工程环境下的数据管理

本章研究内容为三维工程环境下的数据管理组织方法。面向三维工程环境可视化的空间数据组织管理的目的是将所有相关的空间数据通过合理的数据组织方法有效地管理起来,并根据其地理分布建立统一的空间索引,进而可以快速调度场景中任意范围的数据,实现对整个研究区域的无缝漫游。其基本思想就是通过数据分割、加工和索引机制,将三维工程环境空间数据,包括 DEM 数据、地物模型数据、纹理影像数据及元数据,组织成一个由不同细节层次、不同地域覆盖范围的多个子场景构成的金字塔型结构,以实现大规模三维工程环境可视化的目标。

5.1 三维工程环境数据组织

大范围三维工程环境显示需要处理大量的空间数据,这些数据如何存储,采用怎样的数据结构进行组织,对于系统最终描述场景的真实感和动态效果有着重要的影响。三维空间数据结构是三维空间数据模型的具体实现,是客观对象在计算机中的底层表达,是对客观对象进行可视表现的基础。本节主要介绍三维空间数据的浏览模式和数据组织方法。

5.1.1 数据浏览模式

为了研究合理有效的数据组织方法,有必要先对三维工程环境下的数据可视化的具体需求进行分析。将三维可视化问题按照最终提供给用户使用的功能情况划分为以下两类。

1. 平行投影方式下浏览

三维场景在平行投影方式下的可视化可以比喻成一个电子沙盘,用户从比较高的位置对整个三维场景进行全局性的观察,同时可以通过放大缩小、平移和旋转等操作改变视点与场景的距离和角度。在距离较远时,根据人眼的观察规律,用户对场景的细节描述程度要求比较低,只需要将主要的地形与地物特征表现出来;随着场景的逐级放大,要求所绘制的场景越来越详细,但由于屏幕空间有限,用户实际见到的场景范围也越来越小[1]。

2. 透视投影方式下浏览

透视投影方式下的浏览常常被称作场景中的实时飞行或漫游,这种方式下用户仿佛置身于场景之中,可以随意地升高降低、前进后退、左右旋转以及改变视点的俯仰角度,是一种简单意义上的虚拟现实方式。此时,用户距离场景的距离很近,要求场景以最高的细节程度进行绘制,而由于视距和角度的限制,此时的观察范围也是非常有限的。

根据上面对三维场景可视化功能的分析,在场景绘制中不可避免地存在细节描述程度的变化,引入 LOD 的处理思想;另外,由于人眼的可视范围有限,在距离较近时只需要对可见范围内的场景进行绘制,而不需要将所有的空间数据都事先读入内存中,因此考虑对整个场景进行分割,以实现分块调度。本书所采用的数据组织方法的主要思想是利用不同细节层次、不同地域覆盖范围的多个子场景来代替原来的一个大规模三维场景。这里的子场景的数据内容包括相应地域范围内的DEM、三维地物模型、地质体模型、纹理影像和相应的元数据。通过合理的索引机制将预处理得到多个子场景根据空间关系组织起来,最终搭建成一个由不同层次的多个子场景结点构成的金字塔结构,以支持上面两种不同投影方式下的大规模三维场景可视化。下面围绕这一思想,对具体的数据组织方法详细加以论述。

5.1.2　数据组织方法

三维空间数据模型必须涵盖矢量模型(二维和某些三维模型)、栅格模型(包括DEM、DOM 等)和多媒体数据。

三维空间数据模型的组织结构如图 5-1 所示。

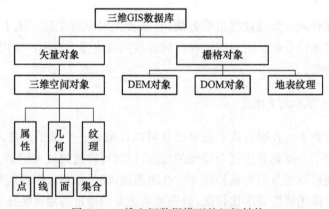

图 5-1　三维空间数据模型的组织结构

　　矢量对象和栅格对象是按照垂直分类和水平分块的分区方式组织的。通过分类组织，每类对象都只是整个数据库很小的一部分，并有利于聚合特征相近的对象，从而大大提高数据选择、重组和处理的效率。通过分层组织，将数据表现和组织控制在一定层次内。这种层次既包括几何上的分层，如影像金字塔将不同细节程度的对象按层次结构进行组织，也包括地物数据的分层管理，如水系、居民地等。这种细节层次的划分不仅直接决定物理存储的数据量大小，同时也决定了跨尺度数据检索与存取的效率[2]。

　　对于海量影像数据或地物数据，即使通过分层分类，每一层每一类对象的数据量仍可能非常大，还需要采取分块组织的办法。这种思想主要是通过尽量减少每次调度的工作量来提高计算速度和显示速度。通过分块，在某一时刻，三维场景中的大部分块是不可见的，不必存取与显示，仅需绘制那些可见的区域。显然，这样可大大减少显示和计算的复杂程度，从而提高实时性。在三维显示过程中，采用基于数据分页的动态调度技术、与视点相关的地形简化技术和基于多线程的渐进描绘技术，可以根据当前视点、视角和方向计算出视线范围金字塔（或圆锥），用以确定该视线范围对应在二维栅格数据（DEM 和 DOM）的范围和不同区域数据的分辨率，然后，根据得出的范围和相应的分辨率通过栅格引擎动态调入内存，进行视点相关的地形化简，最后叠加纹理。

　　针对矢量数据，分区的依据有两个：一是根据 R 树空间索引机制合理地进行空间划分，尽量减少目标外接矩形范围之间的重叠（如按街区进行划分）；二是考虑与数据库管理系统最佳性能相匹配的表空间接纳的对象个数，根据给定的软硬件环境通过实验可以方便地检测出数据库管理系统具有最佳性能的各种参数设置。

　　矢量数据是空间数据库和 GIS 应用的核心。近年来，几个国际标准组织（包括 OGC 和 ISO）对空间对象模型进行了深入的研究，推出了要素几何模型以及地理标记语言 GML。他们对空间对象进行了规范定义，一些空间数据库管理系统引擎从实现的角度，根据 OGC 的抽象规范对空间对象做了适当的取舍和定义，以易于实现。与矢量数据相比较，栅格数据的数据量要相对大得多。目前，普遍将栅格数据存储在二进制变长字段中，并建立栅格金字塔进行管理。栅格数据的结构相对简单，这里不详细论述，下面对海量栅格数据的存储和组织进行讨论。

5.2　三维工程环境数据存储方案

　　经过多年的研究，地形可视化技术和空间数据库技术已经取得了大量的研究成果，但二者的结合却相对滞后。很多地形可视化系统在地形数据的管理上都还是基于文件系统，在数据量较小时可以提供较快的数据存取。然而，文件

系统在数据的存取和管理上存在很大的局限性,对于具有海量数据的三维工程
环境场,由于无法预先将整个场的数据全部装载至内存中,文件系统只能将大型
场景分割成若干小场景,导致索引调度大幅降低,相互之间也难以实现查询等空
间操作。另外,文件系统也无法解决数据安全、并发操作、网络共享等问题。空
间数据库恰好能弥补这些不足,它逐渐显露出来的强大的技术优势,足以替代文
件系统在传统地形可视化系统中的地位。全球虚拟地形场要求通过空间数据
库完成海量地形数据的存储管理。通过利用空间数据库的对象建模、数据共
享、分布计算以及空间查询等,实现三维场景数据的动态加载、远程存取、逼真
度实时空间漫游等特性,传统的三维可视化技术在数据库的支持下得到长足
的发展[3,4]。

　　空间数据的存储主要有文件方式、基于关系型数据库扩展方式和面向对象型
数据库方式。针对三维空间数据模型的组织和管理,采用文件方式存储在操作上
比较简单,而且通常文件的存取速度要优于数据库方式。特别是对于 DEM 数据
来讲,国内外已经形成了采用文件存储的几个主流标准,如中国国家标准地球空间
数据交换格式(CNSDTF),采用文件方式更有利于不同系统之间 DEM 数据的交
换。至于地物模型的存储方式,由于基于边界面绘制方法的数据结构遵循“点-线-
面-模型”的规律,而且与地物相关的大量非空间属性信息通常是存储在数据库中,
因此考虑选用数据库存储方式。传统的基于文件与关系数据库混合的 GIS 数据
库管理方式在数据安全性、多用户操作、网络共享及数据动态更新等方面已不能满
足日益增长的需要。关系数据库管理系统在处理海量三维城市模型数据时的低效
率日益凸显,很难满足动态三维透视显示对高效的数据存取要求。虽然面向对象
的数据库管理系统(OODBMS)是一个理想的工具,但并不成熟,可供选择的商业
化平台还很少。对象关系型数据库管理系统(ORDBMS)在传统关系数据库之上
进行扩展,能够同时管理矢量图形数据和属性数据。ORDBMS 虽然还不直接支
持三维空间对象,但其在保留关系数据库优点的同时,也采纳了面向对象数据库
设计的某些原理,具有将结构性的数据组织成某种特定数据类型的机制,这使得
它不仅能够处理三维数据的复杂关系,也能将在逻辑上需要以整体对待的数据
组织成一个对象。可见,ORDBMS 为三维工程环境的应用提供了一条切实可行
的途径。

　　总之,数据库存储方式一方面可以利用数据库系统本身的管理机制增强数据
管理能力;另一方面,考虑到未来的发展趋势,可以在网络应用平台下实现多用户
的同时访问和数据共享。从逻辑上讲,不管采用哪一种方式存储,在数据的组
织方法上研究的方向并没有大的不同。首先涉足空间数据库应用领域的一些
大型的三维 GIS,如基于商用空间数据库系统的 ESRI ArcSDE 设计了具有较
强虚拟现实功能的三维 GIS,德国 Rostock 大学等联合开发的城市三维 GIS,

采用了面向对象数据库的存储和管理数据。这些系统代表了当前大多数采用数据库技术的三维 GIS，它们只是侧重于虚拟现实等可视化功能的实现，所以只是简单地利用数据库来存储和管理数据，不具有针对三维工程环境的特点的空间数据库技术。下面分别针对矢量数据和栅格数据存储详细介绍三维工程环境下的数据存储方案。

5.2.1　矢量数据存储方案

矢量数据主要通过三维空间对象的模式进行存储。三维空间对象涉及三种不同的数据内容：①描述空间位置与表面几何形状的三维空间特征数据；②描述表面属性的颜色、材质参数、纹理图像或多媒体数据；③描述其专题意义的属性数据。三维空间对象分别采用 4 种基本的数据结构类型，即点对象、线对象、面对象与集合对象。其中，集合对象是包括多点、多线、多面及体对象等同类对象的集合，也包括不同类型对象的集合。由于各种三维空间对象分布的不均匀性（如建筑物与道路在市中心区域比较密集，而在郊区比较稀疏），矢量数据的分区必须适应这种非均匀分布，以保证各个子区域内的对象个数比较均衡。

将三维空间对象按专题属性进行分类组织，可利用同类专题对象之间的关联关系，在物理上将其聚合在邻近的存储空间，从而大大提高频繁检索的效率。与描述大范围地形的栅格数据的多重细节层次概念不同，三维矢量模型的 LOD 概念集中体现在一体化的数据结构当中。

如图 5-2 所示，理想的状况是只在数据库中存储细节程度最高的模型数据，而其他细节程度的数据都从中派生得到。要么根据数据结构直接选取不同的数据内容，要么对有关内容进行实时简化。这样既不需要存储多个不同细节程度的模型数据，也可以大大提高 LOD 处理的效率。如果希望细节程度的变化能从全区范围抽象的 2D 地图形式一直到一个建筑物最详细的内部结构，这同栅格数据类似，还要存储多个不同细节层次的数据，并将细节层次与 R 树结构的层次恰当地关联起来。一方面，可以采用 R 树这样的索引结构对三维空间对象进行组织，提高数据检索的效率；另一方面，对于一个纷繁复杂的各种自然地物与人文设施所涉及的庞大的数据量，分区与聚类（或者说分类）仍然是必要的方法。

图 5-2　三维矢量模型的 LOD 组织

5.2.2　栅格数据存储方案

与单幅或小范围地形数据不同的是,大范围的、海量的地形数据不能将数据全部载入内存处理,而必须将其进行合理的组织和管理,高效率地形数据的组织与管理对实现海量数据虚拟地形场景的实时可视化至关重要。通常,在不同的尺度上观察到的地形细节不尽相同,宏观层次上可以获取整体的地形轮廓,但细节程度较差;微观层次上可以获取精细的地形细节,但不能把握全局,因此有必要对数据进行分层处理。对同一层次而言,海量数据的分布范围相对于人眼观察地面的可见范围是非常大的,因此也有必要对数据进行分块处理。

对于栅格数据的存储,普遍采用多分辨率金字塔模型。金字塔结构中,同一层数据的索引组织按照"片-块-格网"方式进行。片是整个区域 DEM 数据的逻辑分区并作为空间索引的基础,每一个片包含若干数量的块,块是基本的数据存储与访问单元。在三维实时可视化应用中,块也是渲染的基本单元,并作为多种细节层次控制的基础。格网是 DEM 数据的最小分区,它包含四个原始的 DEM 高程点。采用分块分级方法建立索引。

1. 分块

层-片-块-格网为典型的基于格网索引方式的栅格数据分区组织方法。对同一细节层次的数据按照"片-块-行列"方式进行分区组织如图 5-3 所示。一个细节层次的数据区域被划分为若干片连续的均匀的数据子区域,片是整个区域数据的

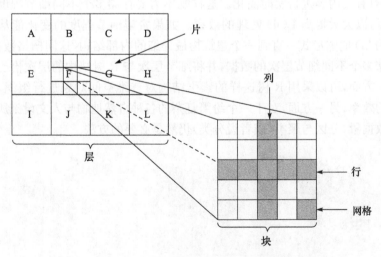

图 5-3　基于"片-块-行列"层次结构的栅格数据组织方法

逻辑分区并作为空间索引的基础,每一个片包含若干数量的块。片与块是基本的数据存储与访问单元,块也是图形绘制的基本单元(一个块的 DOM 在 OpenGL 中作为连续的纹理被绑定,并整体映射到对应范围的一个 DEM 块表面)。一个片中的所有块在存储时依次排列,相邻块在相邻边上的数据相互重叠。每个块包含若干行列的最基本栅格单元,如一个影像元和 DEM 网格。基于上述这种分层分区组织方式,根据细节程度要求和(X,Y)位置便可以快速定位数据库中任意层次、任意位置的栅格数据[4]。

分区组织的关键是设计合理的片与块大小,即每个片包含的块行列数、每个块所包含的栅格单元行列数。片与块的大小直接关系到每帧图形绘制所需访问数据库的次数和每次数据检索与存取的数据量。如果分块太小,访问数据库的次数就多;反之,每次数据库吞吐的数据量就大。由于在漫游过程中需要动态装载的数据往往只有一行或一列数据块,为了能将数据装载过程比较均衡地分解到各个图像帧,数据块的划分显然也不宜过大。根据一定的屏幕分辨率和显示环境参数可以计算出每帧图形相应的视场范围以及与计算机软硬件性能最佳匹配的数据处理能力,由此可以计算每帧图形可以处理的 DEM/DOM 数据块数。

2. 分级

根据地形起伏的不同,分级的间距不同。为了满足视点高度变化对不同细节层次数据快速浏览的需要,一般在物理上要建立金字塔层次结构的多分辨率数据库,不同分辨率的数据库之间可以自适应地进行数据调度。金字塔结构是分层组织海量栅格数据行之有效的方式,不同层的数据具有不同的分辨率、数据量和地形描述的细节程度,分别用于不同细节层次的地形表示,如图 5-4 所示。这样,既可以在瞬时一览全貌,也可以迅速看到局部地方的微小细节。

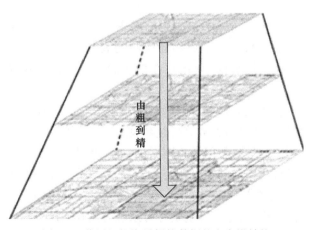

由粗到精

图 5-4　分层组织海量栅格数据的金字塔结构

　　如果在多个细节层次有完全不同来源的数据,如 0.5m 分辨率的彩色航空影像、1m 分辨率的 IKONOS 卫星影像、10m 分辨率的 SPOT 卫星图像和 30m 分辨率的 TM 卫星图像,则数据库的细节层次设计还要充分考虑不同来源数据的特点,如分辨率和颜色变化等。在透视显示应用中,由于 DOM 总是与 DEM 一起使用,为了简化分别调度这两种数据库的有关处理方法,常将二者设计成同样的细节层次深度并采用相同的数据调度机制。当然,每个细节水平的 DEM 与 DOM 可以具有不同的分辨率。

5.3　海量数据索引技术

　　构建一个多分辨率三维工程环境,面临的是海量地形数据,仅仅靠文件系统或单一的数据库组织方式是很难胜任的,尤其是在多用户远程并发访问的情况下。这就需要借助分布式空间数据库,完成海量地形数据的存储、管理和索引。

　　对于矢量数据,如果只是地表数据,则可以采用二维的空间索引(即 2.5 维的方式)。如果考虑真三维(如空中或地下目标),则可以将目前的二维空间索引扩展到三维。

　　对于栅格数据,在地形的数字表达上普遍采用 DEM 方法。在第 4 章中已经介绍了地形 DEM 的三种数据结构:规则网格(grid)、不规则三角网(TIN)以及两者的混合结构。其中,grid 结构需存储的数据除了每个网格点处的高程值外,只需要记录一个起算点的位置坐标和网格间距,存储量很小,结构简单,操作方便,非常适于大规模的使用和管理。因此,对大规模地形的表达选用 grid 数据结构[5]。

　　在地物的表达方面,同样基于应用的需求,以及从降低复杂性和减少数据存储的角度出发,适于采用基于边界面绘制的表达方法,只绘制出地物的各个表面,同时增加碰撞检测功能,使用户在使用感受上仿佛地物模型是真三维的一个实体。

　　三维 GIS 在重建和表示建筑物等目标的三维形状的同时,还要逼真描述其表面特性,因此有关纹理与材质参数等也是数据库的重要内容。大量栅格数据与矢量数据的集成应用不仅导致数据量急剧增加,而且也大大增加了数据处理的复杂程度。针对三维可视化交互的实时性要求,对海量数据的有效管理与调度已经成为三维 GIS 应用的瓶颈之一。

　　根据三维空间数据的特点,特别是针对系统的最终实现目标,本书提出了场景金字塔+子场景地物的规则划分四叉树的二级索引结构,一方面明确地表达了空间数据的结构与关联关系,避免无序的查找过程,同时由于采用二级索引,避免了大量的内存空间被暂时无用的索引数据占用,浪费存储资源。

5.3.1　场景金字塔索引

"金字塔"一词在空间数据管理领域并不是一个新的概念,它最早被用于影像数据的组织,与影像压缩技术相结合,用来创建多分辨率的、无缝、无损的海量影像库,以支持大数据量影像图的存储、管理、缩放、漫游等,通常被称作"影像金字塔"技术。很多商品化软件都具有这方面的功能,如 ESRI 公司的空间数据引擎 ArcSDE、加拿大的 Apollo,以及国内 Geostar 系列中的 Geolmage、SuperMap、MapGIS 等。后来,在 Geostar 的 GeoGrid 中又出现了"工程金字塔"索引技术,尽管它能够支持影像数据、DEM 及部分矢量数据的集成,但主要还是用于对 DEM 数据的组织,而且在三维显示方面仍然是单幅操作的。受到以上两方面的启发,本书介绍一种"场景金字塔"索引方法,其中"场景"指的是包含独立的一个 DEM、与该地形相关联的不同类型的多个地物模型、对应的纹理影像及元数据信息的集成体[6,7]。

为了区别于原来的大规模三维场景,把经过分割和简化处理后构造的不同细节层次、不同地域覆盖范围的每个集成体称作一个"子场景"。这样需要建立索引的对象就是一个子场景集合。

如果基于子场景的概念去考虑三维场景可视化的实现,一个主要的问题就是根据视点参数和应用需求来确定选取多大粒度的一个或多个子场景作为当前的可视场景进行绘制。另外,这种可视化应用的一个重要特点是视点的位置移动总是按照设定的某个合理的速度参数逐渐变化的,不允许"瞬间移动"现象出现,也就是无论在数据粒度上,还是地域范围上,总是在最"相近"的子场景之间进行切换,因此要求数据索引在查找与当前子场景最"相近"的其他子场景方面要有较高的执行效率。基于上面的分析,本书研究并实现了金字塔型的场景索引结构,如图 5-5 所示。图中每个结点代表一个子场景,非底层的每个子场景结点具有四个子结点,从地域范围上看相当于对该子场景进行了四等分,但实际上并不是简单的等分关系,因为在数据粒度上是不同的。由塔尖向下,子场景的数据粒度逐级减小,细节表达越来越详细,同时覆盖的

图 5-5　场景金字塔示例

地域范围也逐级减小。同一层的子场景数据粒度上相同,只是覆盖区域不同,如果将场景绘制限制在金字塔某一层子场景上,可以理解为在确定的观察距离上只在水平方向上移动视点的位置。

　　将一个大规模场景划分为多个不同粒度、不同尺寸的多个子场景,并利用上面给出的索引方法得到了金字塔型的数据组织结构,在子场景结点中指明了地形的 DEM 与纹理的存取信息,但有关地物的信息并未明确说明。地物模型的空间数据是按照矢量的结构保存在数据库中,尽管在前面的预处理阶段通过地物分割,建立了地物与不同子场景的关联关系,但即便在一个子场景中,地物的种类和数量也可能很多,如果在绘制过程中再去计算其位置关系来确定需要对其中哪些地物进行处理,这个计算过程仍然需要大量时间,无法满足实时交互的要求。因此,采用基于规则划分的四叉树索引来组织子场景内部的地物数据,该索引结构与场景金字塔构成了一个嵌套的二级索引结构[8]。

5.3.2　子场景地物的规则划分四叉树索引

　　子场景地物的规则划分四叉树索引在三维场景可视化过程中,为了确定需要对哪些地物进行绘制,常常需要根据地理的空间位置进行空间范围查询,如"找出在可见区域内或通过的所有公路"。其中,主查询条件是以观察者视景体投影范围的形式给出。为了处理这类空间查询,需对数据库中每一个可能满足查询条件的实体检查它是否与查询区域相交。然而这种空间相交运算需要先读出实体几何形状的物理坐标,然后再与空间区域进行空间关系运算,这种穷尽式搜索方法花费的磁盘访问时间和空间运算时间都很长,往往达到令人无法忍受的程度。根据点、线、区域和实体的空间位置属性建立空间索引,可以大大地缩小搜索空间,因而能显著地提高空间查询速度。

　　已有的一些空间数据索引方法中,物体的形状大都是采用最小包围矩形(mini-mum bounding rectangle,MBR)近似后再建立空间索引,但空间地物的形状往往都非常不规则,甚至是不连续的,如河流、行政区等,导致用 MBR 来近似它们的形状很不准确,查询效率会下降。针对三维场景可视化应用中查询区域形状的不规则性、查询对象几何形状的不规则性这些客观事实,介绍一种专门用于场景中地物信息管理的空间索引方法,称之为基于规则划分的四叉树空间索引机制,即 RPQTree。

　　在 RPQTree 空间索引机制中,子场景的平面投影空间被划分为一系列大小相等的矩形,如棋盘形状,即将投影空间的长和宽在 X 和 Y 方向上进行 N 等分,并为它建立 N 级的四叉树。例如,取 $N=2$ 时,其四叉树结点的编号如图 5-6 所示。

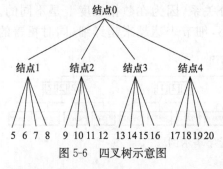

图 5-6　四叉树示意图

地物的纹理信息与地物实体的各个表面相关,因此将地物的纹理定义存储在数据库中,在地物的面类型实体数据表中增加一项属性用于记录与该表面对应的纹理影像文件的存取路径,指向存储在硬盘上的某一图像文件。这样,在系统读取数据库中某一地物的空间信息时,可以方便地获得与该地物各个表面对应的纹理信息。

5.3.3 基于数据分页的动态装载

为了达到虚拟地形景观实时动态显示的目的,建立基于数据库的自动分页和存储机制是一种常用且有效的方法(图 5-7)。每一帧场景的渲染数据对应计算机内存中的一个数据页,即由若干连续分布的数据块构成的一个存储空间。在动态渲染过程中,随着视点的移动,需要不断更新数据页中的数据块,而从硬盘中读入新的数据会耗用一定的时间,会带来视觉上的"延迟"现象。为了解决这个关键问题,建立前后台两个数据页缓冲区,并通过多线程技术实现两个缓冲区之间数据内容的交换。前台缓冲区直接服务于三维显示,后台缓冲区则对应于数据库。具体实现过程为:内存空间分配出 17×17 块,数据装入 16×16 块到该内存,前台缓冲区通过指针指向该区域,并将其中预留出前进方向 1 行和 1 列,将内存块(15×15)进行绘制。后台缓冲区指向该内存块的交错的 16×16 区域,数据更新时每次只更新 1 行和 1 列,数据更新完成后交付前台进行绘制(图 5-8)。

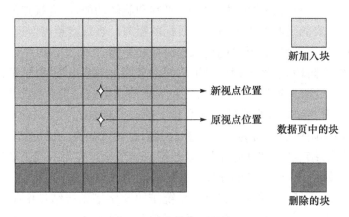

图 5-7 动态数据页的建立

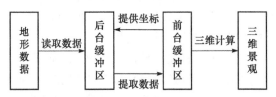

图 5-8 前后台缓冲区数据交换

5.4　场景实时调度与显示

大规模的三维场景可视化涉及大量的空间数据,而计算机的内存资源和计算能力是有限的,这种矛盾决定了不可能将大规模三维场景的空间数据事先一次性调入内存,而必须是根据当前场景绘制的需要,在内外存之间进行动态的调度。数据调度的执行效率直接影响到场景绘制的连贯性和交互能力,对大规模空间数据的可视化效果具有举足轻重的作用。本节将阐述用于大规模三维场景可视化的数据调度基本方法。

5.4.1　场景调度

5.1节中从实现功能的角度将大规模三维场景可视化问题分为平行投影方式与透视投影方式两类,下面分别论述两种方式下场景数据的动态调度策略。

1. 平行投影方式下的数据调度

按照一般应用的需要,在一平行投影方式下,系统首先为用户提供一个全局性的电子沙盘,此时整个场景范围出现在屏幕上,需要表达主要的地形与地物信息;然后用户可以利用系统提供的放大缩小、平移和旋转功能,改变视点的位置和视线的角度,其中主要的是改变视点与观察目标的距离。当观察距离由远及近,要求场景的描述越来越详细准确,反之则越来越概括和粗糙。

在数据组织阶段,已经处理生成了不同细节层次的多个子场景,根据观察的需要和机器性能状况,对地形、地物的几何和纹理信息进行了简化预处理,其中对地物信息还针对其重要性和形状特点在数量上进行了删减。

系统在启动阶段已经将场景金字塔索引信息读入内存中,并且首先绘制金字塔第一层(顶层)结点所指向的空间场景数据。地形信息在第一层子场景结点中已经指明,系统按照索引中文件的存放路径到硬盘上读取所需的DEM及纹理数据。为了获得第一层子场景中的地物信息,系统按照金字塔顶层结点中指明的路径将该子场景对应的规则划分四叉树索引读入内存,此处比较特殊的是不需要进行空间关系的计算,或者理解为观察范围覆盖整个子场景,因此只需按照索引中的实体标志ID,将相应的所有地物信息由数据库读入。数据读入后,便可以按照第2章中介绍的可视化方法,绘制全局的三维子场景[9]。

接下来,用户可能不满足这种概括性的视觉效果,希望进行更加详细的观察,即用户对场景进行放大操作,并且还可能伴随着平移和旋转操作。从数据调度的角度出发,重点考虑场景缩放与平移对场景细节程度的影响而认为场景的旋转操作通过可视化处理来实现。场景的缩放实际上相当于改变视点与地形表面的距离,这种距离的计算是假设视线与地形表面在垂直情况下进行的,由于场景的旋转总是以地形中心点为轴心,视点距离可通过计算视点与 DEM 中心网格点之间的空间距离来获得。注意到在场景金字塔索引的每个子场景结点中,记录了子场景适用的最近观察距离(v-distance),该距离表明子场景的细节表达程度在怎样的观察距离范围内能够满足场景绘制的要求。

当用户在全局场景中选择放大操作,视点距离小于第一层子场景的最近观察距离时,数据调度的目标转向金字塔第二层结点所指向的四个子场景,并且将全局场景空间数据所占用的内存空间释放掉。至于具体需要读入哪一个或几个子场景的数据则与平移操作对视点位置的改变有关系。系统首先将可见的地形区域边界点(左上角与右下角网格点)的屏幕坐标换算为实际的空间坐标,然后计算该可见区域与四个子场景地形区域的空间关系,将发生相交的一个或多个子场景数据读入。子场景的地形信息借助金字塔场景索引直接读取,地物的信息则需要首先读入子场景相应的地物四叉树索引,然后根据可见区域与四叉树结点的空间关系将可见地物的空间数据读入。也就是说,并不一定要将子场景包含的所有地物的数据一次读入,因为接下来的一定范围内的放大操作(在没有引起细节层次变化之前)只会使得可见区域逐渐缩小,即便是由于平移操作使得需要调入新的地物数据,也可通过分析可见区域的变化特点,采用增量的方式只调入内存中没有的地物数据。当视点的可视范围已经移出某个子场景的覆盖区域时,可将该子场景占用的内存空间释放,以节约资源便于读入新的数据[10]。

按照上面给出的处理方法,用户如果对场景进行进一步的放大与平移操作,系统后台的调度管理程序相应的进行数据调度与内存管理。总地来讲,平行投影方式下的放大操作使得数据调度的目标从金字塔第一层子场景逐层向下变化,直至金字塔的最底层,反之,对于缩小操作则逐层向上变化,直至场景金字塔的最顶层,在每一层内具体读入的内容受缩放与平移操作共同的影响。由于在这种变化过程中,场景的细节表现程度与可见区域的覆盖范围存在着此消彼长的关系,因此调度的数据量和绘制复杂性是可以接受的。

2. 透视投影方式下的数据调度

在前面论述的平行投影方式下,当调入数据的细节层次发生变化时,场景的切换会引起比较明显的停顿和突跳现象,这种现象在平行投影方式下是可以理解和接受的。但对于透视投影方式下的三维场景绘制来说,用户需要在场景中进行实时交互的飞行或漫游,仿佛身临其境,即对视觉效果提出了更高的要求,要求场景的绘制更加详细,并且场景的刷新稳定流畅。因此在实时交互漫游方式下,不适合采用细节层次切换或不同细节层次子场景混合绘制的方法,而应该将数据调度固定在最详细的层次上,即金字塔索引结构中最底层结点所指向的多个子场景。尽管最详细的场景数据量较大,但经过分割处理后的单个子场景数据量是较小的,而且实时漫游中,由于用户视点距离地表很近,可见的范围就非常有限,并不会对数据调度与绘制造成过重的负担。

实时漫游方式的处理涉及一个重要的概念是"视景体"。它是用户在三维空间中可见区域的描述,几何形状上类似于一个平截头体,其在水平面上的投影可以简化为一个等腰梯形。由于只考虑最底层的规则分割的子场景集合,此时概念上的大规模场景在水平面上的投影呈现出棋盘的形状,其中每个网格代表分割后的一个子场景,具有特定的编码,可以方便地确定其相对位置和相邻关系。

调度程序首先必须获得视景体投影的空间坐标,这可以通过系统返回的当前视点参数(视点位置、朝向、俯仰角度、最大视角与视距)计算得到,然后判断视景体投影与哪些子场景覆盖范围发生交叉。子场景的分割尺寸是规则的,因此这种空间关系的确定并不需要对所有子场景依次进行比较,而只需要求出视景体梯形投影四个端点相对于全局场景起始点在 x/y 方向上的坐标增量,再除以单个子场景的尺寸,便可以确定有哪些子场景与可视区域发生交叉。调度程序将这些子场景的数据读入,其中地形存取信息直接由场景金字塔索引中获得,地物信息的获得需要首先读入子场景相应的四叉树索引,然后读入可见的部分地物空间数据。当视点在场景中位置或观察方向发生变化时,视景体投影与子场景的相交关系相应发生变化,因此调度程序需要不断地在内、外存储器之间执行数据调度,将进入到可视范围的新的子场景数据调入,同时释放那些已经"离开"可视范围的子场景空间数据所占用的内存空间。

实时漫游方式是大规模三维场景可视化所要实现的重点,同时由于其要求空间信息表达详细准确,对用户交互操作能够实时响应,对数据调度和场景绘制提出了很高的要求[11]。上面给出的是基本的数据调度策略,但试验证明,仅仅执行这样的调度方案尽管提高了系统的处理效率,但距离实时交互的要求仍然有一定差距,需要辅助以其他的有效措施优化数据调度过程,降低系统负荷,提高实时交互能力。

5.4.2 基于海量数据显示的数据调度指标

1. OpenGL 下几何模型的计算量

OpenGL 是计算机图形学原理的一种具体实现,它生成图像的每一步骤都需要定量计算。对于三维模型中多边形顶点(vertex)主要有投影变换、视口变换和透视分割等变换。它们涉及的都是复杂的矩阵运算。假定三维顶点在绘制过程中,上述各类变换过程只进行一次,则每个顶点的坐标变换过程中进行的计算如表 5-1 所示,共 201 次浮点运算。因此,一个由 5000 个顶点构成的物体,所有顶点坐标变换完毕，一共进行 201×5000 次运算。可见，每增加一个顶点就至少增加 200 次浮点色运算，导致图像绘制时间的延长。因此，为提高图像生成的实时性，在输出图像质量允许的情况下，尽量简化模型减少顶点数据。

表 5-1　一个顶点坐标变换运算次数

坐标变换	运算次数
投影变换矩阵与当前矩阵堆栈相乘	8×16=128
顶点坐标与当前矩阵相乘（观察坐标）	8×4=32
观察坐标与透视变换矩阵相乘（剪切坐标）	8×4=32
剪切坐标透视分割（规格化设备坐标）	3
规格化设备坐标视口变换（窗口坐标）	6
总计	201

2. OpenGL 下形象模型的计算量

具真实感的图像所表达出的对象的几何形状、空间位置以及表面材料等三维感受主要通过获得的颜色和明暗色调来体现。在 OpenGL 中，对象的形象建模有三种：颜色设置、光照计算和纹理映射。光照的使用包括光源定义和物体材质定义两部分。光源包括点光源和全局环境光，其中点光源又分为环境光、漫射光和镜面光。物体材质定义了物体表面对相应光照成分的反射能力。例如，在光源中定义漫射光为（LR，LG，LB），相应材质为（MR，MG，MB），则物体的漫反射光为（LR×MR，LG×MG，LB×MB）。另外，某些物体除对光反射外自身也发出光，由物体的辐射光对此进行模拟。在 RGBA 模式下完整光照模型定义如下：

$$\text{Vertexcolor} = \text{emission}_{\text{material}} + \text{ambient}_{\text{light}} \times \text{ambient}_{\text{material}} +$$
$$\sum_{i=0}^{n-1}\left(\frac{1}{k_c+k_i+k_qd^2}\right)(\text{spot light effect})_i[\text{ambient}_{\text{light}} \times \text{ambient}_{\text{material}} +$$
$$(\max\{ln,0\}) \times \text{diffuse}_{\text{light}} \times \text{diffuse}_{\text{material}} +$$
$$(\max\{ln,0\})^{\text{shiness}} \times \text{specular}_{\text{light}} \times \text{specular}_{\text{material}}]$$

3. 海量数据调度的时间指标

一般情况下，显示时动态效果要求最低达到 15 帧/s，按一个数据页 17×17 DEM 块计算，每块 40 字节，1 行和 1 列块数据 16×2-1=31，即 17×17×40×31=358 360 字节，影像调度时间小于 0.1s；影像与 DEM 之比约为 8∶1，换算成字节数为 1∶(6~7)，因此可计算出影像调度时间小于 0.2s。由上可知，实时动态调度地形（DEM）和影像数据（1 行和 1 列块（17×17 格网）DEM 和对应影像区域）载入时间应小于 300ms。

对于地物数据，一般来说，一屏地形加地物保证三角面在 18 万个左右时，在目前软件条件下可以实现良好的显示速度和效果。而地形有约 13.5 万个三角面，则地物只能有约 5 万个三角面。对于动态调度的地物数据（1 行 1 列）的三角面为 50000/16×2＝6250。因此，对于地物目标，1 行和 1 列数据（6250 个三角面）动态调入时间小于 200ms。

步长为一个格网单元的五分之一$\left(\frac{1}{5}D\right)$，每秒为 15 帧情况下，1 行和 1 列数据显示绘制时间大约为 5s，对于地形和地物总的动态数据调度时间为 500ms（显示速度即在一定步长情况下的指标）。步长越大，数据调度要求越快，显示时飞行效果速度越快，步长可为$\frac{1}{10}D\sim\frac{1}{5}D$不等；步长越小，显示效果速度越慢。在动态数据调度速度跟不上的情况下，可适当减小步长，降低对场景更新所需的数据量。

参 考 文 献

[1] 李德仁,李清泉,陈晓玲,等. 信息新视角. 武汉：湖北教育出版社,2000.
[2] Du Z H, Liu R, Liu N, et al. A new method for ship detection in SAR imagery based on combinatorial PNN model. First International Conference on Intelligent Networks and Intelligent Systems, Wuhan, 2008.
[3] Du Z H, Liu R, Liu N, et al. Spatial-based intelligent system for CATV network analysis. First International Conference on Intelligent Networks and Intelligent Systems, Wuhan, 2008.
[4] Shao Y Z, Li L L, Du Z H, et al. The research on ontology-driven semantic retrieval of enterprise data. First International Conference on Intelligent Networks and Intelligent Systems, Wuhan, 2008.
[5] 康俊锋,杜震洪,刘仁义,等. 基于 GPU 加速的遥感影像金字塔创建算法及其在土地遥感影像管理中的应用. 浙江大学学报（理学版）,2011,38(6):695-700.
[6] 骆剑承,周成虎,蔡少华,等. 基于中间件技术的网络 GIS 体系结构. 地理信息科学,2002,4(3):17-25.
[7] 郑文,刘仁义,杜震洪,等. 基于客户端 MVC 模式的 RIA WebGIS 框架设计与应用. 计算机应用与软件,2011,28(5):75-77,93.
[8] 冷志光,汤晓安,郝建新,等. 大规模地形动态快速绘制技术研究. 系统仿真学报,2006,10:2832-2835.
[9] 常燕卿. 大型 GIS 空间数据组织方法初探. 遥感信息,2000(2):28-31.
[10] 赵四能,张丰,杜震洪. 结合中值滤波的彩色自蛇模型在遥感图像放大的研究. 计算机系统应用,2011,20(12):41-46.
[11] 梅继赟,杜震洪,刘仁义. 基于文档数据库的全栈式地理空间数据传播模型. 计算机应用研究,2010,27(9):3390-3394.

第6章　基于计算机可视化理论的三维工程环境构建

计算机所建立的虚拟三维工程环境,是采用来自真实世界的几何和图像数据,运用建模技术,生成一个在视觉效果、图像真实感、交互性等方面都可以和二维真实环境相媲美的二维虚拟世界。人对现实世界的感觉是多种形式的,可以使用视觉、听觉、嗅觉、触觉、平衡觉等各种感觉器官,一个具有真实感的虚拟地形环境中,不仅在地形建模的几何精度和图像精度方面要尽量和真实地形保持一致,同时也需要模仿工程环境中的天空、大气、光照、水文等效果,构成逼真的地形环境,这将涉及许多领域和许多关键技术。第4章和第5章介绍了三维工程环境中金字塔模型的构建、模型中数据的存储和数据的索引,本章将在这些工作的基础上,解决地形场景数据和模型数据的可视化问题。从计算机可视化理论出发,介绍计算机可视化的相关理论、常用方法,并重点介绍现有的三维图形技术,如 OpenGL、Direct3D 等,以及基于图形处理器(graphics processing unit,GPU)加速的实时渲染编程技术。在此基础上,介绍基于虚拟三维工程环境绘制技术,在第4章和第5章的基础上阐述三维数字地形模型建立、自然环境绘制以及三维工程模型的建立,最后通过相关的行业应用举例说明。

6.1　计算机可视化理论与技术

计算机图形学的发展使得三维表现技术得以形成,这些三维表现技术使人们能够再现三维世界中的物体,能够用三维形体来表示复杂的信息,这种技术就是可视化(visualization)技术。可视化技术使人能够在三维图形世界中直接对具有形体的信息进行操作,和计算机直接交流。这种技术已经把人和机器的力量以一种直觉而自然的方式加以统一,这种革命性的变化无疑将极大地提高人们的工作效率。可视化技术赋予人们一种仿真的、三维的并且具有实时交互的能力,这样人们可以在三维图形世界中用以前不可想象的手段来获取信息或发挥自己创造性的思维。设计工程师可以从二维平面图中得以解放直接进入三维世界,从而很快得到自己设计的三维设计成果模型。医生可以从病人的三维扫描图像分析病人的病灶。军事指挥员可以面对用三维图形技术生成的战场地形,指挥具有真实感的三维飞机、军舰、坦克向目标开进并分析战斗方案的效果。

人们对计算机可视化技术的研究已经历了一个很长的历程,而且形成了许多可视化工具,其中 SGI 公司推出的 GL 三维图形库表现突出,易于使用而且功能强大。利用 GL 开发出来的三维应用软件颇受许多专业技术人员的喜爱,这些三维应用软件已涉及建筑、产品设计、医学、地球科学、流体力学等领域。随着计算机技术的继续发展,GL 已经进一步发展成为 OpenGL,OpenGL 已被认为是高性能图形和交互式视景处理的标准[1],包括 ATT 公司 UNIX 软件实验室、IBM 公司、DEC 公司、SUN 公司、HP 公司、Microsoft 公司和 SGI 公司在内的几家在计算机市场占领导地位的大公司都采用了 OpenGL 图形标准。

值得一提的是,由于 Microsoft 公司在 Windows NT 中提供 OpenGL 图形标准,OpenGL 将在计算机中广泛应用,尤其是 OpenGL 三维图形加速卡和计算机图形工作站的推出,人们可以在计算机上实现三维图形应用,如 CAD 设计、仿真模拟、三维游戏等,从而更有机会、更方便地使用 OpenGL 及其应用软件来建立自己的三维图形世界。

6.1.1　科学计算可视化

科学计算可视化(visualization in scientific computing,ViSC),简称可视化,是计算机图形学的一个重要研究方向,是图形科学的新领域。其定义为“借助计算机图形学和图像处理技术[2],使用几何图形、纹理、透明度、对比度以及动画技术等手段,将科学计算中产生的大量非直观的、抽象的或者不可见的数据,以图形、图像信息的形式,直观、形象地表达出来,并进行交互处理的方法”。

“visualization”一词,来自英文的“visual”,原意是视觉的、形象的,中文译成“图示化”可能更为贴切。事实上,将任何抽象的事务、过程变成图形图像的表示都可以称为可视化。作为学科术语,“可视化”一词正式出现于 1987 年 2 月美国国家科学基金会(National Science Foundation,NSF)召开的一个专题研讨会上。研讨会后发表的正式报告给出了科学计算可视化的定义、覆盖的领域以及近期和长期研究的方向。这标志着“科学计算可视化”作为一个学科在国际范围内已经成熟。研究表明,人类获得的关于外在世界的信息 80％以上是通过视觉通道获得的。经过漫长的进化,人类视觉信息处理具有高速、大容量、并行工作的特点。常言所说“百闻不如一见”,“一图胜过千言”,就是这个意思。这些特点早已为祖先们所认识和应用。古长城上的烽火台,显示了先民的智慧,可以将重要的信息迅速大范围传递。作为千百年来文明载体的“图书”,“河图洛书”的传说,显示出“图”在我们文明的发端及以后的发展中所起的作用。今天,设计图是借助纸张的媒介表达创意,工程图是现代工程建设的依据。可视化依然继续着借助形象化方法表达人类意图的传统。可视化技术产生的图是一种全新的形式。

可视化技术的出现有着深刻的历史背景,这就是社会的巨大需求和技术水平的进步。可视化技术由来已久,早在 20 世纪初期,人们已经将图表和统计等原始的可视化技术应用于科学数据分析当中。随着人类社会的飞速发展,人们在科学研究和生产实践中,越来越多地获得大量科学数据。计算机的诞生和普及应用,为人类社会提供了全新的科学计算和数据获取手段。人们进行科学研究的目的不仅仅是为了获取数据,而且要通过分析数据去探索自然规律[1]。传统的纸、笔可视化技术与数据分析手段的低效性,已严重制约着科学技术的进步。计算机软硬件性能的不断提高和计算机图形学的蓬勃发展,促使人们将这一新技术应用于科学数据的可视化中。

科学计算可视化的实质是运用计算机图形学和图像处理技术,将计算过程中产生的数据及结果转换为图像,在屏幕上显示并进行交互处理,从而可以进行数据关系特征探索与分析,发现数据里面隐藏的关系、形态和结构,以获取新的理解和知识,其核心是三维数据场的可视化。该技术将计算机图形技术、网络技术、视频技术、计算机辅助设计融合于交互技术、虚拟现实技术等。

科学计算可视化包括模拟、预处理、映射、绘图、解释等5个过程,内容涉及模拟和计算过程的交互控制和引导,面向图形的程序设计环境,工作站的联网使用,数据场和流体的动态实现,高带宽的图形网络和协议,大容量数据集合的处理,用于图形图像处理的各种算法。

1. 科学可视化的研究内容

可视化的研究主要分为两大部分,可视化工具的研究和可视化应用的研究。科学计算可视化研究的重点是有关可视化参考模型的内涵,即可视化过程的组成内容,其中包括:

(1)数据预处理。可视化的数据来源十分丰富,数据格式也是多种多样的,这一步将各种各样的数据转换为可视化工具可以处理的标准格式。

(2)映射。映射就是运用各种各样的可视化方法对数据进行处理,提取出数据中包含的各种科学规律、现象等,将这些抽象的、甚至是不可见的规律和现象用一些可见的物体点、线、面等表示出来。

(3)绘制。将映射的点、线、面等用各种方法绘制到屏幕上,在绘制中有些物体可能是透明的,有些物体可能被其他物体遮挡。

(4)显示。显示模块除了完成可视信息的显示,还要接受用户的反馈输入信息,其研究的重点是三维可视化人机交互技术。

2. 科学计算可视化处理的数据

科学计算可视化技术处理的对象是科学数据,这些科学数据的来源是多种多样的,数据中包含的科学规律和现象有很多。这些科学数据都是离散的采样数据,它们有很多属性,主要有来源、维数、定义域的维数、组织形式、时间特性及数据量等。其中,数据的时间特性表示数据是否与时间相关,是否表示随时间变化的物理现象；数据的维数表示标量数据、向量数据及高维的张量数据等；数据定义域的维数分为一维、二维、三维数据等；数据的组织形式分为有网格数据和无网格散乱数据，有网格数据的组织形式也不一样，图 6-1 给出了一些二维网格的组织形式，这些二维网格的处理由易到难。维数（dimension）是一个数学概念，可以认为是对空间的几何广延性的一种度量。传统经典的几何学对空间维数的定义都是整数。粗略地说，如果一个物体的运动轨迹可以用一个坐标参数描述，它的轨迹就是一维的。例如，火车的运动，给定了起始点，再给定它到起始点的距离，就可以唯一确定它在轨道上的位置。不难理解，一个蚂蚁在地球仪上运动时，须同时给定经度和纬度才能唯一确定它的位置。这时它的运动轨迹就是二维的。一般认为，人们生活在三维空间，是说一般需要三个独立参数才能确定位置。对应于数学中的元素，点是零维的，线（包括曲线）是一维的，曲面是二维的，体是三维的等。（关于分数维数的几何称为分形几何。）

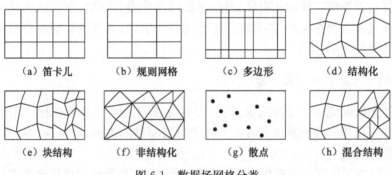

（a）笛卡儿　（b）规则网格　（c）多边形　（d）结构化

（e）块结构　（f）非结构化　（g）散点　（h）混合结构

图 6-1　数据场网格分类

6.1.2　科学计算可视化的常用方法

1. 二维平面数据场的可视化方法

二维数据场是科学计算可视化处理的最简单的一类数据场，二维数据场是在某一平面上的一些离散数据，可看成定义在某一平面上的一维标量函数 $F=F(x, y)$。二维数据场可视化的方法主要有颜色映射法、等值线、立体图法和层次分割法等，这些方法的原理都比较简单。

1）颜色映射方法

可视化系统中，常用颜色表示数据场中数据值的大小，即在数据与颜色之间建立一个映射关系，把不同的数据映射为不同的颜色。在绘制图形时，根据场中的数据确定点或图元的颜色，从而以颜色来反映数据场中的数据及其变化。

可视化系统处理的数据一般为离散网格数据，网格之间的数据采用插值的方法计算。可视化系统的绘制模块一般不直接插值计算网格间的数据，而是利用计

算机硬件提供的功能直接对颜色的 RGB 基色
值进行插值计算,如图 6-2 用颜色插值表示空
气分布密度,这样有助于提高绘制速度。但也
由此引起了误差。由于大部分颜色映射模型
都采用非线性的映射,对颜色的线性插值实际
上是对数据的非线性插值,从而造成误差,导
致完全错误的颜色。实践中可采用颜色表方
式来解决这一问题。由于颜色表索引与数据
间是完全线性的映射关系,因而不会引起插值
误差。

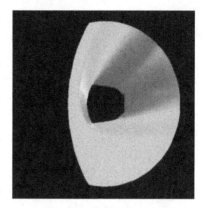

图 6-2　神舟号宇宙飞船周围
空气密度分布[3]

　2) 等值线方法

　　所谓等值线是由所有点 (x_i, y_i) 定义,其
中 $F(x_i, y_i) = F_i$(F_i 为一给定值),将这些点按一定顺序连接组成了函数 $F(x, y)$
的值为 F_i 的等值线。常见的等值线如等高线、等温线,是以一定的高度、温度作为
度量的。等值线的抽取算法可分为两类,网格序列法和网格无关法。网格序列法
的基本思想是按网格单元的排列顺序,逐个处理每一个单元,寻找每一单元内相应
的等值线段。处理完所有单元后,自然就生成了该网格中的等值线分布。网格无
关法则通过给定等值线的起始点,利用起始点附近的局部几何性质,计算等值线的
下一点;然后利用计算出的新点,重复计算下一点,直至达到边界区域或回到原始
起始点。网格序列法按网格排列顺序逐个处理单元,这种遍历的方法效率不高。
网格无关法则是针对这一情况提出的一种高效的算法。下面就举例说明计算等值
线的方法。

　　假设网格单元都是矩形,其等值线生成算法的主要步骤如下:逐个计算每一个
网格单元与等值线的交点;连接该单元内等值线的交点,生成该单元内的等值线
线段;由一系列单元内的等值线线段构成该网格中的等值线。

　　网格单元与等值线的交点计算主要计算各单元边与等值线的交点,可采用顶
点判定,边上插值的方法计算。设等值线的值为 F_t,若 $F_{ij}(F_t$,则记顶点为'—';
若 $F_{ij} > F_t$,则记顶点为'+'。若单元的四个顶点全为'+'或'—',则网格单元内
无等值线;否则对两个顶点分别为'+'、'—'的单元边插值计算等值线的交点,并
在单元内连线,连线情况见图 6-3。

　　在图 6-3(d)的情况下,实际上存在着两种连接方式的二义情况,不可能判断
哪种连接情况是正确的。为了避免这种二义性情况,可采用单元剖分法,如图 6-4
所示,算法的基本思想是利用对角线将矩形单元分成四个三角形单元,求出中心点
的函数值,等值线的抽取直接在三角单元中进行。三角单元中至多只包含一条等
值线,从而避免了二义性问题,但处理单元数目增加了 3 倍。

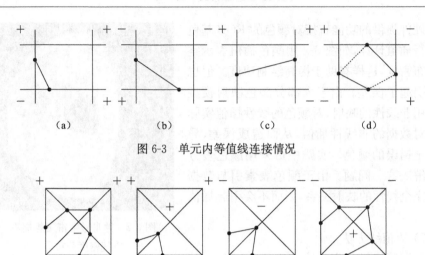

图 6-3　单元内等值线连接情况

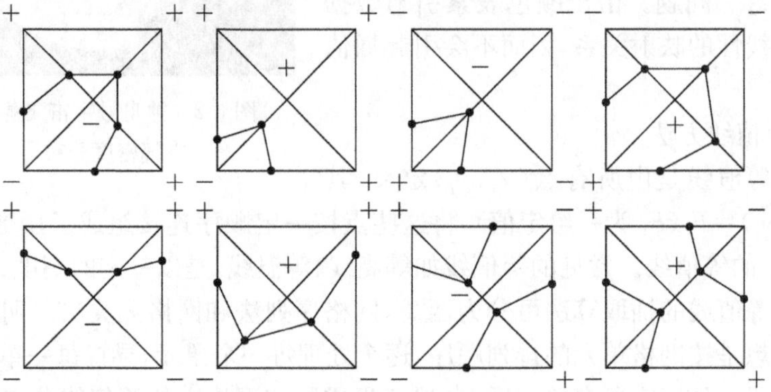

图 6-4　单元剖分法连接情况

3）立体图法和层次分割法

立体图法就是以一个立体图形来显示平面数据场,因为将平面数据场的数据转换为高度,从整体上可以看成三维图形。使用立体图方法显示,可以用多种方法拟合数据场,如三角面片、曲面逼近等,曲面逼近会产生更好的效果。但由于数据场的密度较大,完全可以使用三角面片模型来显示整个数据场。在显示中,可以采用法向量插值来消除 Mach 效应,使用多光源来增强立体效果。

层次划分法是立体图法的扩展,首先用户定义层次范围及各层的颜色。在绘制每个三角面片时,若三角面片的最大值、最小值都在一个层内,则按该层的颜色绘制;否则要将三角面片进一步剖分为 m 个多边形,每个多边形处于一层,并以各层颜色绘制。这样各层之间就有一个明显的层次分割线。在实际应用中可用于显示等值线、等高线等。

这两种方法特别适于对地形数据场进行可视化处理。

2. 三维空间数据场方法

三维空间数据场与二维数据场不同,它是对三维空间中的采样,表示了一个三维空间内部的详细信息,这类数据场最典型的医学 CT 采样数据,每个 CT 的照片实际上是一个二维数据场,照片的灰度表示了某一片物体的密度。将这些照片按一定的顺序排列起来,就组成了一个三维数据场。

1) 抽取表面信息的可视化方法

(1) 断层间的构造等值面

如 CT 采样数据场这样的三维数据,可以看成是由一些二维数据场按一定顺序排列组成的,各断层数据之间有很大的相关性。断层数据广泛存在于医学、生物、地质、无损探伤等应用领域,其各断层间相互平行,每一断层与实体的交线就是实体在该断层的轮廓线。如果先在各层之间找出物体的边界线,再利用断层之间的连贯性,可以从一系列断面上的轮廓线中推导出相应物体的空间几何结构。

在一个断层中找出物体的轮廓线可以利用上面介绍的等值线方法。找到所有轮廓线后,在各个相邻的轮廓线之间构造出物体的表面,然后进行绘制。物体的表面可以用三角面片拼接出来,拼接的方法如图 6-5 所示,就是在相邻的两层上找出三个点,其中两个点在同一层,另一个点在另一层。在拼接过程中,一次加入一条边,就可以组成一个三角面片,但加入一条边有两种选择,如图中 P_1Q_2 和 P_2Q_1 所示,如果

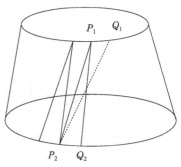

图 6-5　三角面片拼接物体表面

选择不恰当,则拼接出的表面比较乱,也不光滑。最简单的选择方法是每次选择一条较短的边加入,这样可以保证构造出的表面比较光滑。

(2) 等值面生成

构造物体的表面也可以采用等值面的方法。等值面可以看成是等值线的三维扩展。等值面的构造也就是等值线构造方法的三维扩展,最典型的就是 Marching Cube 方法。二维数据场的基本单元是矩形,在三维空间的基本单元是一个小立方体。如果找出每个小立方体中的等值面,这些等值面也就构成了整个物体的表面。

一个小立方体上有八个顶点,如过立方体一条边上的顶点分别大于和小于等值面的值,则该边上必然与等值面相交。首先对立方体的八个顶点进行分类:如顶点数据值大于等于等值面值,则记为"＋",否则记为"－"。由于每个体素有八个顶点,每个顶点有两个状态,共有 256 种组合,考虑到顶点状态旋转与旋转对称,可归结为 15 种情况,见图 6-6。

2) 直接体绘制方法

在自然环境和计算模型中,许多对象和现象只能用三维数据场表示[4],对象体不是用几何曲面和曲线表示的三维实体,而是以体素为基本造型单元。例如,人体里面就十分复杂,如果仅仅用几何表示各器官的表面,不可能完整显示人体的内部信息。体绘制(volume rendering)的目的就在于提供一种基于体素的绘制技术,它有别于传统的基于面的绘制技术,能显示出对象体的丰富的内部细节。体绘制直

接研究光线穿过三维体数据场时的变化,得到最终的绘制结果,所以体绘制也被称为直接体绘制。体绘制与传统面绘制的区别见图 6-7。从结果图像质量上讲,体绘制优于面绘制,但从交互性能和算法效率上讲,至少在硬件平台上,面绘制优于体绘制,这是因为面绘制是采用传统的图形学绘制算法,交互算法和图形硬件及图形加速技术能充分发挥作用。

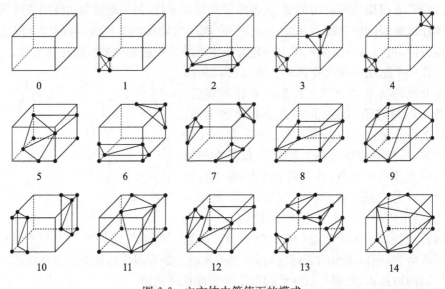

图 6-6　立方体中等值面的模式

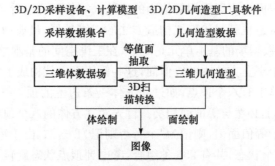

图 6-7　两种绘制方法的比较

体绘制方法提供二维结果图像的生成方法。根据不同的绘制次序,体绘制方法主要分为两类:以图像空间为序的体绘制方法和以物体空间为序的体绘制方法。

以图像空间为序的体绘制方法是从屏幕上每一像素点出发,根据视点方向,发射出一条射线,这条射线穿过三维数据场,沿射线进行等距采样,求出采样点处物体的不透明度和颜色值。可以按由前到后或由后到前的两种顺序,将一条光线上的采样点的颜色和不透明度进行合成,从而计算出屏幕上该像素点的颜色值。这种方法是从反方向模拟光线穿过物体的过程。

以物体空间为序的体绘制方法首先根据每个数据点的函数值计算该点的颜色及不透明度,然后根据给定的视平面和观察方向,将每个数据点投影到图像平面上,并按数据点在空间中的先后遮挡顺序,合成计算不透明度和颜色,最后得到图像。

光线投射方法从图像平面的每个像素向数据场投射光线,在光线上采样或沿线段积分计算光亮度和不透明度,按采样顺序进行图像合成,得到结果图像。光线投射方法是一种以图像空间为序的方法。它从反方向模拟光线穿过物体的全过程,并最终计算这条光线到达穿过数据场后的颜色。

光线投射算法主要有如下的过程(绘制流程见图 6-8):

(1) 数据预处理。包括采样网格的调整、数据对比增强等。

(2) 数据分类和光照效应计算。分别建立场值到颜色值和不透明度之间的映射,并采用中心差分方法计算法向量,进行光照效应的计算。

(3) 光线投射。从屏幕上的每个像素,沿观察方向投射光线,穿过数据场,在每一根光线上采样,插值计算出颜色值和不透明度。

(4) 合成与绘制。在每一根光线上,将每一个采样点的颜色值按前后顺序合成,得到像素的颜色值,显示像素。

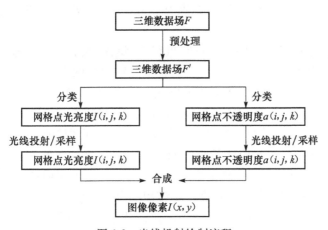

图 6-8　光线投射绘制流程

投影体绘制方法的出发点是利用场中区域和体的相关性。它将体元向图像平面投影,计算各体元对像素的贡献,按体元的前后遮挡次序合成各体元的效果。这种方法实质上是计算数据场中的各个体元发出的光线到达图像平面上对图像上各个像素的影响,并最终计算出图像。投影体绘制的主要步骤如下:

（1）体元遍历。确定数据场中体元的前后遮挡次序，以从前到后或从后到前的顺序遍历体元；

（2）体元分解。每个体元分解为一组子体元，要求子体元的投影轮廓在观察平面上互不重叠；

（3）投影与合成。子体元向图像平面投影，得到投影多边形；计算投影多边形顶点的值，以扫描转换的方式计算出投影多边形对所覆盖像素的光亮度贡献，并与像素原值合成；

（4）显示。显示像素。

6.1.3　三维图形技术

三维图形技术包括如下几个方面：

（1）基于几何模型的实时建模与动态显示技术在计算机中建立起三维几何模型，一般均用多边形表示。在给定观察点和观察方向以后，使用计算机的硬件功能，实现消隐、光照及投影这一绘制的全过程，从而产生几何模型的图像。这种基于几何模型的建模与实时动态显示技术的主要优点是，观察点和观察方向可以随意改变，不受限制，允许人们能够沉浸到仿真建模的环境中，充分发挥想象力，而不是只能从外部去观察建模结果。因此，它基本上能够满足虚拟现实技术的 3I 即"沉浸"、"交互"和"想象"的要求。基于几何模型的建模软件很多，最常用的就是 3DMAX 和 Maya。3DMAX 是大多数 Web3D 软件所支持的，可以把它生成的模型导入使用。

（2）基于图像的建模技术。自 20 世纪 90 年代，人们就开始考虑如何更方便地获取环境或物体的三维信息[5]。人们希望能够用摄像机对景物拍摄完毕后，自动获得所摄环境或物体的二维增强表象或三维模型，这就是基于现场图像的 VR 建模。在建立三维场景时，选定某一观察点设置摄像机。每旋转一定的角度，便摄入一幅图像，并将其存储在计算机中。在此基础上实现图像的拼接，即将物体空间中同一点在相邻图像中对应的像素点对准。对拼接好的图像实行切割及压缩存储，形成全景图。基于现场图像的虚拟现实建模有广泛的应用前景，它尤其适用于那些难于用几何模型的方法建立真实感模型的自然环境，以及需要真实重现环境原有风貌的应用。相对来说，基于图像的建模技术显然只能是对现实世界模型数据的一个采集，无法给可视化设计者一个充分的、自由想象发挥的空间。

（3）三维扫描成型技术。三维扫描成型技术是用庞大的三维扫描仪来获取实物的三维信息，其优点是准确性高，但这样的扫描设备十分昂贵。

1. 三维图形显示基本原理

真实感图形绘制是计算机图形学的一个重要组成部分，它综合利用数学、物理学、计算机科学和其他科学知识在计算机设备上生成像彩色照片那样的真实感图形。

实时图形绘制涉及两个最基本的概念:变换和光照。变换的意义是将几何物体从三维空间找到在二维屏幕上的位置,包括一系列的坐标空间变换、裁剪、消隐等操作。由于最常用的三维模型是网格表示(最基本的是三角形表示),变换整个模型最终被分解为变换顶点的操作[6]。为了减少计算量,图形绘制引擎逐顶点计算光照,因此统称为顶点变换与光照,如图 6-9 所示。

图形绘制流程由多个阶段组成。各阶段之间是线性的串联关系,前一阶段的输出是下一阶段的输入。前一阶段没有完成,下一阶段不会启动。因此,图形流程的效率将由最耗时的阶段决定,这个阶段通常被称为速度瓶颈,在图形引擎编程中需要特别优化。

从处理对象上看,实时图形绘制流程可分为三大阶段,即物体层、顶点层和像素层的绘制。具体的绘制引擎实现将被进一步细化成多个子阶段。物体层的绘制由应用程序驱动,在软件中实现,如碰撞检测、可见性判断、变形动画等。顶点层绘制的大部分过程在硬件中实现,包括几何变换、裁剪、投影、光照等,其他小部分在软件中实现,如整个场景的旋转变换、相机参数的设置等。像素层的绘制在图形硬件中将顶点层生成的数据着色为最终的图像。

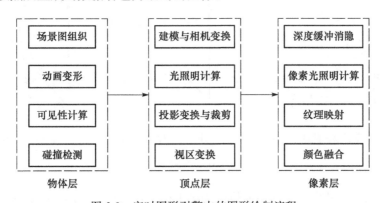

图 6-9　实时图形引擎中的图形绘制流程

1) 物体层的绘制

物体层的操作对象是场景的物体,其输出是一系列的由顶点组成的几何基本元素(包括点、线、三角形)。因此,在物体层最重要的优化措施是减少送入顶点层的几何基本元素的个数,常用的办法有视域裁剪、可见性判断、优化顶点组织方式、细节层次等[7-9]。为了模拟客观世界的真实物理,通常要在物体层进行场景的几何处理,如物体变形、碰撞检测、用户拾取等。为了满足实时性的要求,必须优化场景组织和几何设计算法,以获得最高的效率。

2）顶点层的绘制

在实时绘制引擎中，顶点层的实施对象是顶点，分为 5 个子阶段：模型和相机变换、逐顶点光照明计算、投影变换、裁剪和视区变换。最重要的是计算空间顶点在屏幕上的位置。注意到场景中的物体是在世界坐标系或物体坐标系中建立的，屏幕显示出的画面是给定相机、相机方向和相机内部参数后，场景物体在二维成像平面上的投影。从世界坐标系到屏幕坐标系需要经历一系列的变换，这些变换的嵌套统称为取景变换。

（1）模型和相机变换

在变换到屏幕之前，场景几何需要经历几次不同坐标系之间的变换。通常，几何模型被保存在自身的建模空间，即每个模型拥有单独的局部坐标系统。为了建立场景几何关系，所有模型将统一放置到世界坐标系中，从建模坐标系变换到世界坐标系称为模型变换。例如，将图 6-10（a）的立方体变换到图 6-10（c）的世界坐标系中需要经历三个步骤：第一步，将立方体放置到世界坐标系的原点；第二步，将立方体绕世界坐标系中心旋转；第三步，将立方体平移到指定的位置。这三步操作的顺序非常重要，如果将第二步与第三步交换，立方体的位置将发生位移，如图 6-10（b）所示。变换后的立方体位于世界坐标系中，转入下一步的相机变换。

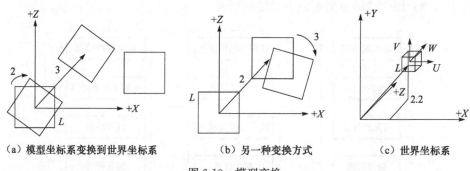

（a）模型坐标系变换到世界坐标系　　　　（b）另一种变换方式　　　　（c）世界坐标系

图 6-10　模型变换

将场景物体从世界坐标系变换到相机坐标系称为相机变换。相机的外部参数决定了相机坐标系，因此场景在屏幕上的成像位置与形状与相机的外部参数有关。模型和相机变换采用 4×4 齐次矩阵表示，通常两个矩阵复合成一个矩阵处理，便于提高效率。所有的图形绘制引擎都提供了应用程序接口供应用程序设置模型和相机变换对应的矩阵。其中，模型变换由场景物体的平移和旋转变换组成，相机变换则通过设置相机的位置、相机方向和向上向量决定。

（2）逐顶点光照明计算

变换解决了物体之间的几何关系问题，而物体的外观则由光照明计算获得。进行光照明计算的几个要素包括光源、光源属性、光照明模型、物体表面材质属性、纹理和物体表面几何属性(包括法向、微几何结构)等。最简单的光照明计算技术是在物体建模时指定每个顶点的颜色和纹理坐标,在绘制时直接利用颜色和纹理映射融合出最终颜色。这种方法称为平坦渲染(flat shading)模式,它的速度快,但效果欠佳。真正意义上的光照明计算必须指定每个光源本身的属性,包括光源的类型(点、线、面光源)、位置和光源的漫射/镜面颜色,然后根据光照明模型(分局部光照明模型和全局光照明模型,前面所述直接指定顶点颜色的方法可看成最简单的局部光照明模型),在物体的每个顶点上计算每个光源对该顶点的光亮度贡献,最后在光栅化层插值顶点上的颜色。这种处理模式称为 Gouraud 渲染模式,是图形引擎中默认的光照明渲染模式。

(3)投影变换

相机的内部参数包括投影方式、近平面、远平面、视野和屏幕方正率,它们决定了物体从相机坐标系变换到屏幕坐标系的位置。这些参数实际上定义了一个视域四棱锥,也称为视域体。在逐顶点光照明计算之后,图形流程将相机坐标系的三维场景根据视域体的参数将相机坐标系变换到一个$[-1,-1,-1]\sim[1,1,1]$的立方体空间,称为规一化的设备坐标系。这个变换称为投影变换,由 4×4 齐次矩阵表示。

投影变换分为两类。一类是平行(也称为正交)投影,仅包含平移和缩放变换,其特征是相机空间的平行线在平行投影后仍然保持平行。平行投影方式的视域体为一个长方体,物体中心在屏幕上的位置由投影变换中的平移部分决定,物体在屏幕上的大小由缩放部分决定,如图 6-11 所示。

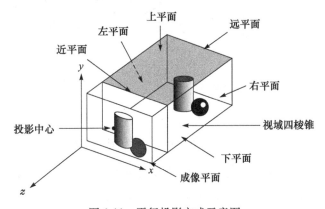

图 6-11 平行投影方式示意图

另一类是最常用的透视投影,对应于光学中的针孔相机模型。它除了对物体进行平移和缩放变换外,还通过透视除法将齐次坐标的 x、y、z 分量除以 w 分量,因此视域体是一个四棱锥。由于计算过程包含除法,速度比平行投影慢。透视投影符合人眼的视觉特性，即越远的物体投影后越小，平行线的投影会聚焦到一个点。图 6-12 显示了一个由视域四棱锥导出的透视投影变换。设视域四棱锥由 $(x_{min}, y_{min}, z_{min})$ 和 $(x_{max}, y_{max}, z_{max})$ 定义，那么透视投影变换矩阵 P 可以表示为（以 OpenGL 为例，Direct3D 可以同样推导出）

$$P = \begin{bmatrix} \dfrac{2x_{min}}{x_{max} - x_{min}} & 0 & \dfrac{x_{max} + x_{min}}{x_{max} - x_{min}} & 0 \\ 0 & \dfrac{2y_{min}}{y_{max} - y_{min}} & \dfrac{y_{max} + y_{min}}{y_{max} - y_{min}} & 0 \\ 0 & 0 & -\dfrac{z_{max} + z_{min}}{z_{max} - z_{min}} & -\dfrac{2z_{max} \times z_{min}}{z_{max} - z_{min}} \\ 0 & 0 & -1 & 0 \end{bmatrix}$$

透视投影的另外一个定义方式是设置视角 fov、长宽比 aspect、近平面距离 near 和远平面距离 far，如图 6-13 所示。

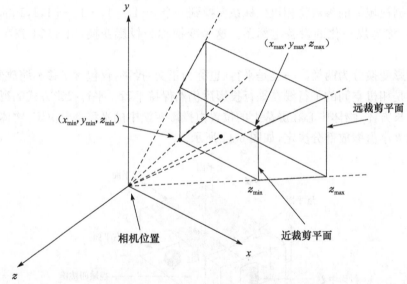

图 6-12　透视投影的第一种表示方法

经过投影变换后的顶点在规一化的设备坐标系中的坐标范围为$[-1, -1, -1]$～$[1,1,1]$（不同的底层图形 API 有不同的取值范围）。在像素层的消隐时，z 坐标用于判断空间点距离相机的远近，之后只保留 x、y 坐标。因此也可以将投影变换理解为从三维空间变换到二维空间。实时图形引擎通常都支持平行投影和透视投影方式。设置两者的投影变换可以采取统一的方式，即通过指定成像中心到视域体的 6 个平面的距离来设置视域体。对于透视投影方式，也可以通过设置近平面到相机的距离、远平面到相机的距离、视野的大小和屏幕方正率决定投影矩阵。注意,远平面距离与近平面距离的比值不应该超出图形硬件的深度缓冲器的精度,否则会带来严重的消隐错误,如默认的 Direct3D 的深度缓冲器精度为 16 位,那么比值不能超过 65 535。

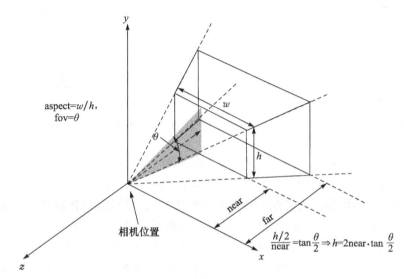

图 6-13　透视投影的第二种表示方法

（4）视域裁剪[10]

位于视域体之外的场景部分不需要送入后续阶段处理。对完全位于规一化的设备空间之外的几何元素,可简单地舍弃,如图 6-14 所示。而部分位于归一化的设备空间之外的几何元素则需要进行裁剪操作。由于裁剪的面就是立方体的 6 个表面,实现起来非常简便。应用程序也可以定义额外的平面对场景进行裁剪。视域裁剪由底层图形 API 自动完成。

（5）视区变换

裁剪后的物体进入几何层的最后一个子阶段。每个顶点的 x、y 坐标从立方体空间变换到二维屏幕坐标。这个变换也称为视区变换,由屏幕分辨率和视区的设置决定。而顶点的 z 坐标保持不变,与变换后的屏幕坐标一同送入像素层处理[11]。

3）像素层绘制

像素层的任务可以简述为:给定几何层输出的顶点位置、颜色和纹理坐标,计算屏幕上每个像素的颜色,如图 6-15 所示。从顶点组成的几何变换到像素的过程称为光栅化（rasterization）,它的机理与得名来源于 CRT 显示器的电子枪发射方式。光栅化构成了光栅图形学的基础。

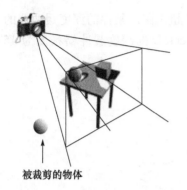

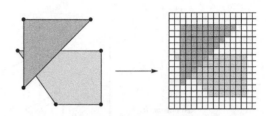

图 6-14　视域裁剪示意图　　　　　图 6-15　多边形光栅化为屏幕像素的集合

　　像素层的实施对象是每个像素,其结果分别保存于两个缓冲器中。其中,颜色缓冲器保存每个像素的颜色和不透明度,深度缓冲器(也称为 Z-缓冲器)保存每个像素的规一化后的值。为了保证场景绘制时的视觉连续性,即光栅化当前帧的同时在屏幕上输出前一帧,光栅化层采取双缓冲机制。双缓冲机制使图形绘制流程同时保持两个颜色缓冲器,交替作为前台缓冲器和后台缓冲器使用。在任意时刻,前台缓冲器用于显示,后台缓冲器用于绘制,完成后两者进行交换。除了双缓冲机制外,还可以定义立体缓冲机制来模拟人眼的立体视觉,即同时保存人的左眼和右眼的图像,并通过立体眼镜给人造成身临其境的感觉。

　　像素层可分为 4 个子阶段:消隐、逐像素光照明计算、纹理映射和颜色融合[11]。消隐的目的是解决场景的可见性问题。对可见性计算直观的解释是,计算场景物体上投影到每个像素的所有的点中最靠近视点的那个。图形学中经典的解决方案是物体空间的 Z-缓冲器算法和图像空间的光线跟踪算法。由于 Z-缓冲器算法易于在图形硬件中实现,逐渐演化成标准的图形硬件消隐技术。在深度缓冲器中,每个像素上始终保留最接近视点的深度。当光栅化产生新的像素后,该像素的深度与保存在深度缓冲器的像素深度进行比较,如果小于已有的像素深度,则用像素的颜色和深度替换分别保存在颜色缓冲器和深度缓冲器中的颜色和深度值,反之保持不变。在绘制之前,深度缓冲器必须初始化为最远的深度,以保证可见性计算的正确性。

　　逐顶点的光照明计算对应于 Gouraud 渲染模式,而逐像素光照明计算则对应于法向渲染模式(也称为 Phong 渲染模式)。在法向渲染模式中可采用任意的光照明模型。在场景三维引擎设计中,必须根据图形硬件配置和场景复杂度设置合适的渲染模式。如果场景复杂度(可用顶点个数衡量)与图像复杂度(可用像素个数衡量)相当,那么法向渲染模式效率低于 Gouraud 渲染模式。场景复杂度远远大于图像复杂度时,由于消隐的作用,处理的顶点数目将多于像素数目,法向渲染模式的效率将不逊于 Gouraud 渲染模式。

纹理映射是增强场景真实感的一种简单有效的技术。它将预生成的图像直接贴在物体表面,模拟物体表面外观,因此也称为贴图法。纹理映射的扩展技术有很多,包括环境映射、光照图、球面映射、立方体映射、凹凸映射、位移映射等[12]。

2. OpenGL

1992 年 7 月,SGI 公司首次发布了作为三维图形编程接口的 OpenGL(Open Graphics Library)。后来它成为国际上通用的开放式三维图形标准。一方面,OpenGL 规范由 ARB(OpenGL Architecture Review Board,OpenGL 结构评审委员会)负责管理,充分保证了它的独立性、开放性、前瞻性和跨平台性,另一方面,Compaq、IBM、IntelMicrosoft 等在计算机界具有主导作用的公司纷纷采用 OpenGL 程序的运行性能。这些都推动了 OpenGL 的发展,并迅速成为三维图形的国际标准。再者,SGI 公司不断推出以 OpenGL 为基础的高级开发工具,以满足对图形工具性能日益增长的需求。这一切使 OpenGL 成为最流行的三维图形开发工具之一,已被广泛应用于 CAD/CAM/CAE、地质、航空、医学图像处理、广告、艺术造型、电影后期制作等领域[13]。

OpenGL 集成了所有曲面造型、图形变换、光照、材质、纹理、像素操作、融合、反走样、雾化等复杂的计算机图形学算法。OpenGL 由超过 300 个功能强大的命令函数组成,这些函数分属于三个基本图形库即基础库(GL)、实用库(GLU)和辅助库(AUX),辅助库正逐渐被 OpenGL 实用软件包(GLUT)所代替。这些库集成了几乎所有曲面造型、图形变换、光照、材质、纹理、像素操作、融合、反选择、雾化等复杂的计算机图形学算法。开发人员可以利用这些函数对整个三维图形轻松进行渲染,达到数字化现实生活景象的目的。从根本上说,OpenGL 是一种过程语言而非描述性的语言:提供了直接控制二维和三维几何体的基本操作,其基本的操作顺序如图 6-16 所示。

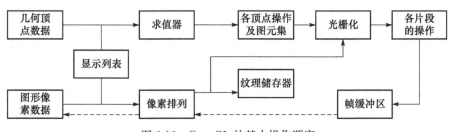

图 6-16　OpenGL 的基本操作顺序

OpenGL 实际上是一个开放的三维图形软件包,它独立于窗口系统和操作系统,以它为基础开发的应用程序可以十分方便地在各种平台间移植。OpenGL 简

洁、高效,具有七大功能,介绍如下:

(1) 建模。OpenGL 图形库除了提供基本的点、线、多边形的绘制函数外,还提供了复杂的三维物体(球、堆、多面体和茶壶等)以及复杂曲线和曲面(如 Bezier、Nurbs 等曲线和曲面)绘制函数。

(2) 变换。OpenGL 图形库的变换包括基本变换和投影变换。基本变换有平移、旋转、缩放和镜像 4 种,投影变换有平行投影(正射投影)和透视投影两种变换。

(3) 颜色模式设置。OpenGL 颜色模式有两种,即 RGBA 模式和颜色索引(color index)

(4) 光照和材质设置。

OpenGL 光有辐射光(emitted light)、环境光(ambient light)、漫反射光(diffuse light)和镜面光(specular light)。材质用光反射率表示。场景(scene)中物体最终反映到人眼的颜色是光的红、绿、蓝分量与材质红、绿、蓝分量的反射率相乘后形成的颜色。

(5) 纹理映射。OpenGL 纹理映射功能可以十分逼真地表达物体表面细节。

(6) 位图显示和图像增强。图像功能除了基本的拷贝和像素读写外,还提供融合(blending)、反走样(antialiasing)和雾(fog)的特殊图像效果处理。以上三条可使被仿真物更具真实感,增强图形显示的效果。

(7) 双缓存动画。双缓存即前台缓存和后台缓存,简而言之,后台缓存计算场景,生成画面,前台缓存显示后台缓存已画好的画面。此外,利用 OpenGL 还能实现深度提示(depth cue)、运动模糊(motion blur)等特殊效果,从而实现消隐算法。

3. Direct3D

Direct3D 是 Microsoft 公司 DirectX SDK 集成开发包中的重要部分,适合多媒体、娱乐、即时 3D 动画等广泛和实用的 3D 图形计算。三维复杂模型的实时建模与动态显示是虚拟现实技术的基础。三维复杂模型的实时建模与动态显示技术可以分为两类:一是基于几何模型的实时建模与动态显示;二是基于图像的实时建模与动态显示。

Direct3D 包括立即模式(Direct3DIM)和保留模式(Direct3DRM)。立即模式是一种较低级的三维模式,因而涉及各种复杂的三维图形学的知识;保留模式是建立在一系列的类调用的基础之上,其中大量的底层操作和运算都被封装在这些类当中,因此适合快速的创建一个三维环境并进行实时操作[12]。

Direct3DRM 中涉及很多三维图形学的内容,这里对程序中将要涉及的最重要的部分作简单介绍。框架(frame)、场景(scene)、相机(camera)、视点(viewport)的概念及它们之间的关系如图 6-17 所示。

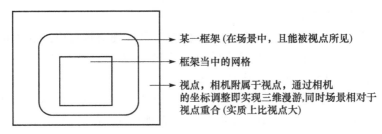

图 6-17　Direct3D 场景示意图

　　框架：它是将各种三维网格托住的支架，同时，它还将灯光、相机、物体等都虚拟成现实世界中的东西，它们都需要放在某一特定的物理框架上才能被托住，不至于落下来。各个框架之间的关系也非常符合现实世界中的各物体的位置关系，即要想被看见，则它必须在相机框架的前面，同理，物体要想被灯光照着也必须在灯光框架的前方。各个框架之间可以形成一个树结构，多个框架组合在一起就形成了场景。

　　场景：是一个根框架，场景中的所有其他框架都应建立在它的基础之上，它是所有其他框架的父框架，而它没有父框架，且一个视点只能有一个场景。

　　相机：它是建立在视点当中的用于可视的框架，在现实世界中可以将它想像成人的眼睛。同时，可以任意设置场景中的任一框架为相机，方法有两种，一种是在创建 Viewport 时直接给定某一框架为 Camera，二是用 Viewport 对象提供的 SetCamera() 设置，因此，当需要改变不同的视角时就可以用 SetCamera() 来调整观察的相对视角，但在适时漫游当中无需这样做，用第一种方法就足够了。

　　视点：它是用于决定在场景中的什么位置可以看到物体，这里的物体实质上已经变成了框架，而框架当中往往又包含了某一可见的网格。而视点实质上是一个二维矩形区域，且只有沿 X、Y 的正方向上可见的区域才能被渲染，且所有可见的物体被着色时都将自动变换成相机坐标，这一点与人眼的作用相对应。

　　Direct3D 提供了一套强有力的工具来提高三维场景的逼真度：

　　(1) 凹凸映射

　　纹理融合技术可以为一个图元创建具有复杂纹理的表面。特别是对于光滑的表面，效果明显。例如，可以将一幅经过抛光的平滑的木谷仓的纹理应用到场景中的一个桌面上。但是，如果只使用纹理融合技术就不能满足粗糙表面的要求，如一些粗糙的树皮等。幸运的是，Direct3D 中有一种被称为凹凸映射（bump mapping）的工具可以解决这一问题。一个凹凸映射实际上就是一幅包含了深度信息的纹理。也就是说，它储存了一些用来表示表面上高低位置的值。程序使用融合 stage 将凹凸映射应用到纹理上。stage 的纹理融合操作设置为 D3DTOP_BUMPEN-VMAP 或 D3DTOP_BUMPENVMAPLUMINANCE。

（2）细节纹理映射

通过多纹理或多通道融合，Direct3D 使程序可以细节纹理应用到图元上。使用细节纹理，可以在表面上产生磨损的痕迹、凹凸的表面以及其他一些表面属性。用户也可以对使用细节纹理应用 Mipmap。

细节纹理还可以被用作深度提示。例如，模拟一架正在着陆的直升机。当直升机接近地面时，由于放大，地面纹理会变得模糊不清。这时，要区分到地面的距离就会有一定困难。如果对地面使用类似于沙砾等物体的细节纹理，就可以获得足够的深度提示来正确地操纵降落的直升机。

如果观察者远离图元，程序不使用细节纹理，此时图元可能会看起来更加明亮一些。这时，可以通过使用一个光线映射纹理使图元变暗来进行补偿。

如果要在一个三维场景体现出物体的速度感，可以将这个物体模糊化来进行处理，同时可以在物体后面留下一条模糊的运动痕迹。Direct3D 程序可以通过在每一帧中对物体进行多次渲染的方法来实现其中之一效果。如果要模拟观察者高速移动的效果，可以对整个场景进行模糊处理。这样，程序就需要在每一帧中对整个场景进行多次渲染。每一次渲染场景时，还必须移动观察点的位置。如果场景十分复杂，那么当移动速度增加时，效果就会有所降低，这是因为每一帧中需要渲染的内容增加了。

4. 纹理实时调度与显示

在目视条件下，存在大量的不规则物体需要模拟，如树木、花草、路灯、路牌、栅栏、桥梁、烟雾等，它们是构成地形环境、提高场景逼真度必不可少的部分。采用纹理映射技术可以较好地模拟这类物体，实现逼真度和运行速度的平衡。纹理的意义可简单归纳为：用图像来替代物体模型中的可模拟或不可模拟细节，提高模拟逼真度和显示速度。

以 OpenGL 中的纹理映射技术为例，纹理映射中，几项关键技术必须加以解决：

第一，透明纹理映射技术。透明纹理是通过纹理技术和混合技术共同实现的。融合技术（blending）指通过指定源和目的地颜色值相结合的融合函数，最后的效果使部分场景表现为半透明。

第二，各向同性。透明单面的显示机制有两种类型，如桥梁的侧面、车站牌等，本身的厚度可以近似为零，即视点从它们的侧面看，只是一个单面；而树木等物体则不同，本身的厚度不可忽略，视点从任何角度的侧面看，都应类似一个锥体或柱体的形状。在忽略这类物体各个侧面外观不同的条件下，可通过下面方法予以解决。

（1）采用两个相互垂直的平面，分别映射相同的纹理（图 6-18(a)），因其角度间隔为 90°，所以在不同角度总可以看到相同的树木图像。但如果视点距离树木很近，则会看出破绽；被映射的不是树木这些具有不规则边界物体的纹理，而是如邮筒等较规则的物体时,此方法也是行不通的。

(2) 不采用两个或多个相互成夹角的平面分别映射相同的纹理,而是只采用一个平面映射纹理,并在显示时赋予该平面"各向同性"的特性(图 6-18(b)),即随时根据视线的方向设定该平面的旋转角度,使其法向量始终指向视点。这种方法对于纹理具有规则边界的物体同样适用。

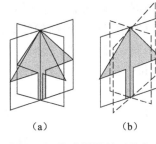

(a)　　　　(b)

图 6-18　各向同性的两种方法

第三,纹理捆绑。OpenGL 允许在缺省的纹理上创建和操纵被赋予名字的纹理目标。纹理目标的名字是无符号整数。每个纹理目标都可以对应一幅纹理图像,也就是说可以将多幅纹理图像绑定到当前的纹理上,通过名字使用某幅纹理图像。图 6-19 给出模拟爆炸效果的十幅图像,将它们按一定顺序以一定的时间间隔显示出来,并采用透明纹理映射技术和各向同性技术,即可模拟一次爆炸过程。应用这种技术到火焰、烟雾等的不定型物的自然景观的模拟上,与其他模拟算法(如粒子系统)相比,大大简化了系统资源的使用。这种技术应用的效果很大程度上取决于纹理图像的质量。

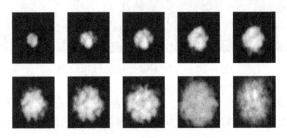

图 6-19　纹理捆绑的例子

第四,不透明单面中的纹理映射。这种典型的纹理映射方式可以大大提高模型的逼真度,一方面赋予模型丰富的色彩、贴图特征,另一方面通过纹理的图像模拟出丰富的细节,简化模型的复杂程度。下面就几种典型应用予以介绍。

(1) 天空和远景模型。这是一种典型的应用。在环境仿真中,往往要求天空呈现出晴、多云、阴、多雾,还有清晨、黄昏等效果;而视线尽头的远景根据近景地形有海洋、山脉、平原等效果。这种模型具有的公共特征是,与视点距离很远,没有细节的要求,只强调表现效果。通过在地形的边缘构造一周闭合的、由若干多边形组成的"围墙"而在相应四边形上映射相应的纹理,实现该方向上远景的模拟。同样,对天空的模拟,采用加盖一个四边形或棱台作为"屋顶",在表面上映射相应天气效果的纹理。这样,当视点在这个由地形、边界立面、顶面组成的盒子内移动时,加上适当的光照效果,就可以感到强烈的远景、天空所产生的纵深感。为了增强动态感,可以采用纹理变换的方法实现动态移动的天空云彩。同样的思路,采用增加高度扰动的高度场加纹理变换的方式可以实现动态的海面模拟。

（2）地形模型表面的纹理映射。地形表面也不是单一色彩的曲面，存在着植被、道路、河流、湖泊、海域、居民地等大量的要素信息。在比例尺很小的情况下，即视点位于很高的位置对大范围区域的地形进行观察时，这些要素信息的高度信息已经不重要，可以通过纹理映射的方式将其表现出来，通过与地形模型数据的叠加反映出这些要素的空间位置关系。这个纹理本身已是一幅正射立体图（图 6-20）。

图 6-20　经过图像处理的地形纹理

（3）房屋模型表面的纹理映射。房屋的表面并不是一个简单的平面，而是具有门窗、涂层、框架结构的复杂图案表面，这些房屋模型的细节如果也采用三维模型来表示，将大大增加模型的复杂度，通过纹理映射的方法来模拟出这些细节。

（4）复杂模型表面的纹理映射。飞机、大炮、装甲车之类的复杂几何模型表面上的迷彩、军徽甚至细小结构均可通过纹理映射的技术将其表现出来（图 6-21）。不过这里的纹理映射要复杂得多，目前必须依靠 3DS、MultiGen 等专业软件中强大的纹理映射功能，建立纹理的不同部分与模型的不同部位之间的坐标映射关系和映射属性（如透明）。

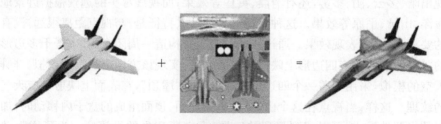

图 6-21　复杂模型的纹理映射

第五,纹理拼接。在视景仿真系统中,纹理的使用可以大大简化复杂模型的建模工作,但如果大量使用纹理或者高分辨纹理图像,均会给系统带来沉重的负担。可以采取的策略是:将大纹理拆分为若干小范围纹理,然后寻找具有代表性的纹理图像作为拼接因子,这样就可用这若干小图像拼接出一幅大图像的效果,这是一种很实用的技术。典型的应用是在地形纹理映射上,用几种小纹理图像即可模拟出一片班驳、荒凉的地形来;同样,根据湖泊、水库的水涯线数据即可调用几种小纹理模拟出一片辽阔的水域(图 6-22)。

图 6-22　用于纹理拼接的几种小纹理

除了场景的层次细节模型技术外,纹理是另一个用来简化复杂几何体的有效方法,这对实时交互绘制系统来说是非常重要的。纹理数据是一种主要的场景数据,纹理映射过程融入了包括绘制硬件、内存管理、主机到图形管道以及硬盘到纹理内存的带宽等的整个系统。鉴于硬件纹理内存非常有限,兼顾纹理的存储效率和纹理映射(变换)的耗费是非常重要的。采用多幅图像压缩成单幅纹理或消除细小纹理等方法均可提高纹理内存的使用效率。

Mipmap(multi-image pyramid map)方法相当于纹理 LOD[13,14]。高分辨率的 Mipmap 图像用于接近观察者的物体,当物体逐渐远离观察者时,使用低分辨率的图像。虽然内存消耗很大,但 Mipmap 方法可以提高场景渲染的质量。处理过程中,它将原始高分辨率纹理缩减为低分辨率的小纹理,缩减的方式是将高度和宽度减半,并用减半后的值作为小纹理的尺度,如图 6-23 所示[15]。

图 6-23　Mipmap 纹理示意图

针对 Mipmap 内存消耗很大的问题,可采用剪切纹理(clipmap)方法减少大纹理使用时存在的矛盾。当使用剪切纹理时,Mipmap 金字塔中的最高分辨率纹理被剪裁成较小的尺寸,因为较高分辨率的纹理通常都不会使用其整体。

这就意味着较低分辨率的纹理覆盖了剪切纹理的整个区域,而较高分辨率的纹理则覆盖较其应有的小得多的区域。当环绕纹理移动时,只有剪切纹理金字塔的被剪切的那部分即通常被称为栈的部分移动,因为较低层次的纹理已经完全载入并覆盖剪切纹理的整个区域。

剪切纹理还提供了从磁盘进行纹理分页载入,这样不需要内存一直保存着所有的纹理数据。为了进行分页调度,剪切纹理在主存使用一个图像缓存,这个图像缓存总是保持同一大小,并且随视点在剪切纹理上的移动而更新。将要被使用的纹理需要在剪切纹理使用前进行预滤波,并在磁盘上进行分割。

6.1.4　图形硬件加速及实时编程渲染

1. 计算机图形硬件的发展

众所周知,计算机 3D 场景中的物体都由多边形构成,多边形越多,物体看上去就越精细,但是 CPU 的负担也越重,而采用硬件 3D 图形加速可以显著减轻 CPU 的负担。这不仅节省大量的着色时间,更重要的是,可以应用高质量的图形性能,如点抽样、透视校正、双线性映射、雾、镜面反射及 Mip 映射等,来开发出逼真的三维场景。通常的三维图形硬件加速过程包含几何处理和图形渲染两部分。几何处理带来大量的浮点运算,通常由 CPU 或图形加速卡上的浮点协助处理器(几何引擎)来实现;图形渲染则由专门的图形处理器来完成。二者相互配合决定了图形系统的最终性能。众多的图形芯片生产商提供了不同的图形加速卡,而不同的图形加速卡具有不同的特性,OpenGL 标准的开放性则为它们展现各自的特性提供了一个广阔的平台。OpenGL 设计为容易扩展的机制,以适应新的硬件,使得它具有最强大的生命力。利用 OpenGL 的扩展机制,硬件开发者能通过设计新的扩展来提供新的独特的功能,而软件开发者则可以充分利用这些扩展来设计更好的程序。因此,针对不同图形加速卡编写的 OpenGL 扩展(OpenGL extension)正是体现各自特性的关键,也是实现 OpenGL 与硬件平台无关的可移植性的纽带。OpenGL 扩展其实质是硬件的驱动程序的一部分,是针对硬件的特性而新开发的。它是由硬件设计者或 OpenGL 库设计者按其规格说明书进行设计。通常不同的 OpenGL 实现(OpenGL implementation)支持的扩展可能不一样。随着某些扩展的推广与应用以及硬件技术的提高,这些成功的 OpenGL 扩展经常被提升为 EXT 或 ARB 扩展,或者正式成为 OpenGL 修订版本中官方标准的一部分。OpenGL 已成为高性能图形和交互式视景处理的事实上的工业技术标准。大多数图形专业软件采用了 OpenGL 技术,因而专业图形卡往往又被称为 OpenGL 加速卡。

nVIDIA 公司是图形芯片研发中的生力军,其生产的 GeForce 系列图形加速卡具有很好的 3D 性能,成为 3D 应用中广泛采用的图形硬件。为了支持在其上的 3D 应用开发,充分利用硬件独特性能,nVIDIA 公司提供了功能强大的 OpenGL 扩展,为基于 OpenGL 的 3D 应用程序开发增添了许多新的特色。下面将对其进行介绍。

2. GPU 实时渲染编程

为介绍渲染技术,首先介绍三维工程环境建立的颜色理论和光照明计算方法。

1) 颜色理论

颜色构成了丰富多彩的图形,因此有必要了解颜色的机理。

下面列出几种常用的颜色空间。

(1) RGB(red green blue)。计算机图形学常用三原色,即红、绿、蓝来定义颜色。红绿蓝三原色空间可以用一个单位立方体来表示,每种颜色对应实体立方体中的一个坐标点,如图 6-24 所示。每个红绿蓝颜色分量在计算机中一般用 8 位表示,表示范围为[0,1]。绝大多数显卡用 32 位表示红、绿、蓝和透明度四个通道,可表达 1600 多万种颜色。由于颜色的每个分量只有 8 位,即光照明计算时的精度只有 8 位,每个颜色通道单独计算会带来精度损失。因此,游戏设计师 John Carmack 提出用 64 位表示颜色。随着显卡的发展,特别是浮点纹理的问世(Ati Radeon 9700 系列和 NVidia 35 系列之后),每

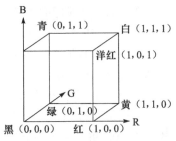

图 6-24　红绿蓝颜色空间

个颜色分量可以用 16 位甚至 32 位来表示,极大地丰富了色彩表达度,避免了光照计算过程由于精度带来的效果失真。由于显存的限制,很多游戏不仅没有采用 64 位表示颜色,反而采用 8 位或者 16 位结合颜色查找表、图像抖动技术生成绚丽多彩的画面,如微软公司的帝国时代。

(2) CMYK(cyan magenta yellow black)。彩色打印工业标准由青(cyan)、洋红(magenta)、黄(yellow)、黑(black)定义,本质上是红绿蓝空间的反色,其原理与纸张的反射与吸收率有关。

(3) HSL(hue saturation lightness)。HSL 颜色空间有三个值:色调、饱和度、亮度(英文也叫 luminance)。色调可看成一个 0°～360°变化的角度,0°代表红色,60°代表黄色,120°代表绿色,180°代表青色,240°代表蓝色,300°代表紫色。饱和度取值为 0～1,定义的是颜色的纯度,0 表示灰,1 表示纯颜色。调整亮度将不改变颜色的比例,而只改变颜色的值。如果用一个圆盘来表示 HSL 空间,那么色调和饱和度可以被看成极坐标,而亮度则代表了不同暗度的圆盘。

(4) HSV(hue saturation value)。HSV 颜色空间有三个轴：色调、饱和度和值(有时也称 brightness,明亮度)。它与 HSL 颜色空间类似,也称十六锥颜色模型。色调是一个 $0°\sim360°$ 的角度；饱和度的取值为 $0\sim1$,定义颜色的纯度。值(brightness)与光亮度(lightness,luminance)相类似,区别在于它不仅改变亮度,也改变颜色的饱和度。如果用一个圆盘来表示 HSV 空间,那么色调和饱和度可以被看成极坐标,而不同的值则对应了不同光亮度和饱和度的圆盘。

(5) CIE 颜色空间。它是由国际颜色协会建立的颜色标准,模拟人类视觉的颜色效应,包括明亮度(brightness)、色调(Hue)和色彩(colorfulness)。

下面介绍颜色空间的线性转换。

大部分颜色空间可以对 RGB 空间应用线性函数获得。

(1) CMYK 颜色空间

$$R=1-C \qquad\qquad C=1-R$$
$$T=1-M \qquad\qquad M=1-R$$
$$B=1-Y \qquad\qquad Y=1-B$$

(2) PAL 电视标准 YUV 空间

$$Y=0.299R+0.587G+0.114B \qquad R=1.000Y+0.000U+1.140V$$
$$U=-0.147R+0.289G+0.436B \qquad G=1.000Y+0.396U+0.581V$$
$$V=0.615R+0.515G+0.100B \qquad B=1.000Y+2.029U+0.000V$$

(3) NTSC 电视标准 YIQ 空间

$$Y=0.299R+0.587G+0.114B \qquad R=1.000Y+0.956I+0.621Q$$
$$I=0.596R+0.274G+0.322B \qquad G=1.000Y+0.272I+0.647Q$$
$$Q=0.212R+0.523G+0.311B \qquad B=1.000Y+1.105I+1.702Q$$

彩色图像向灰度图像的转换公式如下：

颜色值到三原色立方体的距离　sqrt(red×red+green×green+blue×blue)

颜色的平均　(red+green+blue)/3

加权平均　(3×red+4×green+2×blue)/9

NTSC 和 PAL 电视制式　0.299×red+0.587×green+0.114×blue

ITU-R 推荐标准　0.2125×red+0.7154×green+0.0721×blue

2) 光照明计算

现实世界中物体所表现的颜色都是光能作用的结果。光线照射到物体表面时,一部分被吸收并转化为热能,其余部分则被反射或透射。部分反射或透射的光线被眼睛接收后,人们才感觉到物体的存在及其所特有的形状和色彩。为了便于计算,必须定量地描述光的多少或强弱,亮度和强度就是用来定量描述光的两个基本概念。物体表面光的亮度是指单位投影面积在单位立体角内发出的光的能量,它是物体表面上的小面元所具有的性质。对点光源常用强度来代替亮度。强度是指点光源在单位立体角内发出的光能。同样大小的被照射面离光源越远接收到的光能就越少。

　　光的传播服从反射定律和折射定律,光源与物体所表现颜色的关系可通过光照模型来模拟。光照模型的作用是计算物体可见表面上每个点的颜色与光源的关系,因此它是决定图形是否逼真的一个重要因素。人眼(相机)感受到的颜色给予光源的数目、形状、位置、光谱组成和光强分布有关,也与物体本身的反射特性和物体表面的朝向有关,甚至还与人眼对光线的生理和心理视觉因素有关。把这一切都通过计算机精确地计算出来是不现实的,只能用尽可能精确的经验光照明模型或实验数据来模拟光和物体的相互作用,并近似计算物体可见表面每一点的亮度和颜色。

　　(1)光源与材质

　　要了解光照明计算,必须弄清参与颜色合成的因素。首先,在场景中需要一个发光源。光源的属性包括形状、位置、色彩和强度,强度与色彩相乘获得颜色。由于真实场景并非真空,存在各种杂质,光源在空间传播过程中会发生衰减。其次,对场景中的物体建立几何模型,使得物体能接收与反射光亮度。光与物体之间的相互作用分为两类:其一是光与几何模型边界的相互光学几何作用;其二是光与曲面材质之间发生的吸收、传播和散射等物理作用。描述物体表面材质的参数有泛光系数、漫射系数、镜面系数和自身发射光强等。

　　泛光——由环境光照明带来的全局的物体颜色,实际上是对全局光照明的一个逼近。可以为场景中物体定义统一的泛光系数。

　　漫射光——漫射是不光滑物体与光作用后向各个方向均匀反射的一种现象。漫射光的强度仅与入射光和曲面法向夹角有关。

　　镜面光——造成曲面上高光(亮斑)的一种光学现象。它与入射光方向、曲面法向和视角有关。从不同方向观察,镜面光的强度是不一样的。

　　自身发射光——当物体本身是发光源时,它呈现的颜色。

　　从物理的角度分类,材质类型可分为 4 种:绝缘体、金属、复合体和其他材料。绝缘体与光的相互作用小,反射率低且与光源颜色无关,因此呈现出半透明的效果。金属材料是导体,表面不透明且反射率高,泛光、漫射和镜面光颜色也基本一致。金属材质的颜色与自由电子被不同波长的光源激发的强度有关。钢质和镍质物体在所有可见波长的强度一致,故呈现略带灰色的外观。而铜和金则反差强烈,分别形成了红和黄的颜色。从金属材质反射出的颜色与入射和出射光的方向有关,其计算不能用底层图形 API 中的光照明模型表示,但环境映射方法(如球面映射)可以获得比较逼真的视觉效果。复合型材料如塑料和油漆,由绝缘体和金属体共同组成,它们的反射属性也具备两者的特点,即镜面反射属性与绝缘体一致,而漫反射项则呈现金属外观。

人眼观察到物体的颜色是光源发出的光子击中物体表面后,反射或折射到人眼的结果。除了从透明到不透明的边界(空气与塑料)外,也存在从透明到透明的界面(如空气到水),这时还会发生折射现象。在这里,材质的传导率直接决定光子在表面的反射方式。在一个完全的传导物体上(如金属),大部分光被反射,如图 6-25(a)所示。而对于介质表面,大部分光穿透了界面传播,如图 6-25(b)所示,传播系数则与曲面的粗糙度有关。

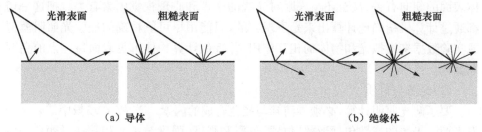

图 6-25　在光滑/粗糙的导体和绝缘体表面上的不同的光学效果

另外一类是子曲面散射模型。例如,一个厚的彩色油漆曲面,它的表面透明,并存在反射、折射、曲面内部互相之间的反弹、位移等现象,造成从某个位置射入的光从它周围各处反射。这样的例子还有人的皮肤、半透明的叶子,称为子曲面散射现象(subsurface scattering),如图 6-26 所示。

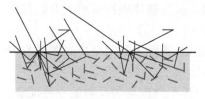

图 6-26　子曲面散射现象

(2) 局部光照明模型

光照明计算是根据光源属性(光源的位置、方向、光照系数)、场景物体的表面几何、物体的材质(泛光、漫射系数、镜面系数和自身发射光),以及指定的光学模拟公式计算场景中物体颜色的过程。传统的光照明模型主要考虑了镜面分量和漫射分量,配合纹理映射技术,在固定管道编程的 OpenGL 和 Direct3D 中可方便地获得不错的光照明效果。当前的可编程图形硬件能定制更复杂的光照明模型。此处主要阐述传统的图形引擎(OpenGL 和 Direct3D)中采用的局部光照明模型。大部分三维游戏采用这些光照明模型已经足够。

局部光照明计算按 RGB 三分量分别计算泛光、漫射光和镜面光。

关于计算曲面上的全局泛光,对于场景中的每个光源,计算它对曲面的漫射和镜面光分量的贡献——计算曲面本身的发射光,具体公式为

$$itotal = ka \cdot ia + \sum (kd \cdot id + ks \cdot is)$$

式中,itotal 为光强度总和;ka、kd 和 ks 分别为泛光系数、漫射系数和镜面系数,取值范围都是[0,1];ia、id 和 is 分别为泛光、从物体表面反射的漫射光和镜面光分量。

　　漫射光模拟光在粗糙的物体表面均匀反射到各方向的性质,与视点无关,仅与光的入射方向有关。模拟漫射光强度的经典模型是朗伯模型,即漫射光强度正比于光源强度乘以入射光和入射点处法向夹角的余弦值,其比例反映物体表面的粗糙程度,称为漫射系数,如图 6-27 所示。在编程实现漫射光时,物体表面法向分为多边形法向和顶点法向两种。由于利用多边形法向计算漫射光会造成边界处明显的不连续,顶点法向更为合适。因此,光照明计算通常在每个顶点上进行。朗伯模型的表达式为 $id = \max(0, (n \cdot l))(kd \cdot Id)$。式中,Id 为光源的漫射颜色;$n$ 和 l 分别为法向和入射向量。在游戏中,泛光和漫射光分量的场景绘制效果配合纹理映射已经能达到实用。漫射光照明模型的缺点在于,无论视点如何改变,同一顶点的颜色保持不变。只有物体旋转(从而法向旋转)或者光源改变位置,顶点的漫射光颜色才会变化。

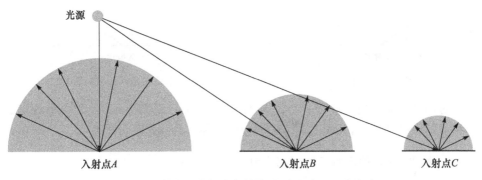

图 6-27　漫射光强度与夹角的关系(半径表示强度大小)

　　镜面光模拟了具有金属类光泽的物体表面属性,即光从物体表面反射的方向与入射方向和视点都有关。镜面光产生的效果又称高光,当视线方向与反射方向接近时特别明亮,如图 6-28 所示。这些明亮的区域称为高光区域,脱离高光区域的镜面光迅速变暗。高光区域的大小反映了物体表面光滑的程度,在图形学中用高光系数来模拟(见 Phong 模型)[14]。

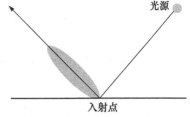

图 6-28　镜面光与视点方向有关

　　Phong 模型是迄今为止使用最为广泛的考虑镜面光的局部光照明模型。考虑物体表面某点 p 处法向为 n,光源方向(从 p 到光源的方向)为 l,反射向量为 r,相机到 p 的向量为 v,如图 6-29 所示。Phong 模型可以表述为 $is = (ks \cdot Is)(r \cdot v)$,式中 is 为光源的镜面颜色,ns 为高光指数。Phong 模型是模拟镜面分量的经验公式,其思想是视线方向与反射方向越接近,镜面光越高,镜面光在物体表面的变化

快慢用高光指数 ns 衡量。反射向量 r 的计算公式为 $r=\dfrac{2(m-l)m-l}{|m|^2}$。若 l 和 n 是规一化的向量,那么上式的计算结果直接已经规一化:$r=2(n\cdot l)n-1$。

　　针对 Phong 模型中计算反射向量 r 相当耗时的缺点,Jim Blinn 提出用半角向量 h 来代替反射向量 r。h 位于光源向量和相机向量之间,如图 6-30 所示。当 h 与法向 n 重合时,相机向量 v 和 n 的夹角等于光源向量 l 和 n 的夹角。Blinn 公式是 is=(ks・Is)$(r\cdot h)n$,$h=(l+v)/|l+v|$。利用半角的好处是不需要计算反射向量 r,因而计算快。

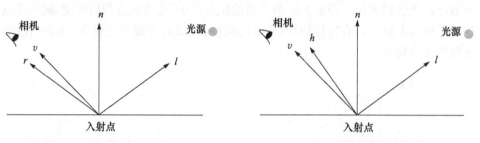

图 6-29　Phong 模型示意图　　　　图 6-30　半角向量是相机向量和法向的平均

　　对局部光照明模型进行适当改进,结合 OpenGL 和 DirectX 绘制引擎特别是可编程图形硬件技术,开发人员可以创造出各种炫目的光照明效果[15]。

3. 基于 GPU 的三维工程环境绘制

1) 基于图像的绘制和建模技术

　　基于图像的绘制和建模技术(image-based rendering,IBR)近年来发展非常迅速,成为不同于传统的基于三维几何的场景绘制技术的另一种有效的方法。这种方法的基本思想是使用一系列图像采样代替场景的部分或全部几何信息来绘制场景[16-21]。

　　通常采用的技术方案是利用照相机采集的离散图像或摄像机采集的连续视频作为基础数据,经过图像处理生成全景图像并对其进行空间关联建立起的具有空间操纵能力的虚拟环境。构建一个使用户具有身临其境的沉浸感、完善的交互能力的信息环境,传统的方法是利用计算机图形技术,对真实环境进行抽象从而建立其三维几何模型,实时漫游过程中根据观察者的位置、光照、消隐信息由计算机绘制相应的视景。基于计算机图形学的虚拟现实系统的局限性主要是复杂空间的建模过程相当烦琐。基于实景图像构造的虚拟信息空间避开了复杂的场景建模与绘制,直接利用照相机或摄像机拍摄得到的实景图像来构造虚拟信息空间。

　　全景图(panorama)模型是代表性的基于图像的虚拟现实模型,传统的全景图模型中整个场景由一幅首尾相连的全景照片组成,而现有的某些虚拟漫游系统里面可以在照片上面指定热点,用于跳转到其他的全景图模型中。

基于图像的虚拟现实建模与渲染技术具有以下优势:基于图像的虚拟现实模型通常比三维模型文件体积小巧很多,能有效减少模型的下载时间;基于图像的虚拟现实模型图像可以从照片获取,能够完整地保留场景真实的模样;更重要的是在实际应用中电脑美工在图像上比在三维模型上可以更方便地进行特殊视觉效果的制作,降低模型制作的成本。

但是基于图像的虚拟现实模型也存在如下的几个缺点:模型中集成多种媒体信息后可能导致模型加载速度变慢;缺乏像三维模型那样从无到有构建场景的能力;难以提供类似场景中三维模型移动变换等功能。

2) 基于图像的加速技术

在基于三维几何的大数据量场景绘制中,可以采用图像加速技术。基于图像的加速技术基于这样一个事实:相对于观察者,场景某些部分在一段时间内在一定的分辨率范围内是不变的。动态图像加速技术就是利用这种相关性,先动态绘制某些区域的几何图形并存储生成的图像,在以后帧中则根据观察者的当前位置判定该区域图像是否有效,如误差允许,则以该图像代替该区域的几何图形进行绘制,最后以已有的某些区域的图像和另外一些区域的几何绘制共同生成整个虚拟场景。该方法又可分为基于纹理映射与图像合成加速方法。

基于纹理映射的图像加速方法早已存在。为加强图形画面的真实性而又尽量减少图形生成的负担,通常采用 Billboad 技术来生成一些比较复杂的物体,如树木等。Billboad 是一个带纹理的半透明长方形,在观察者运动时始终面对观察者。早期的 Billboad 物体影像是预先得到的,且只适合于具有对称性的物体。后来此方法被扩展,实时动态地生成任意形状物体的图形画面并存储起来。只要误差允许,就以该影像映射到相应面上作为当前帧对该物体的近似绘制结果,映射面无需随观察者的移动而转动。为了最大程度地减轻图形生成的负担,算法以二叉树建立整个虚拟场景的层次结构。在实时绘制时,层次遍历二叉树,决定每个结点存储的某区域影像是否仍有效,如有效则以该结点存储的影像生成该区域的当前图像,否则继续遍历该结点的前后子树,并以运动参数及误差精度判定是否需要生成该结点当前图形画面并存储成影像。

基于图像合成的加速技术是另一种动态图像加速技术。该方法根据观察者与物体的相对运动以及误差精度赋予每个物体不同的绘制速率。算法中不同速率绘制生成的物体图形画面最终将根据深度值比较结果生成整个虚拟场景的图形画面。

3) 基于 GPU 绘制加速

商用显卡上的图形处理单元(GPU)已经演化成一个十分灵活、强大的处理器,拥有可编程性、较高精度等能力。图形处理单元除了有编程语言支持外,还拥有较高的精度。32 位浮点数通过图形流水线,对大多数应用来说是足够高的。其应用领域也是十分广泛的,从游戏中的物理模拟到传统的计算科学,其目标是使得不昂贵的强大的 GPU 作为一种协处理器来增强应用。所以说,有图形处理单元的支持,也给大数据量场景优化处理带来了机会。

相对于 CPU 来说,GPU 最初的设计目的相对单一,即专为图形程序的处理流程而设计。图形生成中所涉及的矩阵计算和像素级的处理都可以由 GPU 来单独完成,而不需要占用 CPU 的计算时间。而且 GPU 有多条图形处理流水线可以并行处理图形程序,在很大程度上提高了图形生成的效率。虽然 GPU 可以加快图形程序的运行速度,但是这些早期的 GPU 产品的图形处理流水线是固定的,也就是说只能完成那些固定的操作而没有任何灵活性可言,这大大限制 GPU 计算性能的充分发挥。自从相应的 GPU 产品(例如 nVidia 公司的 Geforce2、Geforce3、Geforce4 系列和 ATI 公司的 8500 系列)推出以来,GPU 可以在顶点坐标变换和像素操作的过程中由程序来进行一定程度的控制,从而具有了一定的可编程性。随后,GPU 的用途越来越广泛,很多原来必须要 CPU 来完成的计算过程可以移植到 GPU 中进行计算。

随着计算机图形显卡硬件性能的不断增强,面向硬件的批 LOD(aggregated LOD)一类算法也应运而生,这类方法既结合了传统的层次细节技术又能充分利用当代显卡高带宽、高多边形填充率的特点,使得加速绘制技术有了很大的提高。

优化几何表示的组织结构能够节省大量的 GPU 上的变换和光照计算,并且降低 CPU 和图形硬件之间带宽的占用。几何数据的有效组织进行加速可以被应用到大部分多边形或者三角形表示的场景。采用三角形条带(triangles strips)以及三角形扇(triangle fans)的几何表示方法能加速三维场景渲染。

多边形模型均可以转换成三角形集合。相互邻接的三角形共享一条公共边和两个顶点。如果三角形被各自独立地送至图形硬件进行绘制,共享的顶点数据就需要执行的重复冗余的运算,并且相同的数据还被传送至少两次以上。降低这些额外开销的一个方法就是把彼此相邻的三角形构建成三角带。首先,把第一个三角形的三个顶点放至条带之中;其次,将其余的三角形顶点依照相邻顺序依次放至条带中,每个三角形只需要加入一个顶点。缺省条件下,在条带中彼此相邻的顶点都构成了连接两个相邻三角形的公共边。三角形扇可以看作是三角带的一种退化形式,只是其中所有的三角形都共享一个公共顶点。以三角带或者三角形扇形式存储在顶点缓存(vertex buffer)中通常被称为广义三角形网格。

三角形条带技术,是以先进先出(first input first output,FIFO)顶点缓存尺寸来渲染三角形。Hoppe 提出一种算法来产生面向透明 FIFO 缓存的渲染顺序,从实验上展现其算法对任意的顶点缓存产生渲染顺序。然而其算法的一个主要问题,是必须事先知道缓存尺寸,对某个缓存尺寸产生的渲染顺序,当使用到一个更小尺寸的缓存时渲染格网产生的结果也许远离优化目标。Gotsman 等针对此问题,提出产生一般性格网渲染顺序方法。这些顺序能在所有尺寸上保持局部相关性,因此能被用于任意尺寸 FIFO 缓存的渲染顺序。归功于顺序的普遍性,这些渲染顺序能被推广到累进格网。Yoon 等基于多层级最小化执行局部置换从而计算局部最优化布局,来计算大数据量三角形网格的缓存布局,对于处理所有类型多边形网格带有普遍意义,在计算过程中不需要事先知道任何缓存参数和存储层级的块大小。

6.2　虚拟三维工程环境构建

6.2.1　虚拟现实与虚拟三维工程环境

虚拟现实(virtual reality,VR)是由客观需求所驱动而迅速发展起来的一项高新技术。这些需求来自仿真建模、CAD、可视化计算、遥控技术以及最近提出的先期技术演示验证等,其共同的需求是建立一个比现在计算机系统更为直观的输入、输出系统,这一多维信息环境与各种传感器相连,具有更好的人机界面,人可以沉浸其中、超越其上、进入自如并能和它进行交互作用。

VR 技术的起源可追溯到计算机图形学之父 Ivan Sutherland 于 1965 年在 IFIP 会议所作的标题为"The Ultimate Display"的报告。在该报告中,Ivan Sutherland 提出了一项富有挑战性的计算机图形学研究课题。他指出,人们可以把显示屏当作一个窗口来观察一个虚拟世界。其挑战性在于窗口中的图像必须看起来真实,听起来真实,而且其中物体的行为也很真实。这一思想奠定了 VR 研究的基础。1968 年,Ivan Sutherland 发表了题为"A Head:Mounted 3D Display"的论文,对头盔式三维显示装置的设计要求、构造原理进行了深入的讨论。Sutherland 还给出了这种头盔式显示装置的设计原型,成为三维立体显示技术的奠基性成果。VR 研究的进展从 60 年代到 80 年代中期是十分缓慢的。直到 80 年代后期,VR 技术才得以加速发展。这是因为显示技术已能满足视觉耦合系统的性能要求,液晶显示(LCD)技术的发展使得生产廉价的头盔式显示器成为可能。随着计算机网络技术的不断发展,关于分布式虚拟环境方面的研究已受到越来越多的重视,它已成为虚拟现实技术中不可缺少的组成部分。

有许多的大学、公司及一些科研机构致力于城市信息三维可视化的研究和开发。例如,加拿大的 Toronto 大学景观研究中心着力于景观模型的研究,以重构真实的现实环境为目的,构造出相当逼真的建筑物和城区景观模型;瑞士苏黎世联邦工业大学的 Gruen 和 Xinhua 对三维城市模型进行了深入的研究,开发了一种成为 TOBAGO 的三维城市模型系统,并且为解决三维建模问题,专门开发了一套

CyberCity Modeler 系统,可以允许用户进行交互式的三维对象建模。

此外,较著名的计算机视景仿真软件有 SGI 公司的 Inventor 和 Performer、Paradiam 的 Vega、ERDAS 公司的 Image Virtual GIS,还有 PCI FLY、SoftImage等。这些系统价格昂贵,一般都在数万甚至数十万美元以上,暂时没有普遍应用的前景。较著名的计算机三维建模软件还有 MultiGen 及 Autodesk 公司的 3DS 及 3DS MAX 等,较好的动态三维软件还有 Direct 3D 以及 Skyline 等。

同时,虚拟现实功能作为有机组成部分,纷纷出现在当前主流的数字摄影测量系统、GIS、遥感图像系统中。如 Helava 公司的 HAI-500、HAI-750 和 DPW 系列,Intergraph 的 ImageStation,Zeiss 的 PHODIS 等数字测量系统,此外还有 Arc/Info、Titan GIS、ER MapperPCI 公司的 Radar Soft 等。国内相关领域虽然发展较晚,但也出现了较成熟的商业软件,如适普公司的三维城市景观浏览软件 ImaGIS、四维公司的真三维虚拟现实系统、武汉大学的 VirtuoZo 软件。

随着数字摄影测量的飞速发展与高分辨率遥感技术的出现,地理数据能够大批量快速获取,借助摄影测量的手段(如利用 VirtuoZo 软件)实现城市的虚拟成为主流的方法之一。这种方式的数据源有多种:航空影像、卫星影像、地面近景影像等。它的主要内容包括 DEM 的快速获取、地表景观对象的提取与重建、正射影像的制作、三维对象的建模,所做的工作着重于三维景观的数据采集、对象建模,并且具有简单的查询和分析功能。这种方法在城市空间数据获取和虚拟城市实现方面已经较为成熟。

6.2.2　三维工程场景绘制引擎的设计

近年来,随着计算机图形软、硬件的不断发展,人们对实时真实感渲染以及场景复杂度提出了更高的要求。传统的直接使用底层图形接口如 OpenGL、DirectX开发图形应用的模式越来越暴露出开发复杂性大、周期长、维护困难的缺陷。鉴于以上原因,三维图形引擎相关技术受到了广泛的关注。国外已有众多商用或开源三维图形引擎,如 OGRE、OSG 等。

面向对象图形渲染引擎(object-oriented graphics rendering engine,OGRE)是一种用 C++实现的跨平台开源三维图形引擎。该引擎底层对 DirectX、OpenGL进行完全封装,采用了基于插件的体系结构,方便用户使用和功能扩展。但 O-GRE 过于庞大和复杂,使用户感觉掌握困难。此外,由于底层对 DirectX 和 Open-GL 的完全封装,用户无法对基本图形 API 进行直接操作。

OSG(open scene graph)是一款著名的 3D 图形引擎,主要用于虚拟现实、仿真等领域。OSG 底层只提供了对 OpenGL 的封装,与其他图形引擎一样,拥有诸如场景管理、地形管理和底层 API 封装等功能。但 OSG 的渲染管理比较特殊,它不是采用渲染队列进行渲染管理,而是采用渲染树,更为高效。

Irrlicht 引擎是一款开源、跨平台的 3D 引擎,底层封装了 DirectX 和 Open-GL,并提供基于 GLSL 和 HLSL 的可编程渲染管道。该引擎结构简单、速度快。但 Irrlicht 以牺牲渲染质量达到高速的目的,在光照等真实感方面比较薄弱。

本书介绍三维场景引擎体系结构,如图 6-31 所示。

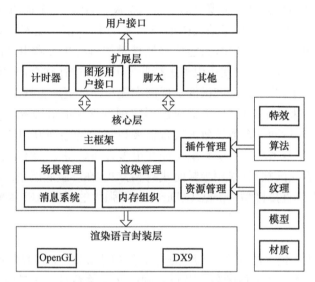

图 6-31　三维场景引擎体系结构

在结构上,分为渲染语言封装层、核心层、扩展层以及用户接口层等 4 层。

渲染语言封装层:建立在底层绘制接口之上,渲染语言封装层封装了底层图形接口 OpenGL、DirectX9 的所有绘制属性。

核心层:包含引擎的主渲染框架、场景管理、渲染管理、插件管理、资源管理、消息系统等。

扩展层:包含时钟管理、用户 GUI、脚本系统以及其他组件。

用户接口层:为上层用户提供统一的 API。

1. 主框架层

主框架是整个图形引擎的骨架,它决定着渲染流程的走向以及其他功能模块之间的耦合形式。此外,它还负责底层细节的屏蔽、渲染流程的结构化和标准化等重要功能。主框架的结构在逻辑上分为上、中、下三层。

(1)上层为友好的用户接口,主要负责对外提供 API 函数集,满足用户的各种功能需求,实现用户和图形引擎的交互。各种功能需求包括引擎的启动、资源的加载、场景的搭建、场景的渲染、场景的更改、资源的释放以及引擎的停止。

(2)中层为引擎各模块连接核心,负责处理主框架和其他模块的相互联系和协作。

　　(3) 下层为底层封装,图形引擎的底层系统主要指基础图形 API 函数集和操作系统两大部分。对图形引擎而言,操作系统相关的函数调用比较固定,其封装的方法也比较成熟。对基础图形 API 的封装,OGRE、OSG 等采用彻底封装的方式,即仅仅使用插件系统完成封装模块的更新和扩展,对用户完全透明,用户不会接触到关于 OpenGL 或 DirectX 等基础图形 API 的任何细节。随着计算机图形学的发展和图形应用软件的复杂化,只能依靠插件系统进行扩展和更新的封装方式的缺点日益显著。开发人员在使用引擎进行开发的过程中往往会产生许多重要但细微的功能扩展需求,为了这些细微的扩展需求编写插件更新主框架,必将对开发周期和开发成本带来冲击。此外,人们对图形应用软件中的渲染效果、光影、特效等的需求越来越高,然而大多数特效的实现需要以特定的序列调用特定的基础图形 API 函数,引擎完全透明的下层系统已经在很多方面妨碍了高级图形特效的开发。针对完全封装方式的缺点,采用半封闭式封装方式,在屏蔽底层系统烦琐细节的同时,可使高级用户直接接触 OpenGL、DirectX 等强大的图形 API 函数。

　　2. 场景管理

　　场景管理主要包含场景节点组织、场景分割和地形管理,通过场景树的形式组织场景内的各个元素。场景树的各个节点之间的父子关系对应场景内元素的逻辑关系,如一片建筑区域和建筑区域内的各个建筑在场景中表现为父节点和子节点的关系。场景分割通常采用基于八叉树和 BSP 树,而地形调度采用基于 ROAM 算法。

　　3. 渲染管理

　　渲染管理主要控制场景渲染,包括 Pass 和 Effect 两个重要概念,如图 6-32 所示。Pass 是一个渲染遍即一次渲染的自然表示。Pass 主要由数据源、渲染状态、纹理对象、Shader(可编程 Pass 专有)和输出对象构成。Pass 按照使用固定管线和可编程管线的不同可分为固定 Pass 和可编程 Pass。Pass 的最终渲染结果可以输出到屏幕,也可以输出到一张过程纹理,以配合其他 Pass 完成复杂的特效渲染。

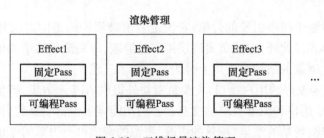

图 6-32　三维场景渲染管理

Effect 表示一个具体的渲染阶段,渲染管理系统保存了一个 Effect 的队列,Effect 同样保存了一个不能为空 Pass 的队列。一般来说,一个室外场景可简单地分为天空盒 Effect、地形 Effect 和场景元素 Effect。

4. 资源管理

资源包括各种格式的图片文件、模型文件以及各种配置文件。在引擎的资源管理系统中也实现了对在场景渲染中所需的纹理、材质等信息的抽取和分类工作。

5. 插件管理

插件管理提供一种灵活的系统扩展模式,用户编写的算法、特效等可以注册为插件,通过插件管理机制方便、快速地扩展到引擎中。

6. 消息处理系统

消息主要包括鼠标-键盘消息和引擎自定义消息两种类型的消息。自定义消息主要用于描述场景元素之间的相互作用,如风、爆炸对建筑物的影响等。整个消息的处理流程分为三个阶段:第一阶段主要处理与具体场景元素相关的消息,如鼠标拾取等;第二阶段主要处理引擎默认的消息,如 ESC 等系统键的消息;第三阶段主要处理同具体场景元素无关的消息,如摄像机的移动等。如果消息经过三大阶段都没有进行处理,则根据是否为操作系统的消息交由操作系统处理或丢弃。

6.2.3 三维工程环境的建立

三维工程环境绘制的主要功能是根据给定的虚拟相机、三维场景、光源、光照明模型、纹理等,在屏幕上生成(绘制)二维图像。其中,场景物体在屏幕上的形状和位置由物体本身的几何、相机的方位和参数决定。而物体在屏幕上的外观则由物体材质属性、光源属性、纹理和设置的光照明模型决定。对于不同的底层图形绘制 API(如 OpenGL 和 DirectX),绘制流程的阶段和实现的功能基本相同,差异在于各阶段的实现细节。

1. 地形绘制实现

用计算机在图形设备上生成连续色调的真实感三维图形必须完成 4 个基本任务:①用数学方法建立所需三维场景的几何描述,并将它们输入计算机。这部分工作可由三维立体造型或曲面造型系统来完成[22]。场景的几何描述直接影响了图形的准确和图形绘制的计算耗费,选择合理有效的数据表示和输入手段极其重要。②将三维几何描述转换为二维透视图,这可通过对场景的透视变换来完成。③确定场景中的所有可见面,这需要使用隐藏面消除算法将视域之外或被其他物体遮挡的不可见面消去。④计算场景中可见面的颜色,严格地说,就是根据基于光学物理的光照明模型计算可见面投射到观察者眼中的光亮度大小和色彩组成,并将它转换成适合图形设备的颜色值,从而确定投影画面上每一像素的颜色,接着通过明暗处理模型确定画面上每一个面的颜色,最终生成图形。对于三维动态可视化还需要增加一个处理步骤,即三维动画的生成,如图 6-33 所示。

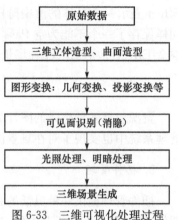

图 6-33　三维可视化处理过程

1) 三维数字地形

地形与人类的生存、生活、发展密切相关,用数字的形式描述三维地形,已成为科学研究、工程应用等的通用格式。描述三维数字地形的基本方法是数字地面模型(DTM),它有广义和狭义之分。广义的 DTM 是地形表面形态等多种信息的一种数字表示,严格地说,DTM 是定义在某区域 D 上的 m 维向量的有限序列,即

$$\{V_i \mid i=1,2,\cdots,n\} \tag{6-1}$$

其向量 $V_i=(V_{i1},V_{i2},\cdots,V_{in})$ 的分量可为地形、资源、环境、土地利用、人口分布等多种信息的定量或定性描述。DTM 是一个地理信息数据的基本内核,若只考虑 DTM 的地形分量,就是狭义的数字地面模型,通常称为数字高程模型 DEM 或 DHM(digital hight model)。以下讨论都是针对狭义数字地面模型展开的。

DTM 的核心是地形表面特征点的三维坐标数据和一套对地表提供连续描述的算法。DTM 表示区域 D 上地形的三维向量有限序列 $\{V_i=(X_i,Y_i,Z_i)\mid i=1,2,\cdots,n\}$,其中 $(X_i,Y_i)\in D$ 是平面坐标,或以地球尺度计量的经纬度;Z_i 是 (X_i,Y_i) 高程,高程的起算面可以是自定义的一个高程基准面,也可以是大地水准面或者椭球面,此时,Z_i 分别是相对于高程、海拔高以及大地水准面差距而言。当地形三维向量有限序列中各向量的平面点位呈规则格网排列时,其平面坐标 (X_i,Y_i) 省略,此时 DTM 就简化为一维向量序列 $\{Z_i\mid i=1,2,\cdots,n\}$。

DTM 的数字表示形式包括离散点的三维坐标(测量数据)、由离散点内插生成的规则或不规则格网以及依据 DTM 及一定的内插和拟合算法自动生成的等高线图、断面图、坡度图等。DTM 最常用的数字表示形式是矩形格网(grid)和不规则三角网(TIN),其共同的特点是假定高程基准面为平面。

2) 全球地形的可视化建模

地球表面是最难表达的复杂形体,要对它进行表达,最可行的方法就是用无数

多边形小平面进行逼近。因为三角形是最小的图形基元,基于三角形面片的各种几何算法最简单、最可靠,构成的系统性能最优,所以,大多数真实感图形描绘系统都是以三角形作为运算的基本单元[23]。本书采用小三角面拟合地球表面。

用 OpenGL 表达数字地形时,可以解决透视、消隐、光照、明暗处理等问题,而要解决的关键问题是全球数字地形的可视化建模,包括坐标转换、三角格网的建立和法向量的计算[24,25]。

(1) 坐标转换

对整个地球进行三维表达,首先就是进行坐标转换,即把大地坐标(纬度、经度、大地高)按式(6-2)转换为空间大地直角坐标:

$$\begin{cases} x=(N+H) \cdot \cos B \cdot \cos L \\ y=(N+H) \cdot \cos B \cdot \sin L \\ z=[N(1-e^2)+H] \cdot \sin B \end{cases} \quad (6\text{-}2)$$

式中,(x,y,z) 为空间大地直角坐标;N 为地面点 P 的卯酉圈的曲率半径;(B,L,H) 为大地坐标。大地高为正高(海拔高)与大地水准面差距之和。地面点的正高严格地说不能精确求定,我国的高程系统采用正常高作为海拔高。

为表达全球地形(地面形状),现假设海拔高的零面为圆球面,圆球的半径为 6378km。此时,式(6-2)变为

$$\begin{cases} x=(R+H) \cdot \cos B \cdot \cos L \\ y=(R+H) \cdot \cos B \cdot \sin L \\ z=[R+H] \cdot \sin B \end{cases} \quad (6\text{-}3)$$

式中,R 为圆球半径;H 为高程;L、B 分别为大地经度、纬度。为了便于可视化计算和全球三角网的构建,需将式(6-3)做如下变化:

$$\begin{cases} x=(R+H) \cdot \sin B' \cdot \cos L \\ y=(R+H) \cdot \sin B' \cdot \sin L \\ z=[R+H] \cdot \cos B' \end{cases} \quad (6\text{-}4)$$

式中,B' 为由北极向南极计算的纬度,且 $B'=90°-B$,其他变量的含义同式(6-2)。这里应注意的是,式(6-3)和式(6-4)中的空间直角坐标 (x,y,z) 所在的坐标系取决于大地经、纬度 L 和 B 所在的大地坐标系。WDM 94 360 阶地球重力场模型的坐标转换公式是基于平均椭球体的,平均椭球体取 1975 年国际椭球,相关参数为:长半径 $a=6\ 378\ 140$m;短半径 $b=6\ 356\ 755$m;椭球第一偏心率 $e^2=0.006\ 694\ 384\ 999\ 59$。坐标转换公式为

$$\begin{cases} x=(a/W+H) \cdot \cos B \cdot \cos L \\ y=(a/W+H) \cdot \cos B \cdot \sin L \\ z=[a \cdot (1-e^2)/W+H] \cdot \sin B \end{cases} \quad (6\text{-}5)$$

式中,H 为大地水准面差距,其他变量的含义同式(6-4)。

（2）三角格网的建立

经过坐标转换的数据可用于建立三角格网。数字地形的常用表示形式（数据结构）是矩形格网和不规则三角格网。矩形格网非常容易转化为规则三角格网，即直接建立三角形结点的线性链表。当栅格间距很小（如经细分后的 DTM）时，邻域（四邻域或八邻域）的不同选择，如(a,b,d)、(a,c,d)或(a,b,c)、(b,c,d)，对于图形显示的影响不大，所以两种分割方式均可使用，如图 6-34 所示。

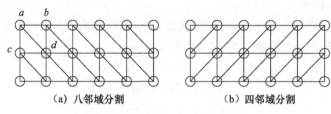

（a）八邻域分割　　　　　　　　（b）四邻域分割

图 6-34　栅格 DTM 的三角形分割

对已有的全球数据进行分析和研究发现，它是一个矩形格网，是一个只有高程信息的一维矩阵，其他的二维（纬度和经度）是以一种隐含的关系给出的，如它将高程按从北（北极）到南（南极）、从东（经度 0°）到西（经度 360°）的方式存储，这样，每点高程所对应纬度和经度就很容易解出。另外，这些数据将围成一个球。针对以上特点，本书给出一种简单易行的构建全球三角格网的方法。图 6-35 是全球三角格网的构建图，在构建三角格网时，可以将全球分成 3 个部分：北极部分、南极部分、北极和南极以外的部分。北极和南极部分按如下的顺序进行三角网的扩展：012,023,034,045,056,061。北极和南极以外的部分按如下的顺序进行三角格网的扩展：$A21$，$AB2$，$B32$，$BC3$，$C43$，$CD4$，$D54$，$DE5$，$E65$，$EF6$，$F16$，$FA1$，……这样的顺序既考虑了三角形顶点的逆时针排列，方便后续的法向量

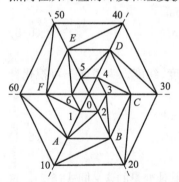

图 6-35　全球三角格网的构建

计算，而且顶点之间又充分利用了固有的存储规律，便于程序的实现。

（3）法向量的计算

建立光照模型，可求出用于逼近地球表面的三角格网顶点的法向量。如果曲面是由多边形小平面逼近得到的，则法向量的计算就由多边形的数据给出。对于在一个平面上的多边形，取其任意不共线的 3 点 P_1、P_2 和 P_3，其叉积$(V_1-V_2)\times(V_2-V_3)$垂直于其平面，经归一化处理后，可作为平面的法向量。如图 6-36 所示，为求出小平面公共顶点的法向量，设 n_1、n_2、n_3、n_4 所在的小平面相交于 P 点，这时求出 $n_1+n_2+n_3+n_4$，做归一化处理，即为 P 点的法线。

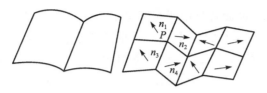

图 6-36　计算法向量的示意图

整个地球是由大量的平面三角形面片包围拟合的,所以可按以上方法进行每个三角形平面的法向量计算。但如果只用这种方法计算法向量,曲面看起来不是很光滑,且棱角比较明显,这是因为法向量在三角形边界上是不连续的。要解决这个问题,可采用对模型邻近的面片求平均法向量的办法。按此方法构建三角网求平均法向量时,为了提高速度,本书提出了一个快速有效的查找算法,即在计算每个点的平均法向量时,首先将查找的范围按一定的规则缩小,然后在缩小的范围内进行顺序查找。显然,在求出每个平面三角形面片的平均法向量后,其角点的平均法向量很容易计算。

2. 三维场景绘制实现

三维场景的几何表示分为三类:多边形网格模型、曲面模型和离散模型。多边形网格模型直接使用点、线段和多边形来逼近真实的物体,结合光照明计算模型、表面材质和纹理映射,多边形网格模型是场景几何建模中最直接、应用最广的几何表示方法。由于底层图形 API(如 OpenGL、Direct3D)的基本绘制元素是三角形,因此三角形网格又是多边形网格模型中最常用的表示方法。

场景物体的另一类表示方法是曲面。使用曲面有以下优点:比多边形更简洁;可交互调整;比多边形物体更光滑、更连续;动画和碰撞检测更简单和快速。在三维建模中,越来越多的曲面作为基本的场景描述手段,这体现在三个方面:首先,存储曲面模型耗费的内存相对较低,这对控制台游戏特别有用;其次,整体曲面变换比逐个多边形变换的计算量更小;最后,如果图形硬件支持曲面,从 CPU 传送到图形硬件的数据量将大大低于多边形的传送数据量。当前的主流显卡都提供了多边形网格模型与曲面模型之间互换的功能。

参数曲面造型的基本思想是以一组基函数为权因子,利用一组初始控制向量的线性(或有理线性)组合来得到物体的连续表示。从数学上看,参数曲面是二维平面的子集到三维空间的映射: $f: R2 \rightarrow R3$。参数曲面易于离散为多边形网格模型,也易于实现纹理映射。在参数曲面中重要的一类非均匀有理 B 样条曲线(non uniform rational B-spline,NURBS),特别是 Bézier 曲面具有端点插值等多种良好交互性,广泛应用于游戏的路径插值和人物建模中。

隐函数曲面是指由隐函数定义的曲面模型。隐函数把三维空间映射到实数域，$f:R3\rightarrow R$，隐函数曲面就是由所有满足 $f(x,y,z)=0$ 的点组成的曲面。物体内部是满足 $f(x,y,z)<0$ 的区域，物体外部则满足 $f(x,y,z)>0$。函数 f 是多项式时，隐函数又称为代数曲面。二次代数曲面（即在 x、y、z 上最高幂次为 2 的多项式曲面）是最早实用化的隐函数曲面模型之一，它可以方便地表示球面、圆锥面、抛物面和双曲面。其他实用的隐函数模型有 Blobby 和 Metaball（元球）造型等。

细分曲面表示方法起源于 20 世纪 70 年代，它利用一系列递归剖分规则将粗糙的模型生成多尺度的精细光滑模型。随着计算机硬件能力的提高和应用的深入，特别是底层图形 API 纷纷支持细分曲面的实时绘制，细分曲面在三维建模中的使用已经提上日程。

表 6-1 是常用的物体几何表示方法的特点比较。这里重点介绍三角网格模型和三类常用的参数曲面模型[26-28]。

表 6-1　常用的物体几何表示方法的特点比较

特点	网格模型	隐函数曲面	参数曲面	细分曲面	体模型	CSG 模型
连续性	零阶连续	连续	连续	连续	离散	离散
拓扑表示性	任意	有限	有限	有限	任意	任意
图形硬件支持	直接支持	可编程	部分支持	不支持	不支持	不支持
参数化难易度	难	难	直接支持	难	容易	难
实用性	最实用	一般	实用	一般	一般	差

1）三角网格模型

多边形网格模型是一系列多边形的集合。如果网格的所有多边形都是三角形，则称为三角形网格。尽管在计算机图形学领域内已经提出了很多成熟的曲面表示方法，包括样条曲面、隐函数曲面、CSG 模型、体模型、点模型和各种各样的混合表示方法，游戏编程中实用的还是三角网格的表示方法。而其他曲面表示，诸如隐式曲面、NURBS、细分曲面都可以被离散为三角形表示以便利用常规的图形绘制硬件进行绘制。随着图形硬件的高速发展以及对几何表面三角化算法的深入研究，三角网格在图形绘制以及造型中的地位将进一步巩固。

在底层图形 API（OpenGL、Direct3D）中，场景物体的三角网格模型引申出几类基本绘制元素，包括顶点列表（point lists）、线段列表（line lists）、线段条带（line strips）、三角形列表（triangle lists）、三角形索引列表（indexed triangle lists）、三角形条带（triangle strips）和三角形扇（triangle fans）。

顶点列表是一系列孤立的顶点的集合。

线段列表是一系列孤立的线段的集合。线段之间彼此没有连接关系。线段列表的数据结构由顶点的数目、顶点列表组成，其中顶点的数目是线段数目的两倍。

三角形列表是一系列孤立的三角形的集合。三角形列表的数据结构由顶点的数目、顶点列表组成,其中顶点的数目是三角形数目的三倍。三角形列表是效率最低的一类三角网格模型的存储格式。

2) 常用参数曲面

常用的样条函数有 Bézier 样条、B 样条、NURBS 样条等,它们各有优缺点。Bézier 样条最为简单实用;B 样条是场景动画中常用的曲线之一,其二阶连续性保证了运动的光滑性,局部性保证了可以对动画进行局部调整,因而它非常适合于轨迹曲线,但不太适合于关键帧插值。下面介绍三种游戏中最常用的样条曲线曲面,即 Catmull-Rom 样条、Hermite 样条和双三次 Bézier 三角曲面。它们已经在图形硬件中固化(Direct3D),可广泛应用于三维图形引擎的设计。

(1) Catmull-Rom 样条

样条的基本原理是沿着曲线指定一系列的间隔点,并假定这些控制点之间的函数关系确定一根光滑的曲线。游戏中进行路径插值最常用的样条是 Catmull-Rom 三次样条,它精确地插值(通过)所有的控制点,由四个控制点 p_0、p_1、p_2 和 p_3 定义,如图 6-37 所示。

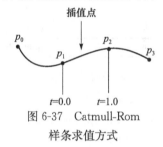

图 6-37　Catmull-Rom 样条求值方式

为了求得曲线上任意一点 q,必须找出这个点在哪两个控制点之间,并对这两个控制点组成的曲线段进行参数化。设 q 的参数为 t,则计算公式为:

$$q(t) = 0.5 \cdot (1.0, t, t^2, t^3) \cdot \begin{bmatrix} 0 & 2 & 0 & 0 \\ -1 & 0 & 1 & 0 \\ 2 & -5 & 4 & -1 \\ -1 & 3 & -3 & 1 \end{bmatrix} \cdot \begin{bmatrix} p_0 \\ p_1 \\ p_2 \\ p_3 \end{bmatrix}$$

Catmull-Rom 样条有如下性质:样条穿过所有的控制点;样条是 C1 连续的,也就是说它的切向量是连续的;样条不是 C2 连续,在每条线段上二阶导数是线性插值的,因此它的曲率随着线段长度的变化而线性变化。

Catmull-Rom 样条可用四个控制点定义,也可以加入任意多个控制点,并形成多段 Catmull-Rom 曲线。每段由线段的两个端点和左右端点相邻的两个控制点决定。例如,如果线段的端点是 p_n 和 p_{n+1},那么这段线段的 Catmull-Rom 样条由 $[p_{n-1}, p_n, p_{n+1}, p_{n+2}]$ 定义。由于整个链条不能计算两端,因此,对于具有 N 个控制点的 Catmull-Rom 样条来说,能生成 Catmull-Rom 曲线的下标最小的线段是 p_1 和 p_2,下标最大的线段是 p_{N-3} 和 p_{N-2},因此定义 N 条线段,需要 N+3 个控制点。

(2) Hermite 样条

基于 Hermite 基函数的插值样条可用于关键帧插值系统。一段 Hermite 样条插值两个端点及两个端点处的切矢量。若给定 4 个控制矢量 p_0、p_1、p_2、p_3,其

中 p_2 为 p_0 点的切矢量，p_3 为 p_1 点的切矢量，则由这 4 个矢量决定的三次 Hermite 样条曲线段为：$Q(u)=\sum_{i=1}^{s}p_i b_i(u)$，其中 $b_0(u)$、$b_1(u)$、$b_2(u)$、$b_3(u)$ 为 Hermite 基函数：

$$b_0(u)=2u^3-3u^2+1 \qquad b_1(u)=-2u^3+3u^2$$
$$b_2(u)=u^3-2u^2+u \qquad b_3(u)=u^3-u^2$$

Hermite 样条的一个特殊情况是 Catmull-Rom 样条，其基函数的性质如表 6-2 所示。

表 6-2　Hermite 基函数的性质

性质	$b_0(u)$	$b_1(u)$	$b_2(u)$	$b_3(u)$
基函数在 $u=0$ 的值	1	0	0	0
基函数在 $u=1$ 的值	0	1	0	0
基函数导数在 $u=0$ 的值	0	0	1	0
基函数导数在 $u=1$ 的值	0	0	0	1

不难验证，$Q(0)=p_0$，$Q(1)=p_1$，$Q'(0)=p_2$，$Q'(1)=p_3$。若关键帧系统中需要 n 个关键帧的值 $p_0,p_1,\cdots,p_{n-1}$，需在插值点处建立其切矢量 $t_0,t_1,\cdots,t_{n-1}$，然后利用控制矢量 $(p_0,p_1,t_0,t_1),\cdots,(p_{n-2},p_{n-1},t_{n-2},t_{n-1})$ 来生成 $n-1$ 段 Hermite 插值样条曲线，如图 6-38 所示。其中，第 i 段曲线的表达式为：$Q_i(u)=p_{i-1}b_0(u)+p_i b_1(u)+t_{i-1}b_2(u)+t_i b_3(u)$，$u\in[0,1]$，$i=1,2,\cdots,n-1$。

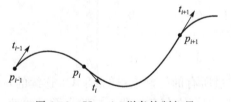

图 6-38　Hermite 样条控制矢量

（3）Bézier 三角曲面和 N-patches

在三维图形表达形式是 Bézier 曲面。以下介绍 Bézier 三角曲面的基础理论和它的迭代形式 N-patches。后者的每个三角形可以看做 n 次的 Bézier 三角曲面的控制点，因此可用较少的面片生成光滑的曲面。Bézier 三角曲面由一系列三角形定义，它们的顶点控制了曲面的形状，称为控制点，如图 6-39 所示。

若 Bézier 三角曲面的次数是 n，则每条边有 $n+1$ 个控制点。记这些控制点为 p_{ijk}，其中 $i+j+k=n$ 且 $i,j,k\geqslant0$，则控制点的总数为 $\sum_{x=1}^{n+1}x=\dfrac{(n+1)(n+2)}{2}$。

N-patches 是 normal-patches 的缩写，也称为 PN 三角形。N-patches 实际上是三角网格的细分曲面。原始的三角网格是第 0 层控制点。第一层在每个三角形的每条边上都插入 1 个点，将三角形再分为 4 个小三角形；第二层在每条边上插入 2 个点，生成 9 个小三角形；第 n 层生成了 $(n+1)^2$ 个三角形，最后逼近一个光滑曲面。由于网格细分是由初始网格的三角形顶点和法向决定，不需要相邻点之间的信息,因此图形硬件能实时地执行细分操作并绘制。均匀细分对每个三角形都生成相同层数,将导致初始小三角形和大三角形获得同样的细分层次。尽管自适应细分和局部细分技术可以解决这个问题,但很难在图形硬件中实现。

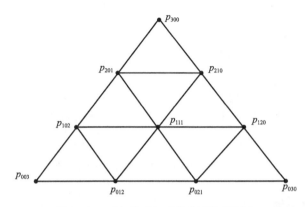

图 6-39　三次 Bézier 三角曲面的控制点

　　N-patches 需要 G1 连续的(一阶几何连续,即三角形之间 C0 连续,法向也连续)原始三角网格。如果两个相邻的三角形在连接处没有相同的法向,将会出现裂缝,解决办法是在裂缝附近额外插入一个三角形。

　　3. 工程模型绘制

　　以下先介绍真实感工程模型生成中的坐标系的概念。

　　三维空间中最常用的是笛卡儿坐标系,空间中任意一点由三个实数 x、y、z 指定,它们表示该点到 yz、xz 和 xy 平面的垂直距离。笛卡儿坐标系可分为左手坐标系和右手坐标系两大类。判断坐标系的手性的方法是:伸出右手,大拇指竖立,另外四指紧握,四指的绕向与从坐标系的 +x 轴到 +y 轴的走向相同。若大拇指方向与坐标系的 +z 轴重合,为右手坐标系,否则为左手坐标系。若考虑到坐标轴的旋转,笛卡儿坐标系可分为 48 种,左、右手坐标系各占一半。

　　大部分场景采用左手坐标系,其中 +x、+y 和 +z 相对相机位置分别指向右方、上方和前方,如图 6-40(a)所示。场景物体的建模(使用 3DMAX 和 Maya 等造型软件)和绘制(调用低层图形 API,如 OpenGL、Direct3D)通常是两个独立的过程,而各种造型软件、底层图形 API 等采用的坐标系手性没有统一的规范。例如,OpenGL 通常采用右手坐标系,Direct3D 默认采用左手坐标系(Direct3D 9.0 提供了分别建立左手和右手坐标系的 API 函数)。因此,在编写三维游戏引擎或转换三维模型的时候必须考虑坐标系的手性,并在左手和右手坐标系之间进行转换。

将一个左手坐标系的点转换为右手坐标系中的点,可通过旋转变换使得两者的 x、y 轴重合,将旋转变换应用到该点后,再将它的 z 值符号取反。

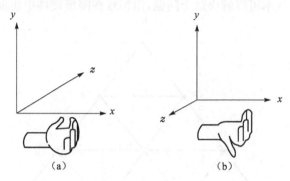

图 6-40　常用的左手(a)和右手坐标系(b)

(1) 世界坐标系

世界坐标系是一个特殊的坐标系,建立了其他坐标系统的原点与坐标轴,是它们的全局参考系。直观地说,世界坐标系是场景中最大的坐标系统,因此是绝对坐标系。图 6-41(a)所示的房间可以被看成一个世界坐标系。

(2) 物体坐标系

物体坐标系是与某个单独的物体或模型相关的坐标系,也称局部坐标系或模型坐标系。在造型软件中,每个物体都有独立的坐标系,即自身的原点和坐标轴。通常,原点位于物体质心,三个轴则定义了相对于原点的右、前、上三个方向,物体的顶点位置和法向都是相对于物体空间坐标系定义的。因此,物体坐标系和世界坐标系也称为场景坐标系。当物体移动或者改变朝向时,物体坐标系在世界坐标系中也同时移动或改变朝向。例如,游戏中的人向前移动一步,实际上是他本身的物体坐标系的原点在世界坐标系中移动了一步,而身体各部分在物体坐标系中的位置是不变的。图 6-41(b)所示的立方体就定义在物体坐标系中。

(3) 相机坐标系

相机坐标系可以看成一类特殊的物体坐标系。它表示了场景中相机(观察者)所在的位置与方位。在相机空间中,相机位置位于原点,$+x$ 指向右手边,$+z$ 指向前方(穿过屏幕往内),$+y$ 指向上方,如图 6-42 所示。下面介绍根据相机的外部参数建立相机坐标系的过程。给定相机位置 E,相机方向的单位向量 G,近平面到相机的距离 near,向上的单位向量 U 以及视域半角 θ 和 φ。设相机坐标系是右手坐标系,首先创建单位向量 $A=G\times U$,再计算单位向量 $B=A\times G$。向量 B 与 U 和 G 共面,且垂直于 A 和 G。因此,屏幕中心点的位置为 $M=E+G\cdot \text{near}$。向量 A 和 B 构成了屏幕所在平面的基向量,则 $H=((G\cdot \text{near})\cdot \tan\theta)A,V=((G\cdot$

$S_x near) \cdot \tan\varphi)B$。若屏幕原点在左下角,屏幕上任意一点 P 的规一化坐标为 (S_x, S_y)。因此,P 在世界坐标中的位置是 $P = M + (2S_x - 1) + (2S_y - 1)V$。若相机原点在右上角,那么 $P = M + (2S_x - 1) + (1 - 2S_y)V$。

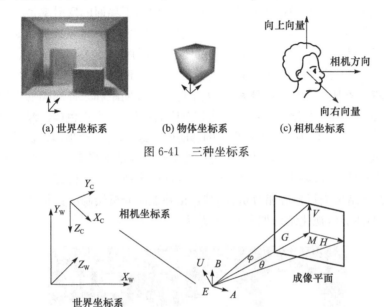

(a) 世界坐标系　　(b) 物体坐标系　　(c) 相机坐标系

图 6-41　三种坐标系

图 6-42　相机坐标系

(4) 屏幕坐标系

屏幕坐标系是定义在相机成像平面上的二维坐标系。在光栅图形学中,屏幕被离散为一系列像素。最终的屏幕空间位置用整数表示,显示出一幅二维图像,图像的尺寸与屏幕分辨率有关。

6.2.4 应用举例

三维可视化是用于显示描述和理解地下及地面诸多地质现象特征的一种工具,广泛应用于地质和地球物理学的所有领域。三维可视是描绘和理解模型的一种手段,是数据体的一种表征形式,并非模拟技术。它能够利用大量数据,检查资料的连续性,辨认资料真伪,发现和提出有用异常,为分析、理解及重复数据提供了有用工具,对多学科的交流协作起到桥梁作用[29-32]。

三维可视化既是一种解释工具,也是一种成果表达工具。与传统剖面解释方法完全不同,常规的三维解释是通过对每一条地震剖面上的每个层位、每条断层拾取后,再通过三维空间的组合来完成的。三维体可视化解释是通过对来自于地下界面的地震反射率数据体采用各种不同的透明度参数在三维空间内直接解释地层的构造、岩性及沉积特点。这种三维立体扫描和追踪技术可使解释人员快速选定目标,结合精细的钻井标定,可帮助解释人员准确快速地描述各种复杂的地质现象。

　　三维可视化是根据数据体的透明度属性,假定地下界面的反射率是地下界面的原始、真正的三维模型,本质上讲,它是由三维空间中的构造、地层及振幅属性综合组成的。无论是做三维区域分析,还是做特定前景目标评价(包括流体界面识别),都可以通过这种"进去看"的方式来快速完成。在基于三维像素的立体可视化中,每个数据样点都被转换成为一个三维像素(其大小近似面元间距和采样间隔的三维像素)。每一个三维像素具有与原三维数据母体相对应的数值,一个三色(红、绿、蓝)值以及一个暗度变量,该变量用来调整数据体的透明度。这样,每一个地震道被转换成为一个三维像素柱。利用三维可视化软件进行地层解释的基本步骤包括:①三维数据体浏览;②选择目标区(将主要目标区之外的数据体去掉);③对目标区进行透明化显示;④对显示结果进行地震相分析;⑤结合钻井地质分析绘制沉积相平面图。

　　得出的地层可视化结果如图 6-43 所示。

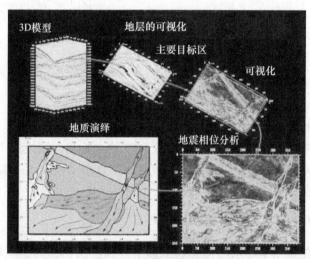

图 6-43　地层三维可视化

参 考 文 献

[1]　徐波译. OpenGL 编程指南(原书第 5 版). 北京:机械工业出版社,2006.

[2]　石教英,蔡文立. 科学计算可视化算法与系统. 北京:科学出版社,1996.

[3]　豆丁. 科学计算可视化. http://www.docin.com/p-412017367.html,2012-8-10.

[4]　唐泽圣. 三维数据场可视化. 北京:清华大学出版社. 1999.

[5]　李德仁,李清泉,陈晓玲,等. 信息新视角. 武汉:湖北教育出版社,2000.

[6]　齐敏,郝重阳. 三维地形生成及实时显示技术研究进展. 中国图象图形学报,2000,5(4):

269-275.

[7]　Maciel P W C,Shirley P. Visual navigation of large environments using textured clusters. Proceedings of Symposium on Interactive 3D Graghics,1995;95-102,211.

[8]　Voigtmann A,Beeker L,Hinriehs K. A hierarchical model for multiresolution surface reconstruction. Graphical Models and Image Processing,1997,59:333-348.

[9]　Gotsman C,Sudarsky O,Fayman J. Optimized occlusion culling. Computer&Graphics,1999,23(5):645-654.

[10]　Marr D. 视觉计算理论. 姚正国,刘磊,汪云九,译. 北京:科学出版社,1988.

[11]　周培德. 计算几何算法分析与设计. 北京:清华大学出版社,2011.

[12]　Kovaeh P J. Dieret3D 技术内幕. 李晔,等译. 北京:清华大学出版社,2001.

[13]　应申. 空间可视分析的关键技术和应用研究. 武汉:武汉大学,2005.

[14]　姜陆,刘钊. 三维大规模地形的实时显示与渲染. 中国民航飞行学院学报. 2005,16(4):34-38.

[15]　陈刚. 虚拟地形环境的层次描述与实时渲染技术的研究. 郑州:中国人民解放军信息工程大学,2000.

[16]　McCaullagh M T,Ross C G. Delaunay triangulation of a random data set for lirarithmic mapping. CartograPhic Journal,1980(17):93-99.

[17]　Houlding S W. 3D Geoscience Modeling:Computer Techniques for Geological Characterization. New York:Springer-verlag,1994.

[18]　毕硕本,张国建,侯荣涛,等. 三维建模技术及实现方法对比研究. 武汉理工大学学报,2010,32(16):26-30.

[19]　陈述彭. 地理系统与地理信息系统. 地理学报,1991,46(1):1-7.

[20]　高俊. 虚拟现实在地形环境仿真中的应用. 北京:解放军出版社,1999.

[21]　许妙忠. 虚拟现实中的三维地形建模和可视化技术及算法研究. 武汉:武汉大学,2003.

[22]　李汇军,孔玉寿,阮鲲,等. 三维地形的可视化研究. 解放军理工大学学报,2001,2(6):90-94.

[23]　孙敏,薛勇,马蔼乃. 基于格网划分的数据集 DEM 三维可视化. 计算机辅助设计与图形学学报,2002,14(6):566-570.

[24]　丁登山,汪安详,黎勇奇. 自然地理学基础. 北京:高等教育出版社,1988.

[25]　杜莹. 全球多分辨率虚拟地形环境关键技术的研究. 郑州:中国人民解放军信息工程大学,2005.

[26]　秦汉林,华文元,王玉玫. 三维地形场景的真实感绘制. 计算机工程与设计,2004,25(5):825-828.

[27]　周石林,孙茂印,景宁. 三维虚拟场景绘制加速技术综述. 计算机工程与科学,2002,24(5):74-77.

[28]　陈波,董恒建,韩俊伟. 真实地形绘图算法的比较与评价. 长江大学学报(自科版),2005,2(1):72-75.

[29]　周爱华. 矿井地质三维可视化研究. 济南:山东科技大学,2003.

[30] 曾钱帮,刘大安,张菊明,等.浅谈工程地质三维建模与可视化.西部探矿工程,2005, 17(3):72-74.

[31] 张磊,黄金明.三维规则数据场交互式可视化系统的研究与实现.科技信息,2009,10: 25-26.

[32] 熊祖强.工程地质三维建模及可视化技术研究.武汉:中国科学院武汉岩土力学研究所. 2007.

第7章 三维工程环境在公路建管养一体化、智能交通中的应用

本章基于三维工程环境构建的理论,结合在交通行业的应用需求,介绍三维工程环境在公路建管养一体化、智能交通中的应用。

7.1 研究进展

7.1.1 公路建管养一体化研究进展

公路建管养一体化是伴随着交通信息化的发展提出的公路发展理念。我国交通信息化建设工作起步于 20 世纪 80 年代,陆续引进和开发了公路路线 CAD 系统、公路桥梁涵洞 CAD 系统、工程造价管理系统、交通量调查管理系统、公路基础数据库管理系统、路面及桥梁养护管理系统、公路建设项目管理系统、公路交通监控系统、公路收费系统等。全国已初步实现了公路基础数据资源的计算机管理,部分省份还初步建立了公路数据库,并实现了公路属性数据与地理信息系统的交互查询,建立了不同比例的电子地图,基本满足了日常道路管理与养护工作的数据需求,为可视化、现代化、科学化的道路管理工作提供了支持系统[1]。在规划、勘察、设计等工作中,许多单位开始普及应用计算机辅助设计系统(CAD)等,基础设施建设前期工作大大加快;在建设管理方面,高等级公路、大型桥梁建设、深水筑港、深水航道整治已经采用信息化的施工技术,广泛应用了项目管理软件,明显提高了管理水平,一些先进发达省份开始着手交通信息资源整合工作[2]。但是,国内外还没有一个系统可以将公路建设工程可行性研究、两阶段设计、施工建设、运营、养护等阶段有机地结合在一起,使公路建管养信息融合共享,将空间信息技术贯穿于交通建设和管理的整个过程,制约了公路建管养一体化的进一步深化应用。公路建管养一体化的进一步发展还需要着力解决以下存在的突出问题:

(1)信息系统相互孤立,信息资源不能互通共享。各地相继拥有的数据由于隶属于不同部门分别掌管,各部门之间难以实现高效协作以及多种数据的有效衔接。这样,决策者就很难通过统一的信息窗口,及时全面地掌握整条公路不同路段在不同时期的基本情况[3]。由于标准不一、信息共享与交换渠道不畅,形成了许多的"信息孤岛",造成各单位、各部门之间的信息资源共享和开发利用水平不高,信息资源没有充分发挥效益。

（2）3S 技术应用不充分，已有信息未得到充分应用。通常的具有可视化功能模块的软件只能完成数据处理后的"显示"功能，而不能在数据处理的过程中实时提供三维动态信息，决策者无法全面了解项目的进度、成本控制、环境、安全等信息，给整个建设周期带来了风险。对于已有的"纸质"道路设计数据，缺乏统一的录入和管理，旧路的改建、扩建中需要的设计以及辅助信息等数据无法通过三维可视化的方式重现，为方案的比选和优化带来了困难。

（3）信息管理标准化工作滞后，信息资源共享缺乏支撑机制。相关标准的研究和制定工作刚刚起步，交通管理系统的各个子系统尚未有机地结合起来，勘察、设计、运营、养护管理只是在整个交通系统中局部地、相对比较独立地进行运转，系统的作用受到限制[4]。

（4）先进的数据采集技术应用不充分，信息获取效率低。应用激光 LiDAR 技术可以高效建立路线走廊带高精度实景数字地面模型，为勘察设计、建设、运营、养护管理全过程提供可视化数据支撑。但是由于 LiDAR 技术引入我国起步较晚，在公路测设、精度评价方法上研究较少，还未形成符合现代公路勘察设计的特点并使机载激光扫描数据的精度达到现行规范与技术标准要求，还未形成适于现代公路勘察设计需求的高密度、高精度地面数据快速采集及数据模型建立的全新作业模式及规范[5]。在公路的勘察设计阶段还处于探索阶段，在实际应用中还存在 LiDAR 与地面测量相结合的测量方式，还需要对 LiDAR 与传统测设方法在精度对比评价上做深度分析，需要解决 LiDAR 输出数据的标准接口规范问题，更好地进行方案优化与比选，推动该技术在公路建管养各环节的全面应用。

随着公路建设和运营管理工作的逐步规范，依靠人工的管理方式带来的问题越来越多，已不能满足日益增加的公路建设和运营管理方式发展的要求，也与标准化、规范化、精细化、智能化、网络化的现代公路管理发展方向不相匹配[6]。在此背景下，对公路建管养一体化进行深入细致的研究是十分必要的。

7.1.2　智能交通系统的发展

交通运输作为支撑国家经济社会发展的基础产业，在优化国家产业布局、促进经济结构调整、降低发展成本、实现低碳发展等方面具有极为重要的战略作用。通过智能交通系统进一步提升现有交通基础设施的服务能力，带动交通运输行业进行产业升级，对于经济社会发展模式的转变具有重要作用。因此，世界各国均在智能交通领域开展应用研究及工程实践，其中美国、日本及欧洲各国最具有代表性。

美国交通系统的智能化研究是最早的，始于 20 世纪 60 年代末的电子路径导向系统（electronic route guidance system，ERGS）。80 年代中期后以加利福尼亚州交通部门研究的驾驶员寻路系统获得了成功为契机，在美国全国开展了被称为智能化车辆-道路系统（intelligent vehicle-highway system，IVHS）的研究。1991

年,成立了美国智能交通系统协会(Intelligent Transportation Society of America),这是一个非营利性的社团组织,主要宗旨是帮助并加速智能交通系统在政府和民间企业的发展,协会成员来自民间企业、学术单位、环保团体及各级政府相关单位,参与面十分广泛,从而有力地促进了美国智能交通系统研究的发展。同年,美国总统签署了综合提高陆上交通效率法案(即 ISTEA,又称"茶法案"),以联邦法案的形式推动着 ITS 的研发应用[7,8]。1994 年美国 IVHS 改为美国 ITS,以表明这方面的研究开发不仅限于车辆和道路,而可以推广到一切交通工具和交通中所组成的智能化系统。自 1997 年加利福尼亚州自动公路 AHS 演示(DEMO97)项目后[9,10],组织实施了 IVI(intelligent vehicle initiative)计划,促进了基于车路协同的避碰系统的研发与实际应用。其后,分别开展了车路一体化(VII)、CVHAS 和 IntelliDrive 等国家项目。VII 的设想是在美国所有生产的车辆上装备通信设备以及 GPS 模块,以能够与全国性的道路网进行数据交换;CVHAS 旨在通过车载传感器与车-路或车-车间通信等信息获取方式提供驾驶的辅助控制或全自动控制。IntelliDrive 计划(现名为 Connected Vehicle Research)是美国交通部组织开展的为交通系统运行提供全新解决方案的大型 ITS 研发计划,是在 VII 项目的基础上深化研究车路协同控制[11]。该项目旨在建立车辆与车辆、车辆与基础设施之间的无线通信网络,并在此基础上实现增强交通安全、提升交通运行效率以及改善交通环境等方面的应用。该研究计划从 2009 年开始启动,第一阶段的主要研究方向包括:车-车通信、车-基础设施通信、人因要素研究、交通机动性、环境影响及相关政策和制度研究。项目远期规划中,将与因特网连为一体,扩展进一步的应用功能[12]。

　　欧洲经历了 70 年代道路交通通信技术(road transport informatics,RTI)、80年代中后期的欧洲车辆安全道路结构计划(dedicated road infrastructure for vehicle safety in Europe,DRIVE)和欧洲高效安全交通系统计划(programme for European traffic with the highest efficiency and unmatched safety,PROMETHEUS)。前者面向汽车技术,利用先进的信息、通信与汽车技术结合,重点放在车辆的改进上;后者面向道路和交通控制技术,这一计划的第一阶段是致力于研究、规划、试验,尝试将人工智能技术应用于公路系统,第二阶段的 DRIVE II 继续了第一阶段的工作,主要致力于运行测试与评价研究。1991 年成立了欧洲道路交通通信技术应用促进组织(European Road Transport Telematics Implementation Coordination Organization,ERTICO),欧洲也将车辆和道路的研究结合为一体,开始了欧洲的 ITS 研究与开发的进程。ERTICO 是欧盟与道路交通通信技术企业界之间推动 ITS 在欧洲发展的一个联盟组织。在第 10 届 ITS 世界大会上,ERTICO 最先提出 eSafety 基本概念,得到欧盟委员会认可并列入欧盟计划。eSafety 包括 70余项研发项目,这些项目大部分都建立在车载通信的基础上,都将车路通信与协同控制作为研究重点之一,其中代表性项目有为驾驶者提供安全辅助信息的 SAFESPOT、解决车路间多种方式混合通信的 CVIS、关注驾驶安全技术集成的 PReVENT、关注道路监测设备网络信息提供的 COOPER、关注无线自组网信息安全问题的 SeVeCom 等项目[13,14]。

ITS 在日本的发展始于 20 世纪 70 年代,从 1973 年到 1978 年,日本成功地开展了一个称为动态路径诱导系统的实验。在这个实验中,车上的驾驶员可以根据装在车上的显示器上所显示的道路交通堵塞状况及诱导方向,选择自己到达目的地的最佳路线。从 80 年代中期到 90 年代中期的 10 年间,日本相继完成了道路与车辆之间通信系统、交通信息通信系统、跨区域旅行信息系统、超智能车辆系统、安全车辆系统以及新交通管理系统等方面的研究。在此基础上,1994 年 1 月,由日本警察厅、通产省、运输省、邮电省和建设省等五个部门联合成立了日本道路交通车辆智能化促进协会(Vehicle Road and Traffic Intelligent Society,VERTIS),用以推动 ITS 在日本的发展。1998 年,日本建成了车辆信息通信系统(vehicle information and communication system,VICS),包括了先进的交通信息中心和车载交通信息接收显示器[15]。交通信息中心负责收集实时的道路交通信息,经分析、处理后,将实时路况信息和交通诱导信息通过广播、无线电信标、红外信标三种方式及时发送到车载交通信息接受器显示。日本政府以及相关产业已着手研发并普及下一代的智能交通系统 Smartway,其中包括车路间协调系统、智能汽车系统等;重点研发利用无线通信技术的车车/车路间协调系统实用化技术,构筑人车路一体化的高度紧密的信息网络,研发交通对象协同式安全控制技术。

我国学者从 20 世纪 90 年代初开始关注 ITS 的发展。交通部从 1996 年开始,安排落实了一系列的研究项目和示范工程项目,如进行了公路智能交通系统发展战略研究。同时,建立了 ITS 试验室及开展测试基地建设、网络环境下不停车收费系统示范工程等。1999 年 11 月正式组建国家智能交通系统工程技术研究中心,主要工作包括推进交通领域 ITS 的工程应用,协助国家制定 ITS 领域的标准和规范,研究和开发 ITS 领域的新技术、新产品,并促进 ITS 的产业化发展。2000 年 2 月,成立了全国智能交通系统(ITS)协调指导小组及办公室,标志着我国政府正式介入 ITS 的建设,我国 ITS 建设步入统一协调、规范发展的阶段。2000 年 7 月公布了《中国智能交通系统体系框架》。"十一五"期间,成立了中国智能交通协会,项目实施更加注重结合实际需求展开研发应用,如配合北京奥运会、上海世博会以及广州亚运会开展的科技支撑计划项目"国家综合智能交通技术集成应用示范",完成重要活动交通保障的同时,加快了特大城市综合交通信息系统的规模应用;为解决我国道路交通事故率居高不下的问题,科学技术部(以下简称科技部)、公安部及交通运输部联合实施了"国家道路交通安全科技行动计划",科技部配合组织了科技支撑计划项目"重特大道路交通事故综合预防、处置集成技术开发与示范应用"；"863计划"现代交通技术领域中设立了"综合交通运输系统与安全技术"专题；从2009年起，交通运输领域作为物联网应用的重要领域，纳入物联网发展框架。

7.2　三维工程环境下的公路建管养一体化

7.2.1　公路建管养一体化方法

本节针对三维工程环境在公路建管养一体化中的具体应用需求，提出三维道路自动化建模方法、公路三维智能设计方法、三维可视化工程管理技术及三维可视化养护方法，并具体介绍所涉及的关键技术。

1. 三维道路模型自动化构建技术

传统三维模型的制作一般通过3DMAX、Maya等三维模型制作软件来绘制，该方法存在以下几个缺点：要求绘制三维模型的技术人员必须能看懂专业图纸；模型制作工作量大，周期长；模型数量多，管理难度大。在建设项目中由于存在设计变更的问题，导致模型制作量成倍增加，在建设项目中采用手工方式制作模型基本不可取。

本书提出一种参数化自动建模思想。参数自动化建模是从公路设计文件及公路基础数据库中获取信息，自动计算道路、桥涵等附属设施的位置、类型、尺寸生成相应的三维模型的方法。其生成过程简单、工作量较小、生成快速，在公路设计阶段及建设变更期应用价值非常大。

1）点、线性对象常用处理方法

在计算机图形处理中，以点、线的平移、缩放、旋转为基础。本研究分别制定针对二维和三维环境下的点、线对象的处理方法，在三维模型的生成过程中进行了大量应用。

2）平面对象建模技术

在计算机中，三维立体模型均通过三角形来模拟。因此，平面模型也以三角形模型为基本单元，其他模型均切割成若干三角形来模拟。如图7-1所示。

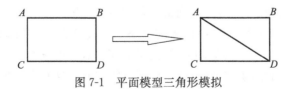

图7-1　平面模型三角形模拟

四边形 *ABDC* 可以分割成两个三角形 *ACD* 和 *ABD*。

圆可以分割成多个扇形,当扇形足够小时,可以通过三角形来代替,如图 7-2 所示。

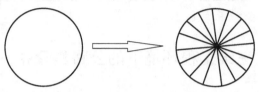

图 7-2　圆模型三角形模拟

三角形模型的描述包括三个顶点坐标、所采用的纹理(颜色或图片)及填充方式,较精细的模型通常还需指定三角面的法线向量。

3) 立体对象建模技术

立体模型首先拆分为多个面,每个面再拆分成多个三角形,如图 7-3 所示。

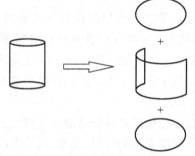

圆柱体拆分为上底圆形、侧面矩形、下底圆形。然后将三个侧面拆分为多个三角形。

4) 模型组合技术

较复杂的模型通常可以拆分成多个简单的立体模型,再对简单模型进行缩放、旋转处理并移动到合适的位置。

5) 参数化自动建模

公路各部分的三维模型均可以通过较少设计参数与部件类型进行控制生成,如桥台模

图 7-3　立体模型拆分

型,通常指定桥台类型、桥梁宽度、梁体类型、桥台高度等参数就可以绘制出对应的三维模型。

2. 公路三维智能设计技术

真三维道路设计,是指将野外道路区域内的大场景搬至室内,在计算机屏幕上建立真三维数字地面模型,构建真三维工程环境场景,在此基础上实现动态可视化的道路几何设计,直观参照道路区域真实的自然环境,以人、车、路、自然环境一体为理念进行道路设计,得到与真三维地形场景无缝接合的真三维道路实体模型,对设计方案进行比选和分析,最终得到最优化的设计方案[16]。

真三维道路设计不同于以往传统的道路二维设计方法,它是将道路作为一个有机整体进行设计和方案比选;主要解决了如何在真三维场景中进行道路设计,实现真三维道路设计的问题;主要包括了虚拟三维空间的交互设计理论、自动设计理论与技术等。真三维道路设计是实现道路三维可视化设计至关重要的一项技术。

真三维道路设计使道路规划与设计的表现手段从原有的传统工艺流程提升到

全新的数字技术阶段,能够解决长期以来传统的设计手段对于道路规划设计的表现和评估不够直观、不够真实、不够精确的难题,同时将起到优化道路设计、加快项目开展进度,是道路勘察设计行业科学技术不断发展进步的必然产物,会随着技术的不断完善而逐渐走向市场,推广应用。

3. 三维可视化工程管理技术

随着科技的不断发展,计算机技术及空间技术在交通领域的应用日趋成熟。电子化办公已经成为交通部门的基本办公形式,而数字公路的概念也渐渐深入人心。为了提高工作效率,方便、有效地管理公路数据及项目建设过程,建设服务于交通行业的项目管理系统是交通部门的迫切需求[17]。

三维可视化工程管理融入了可视化关键技术,以时间为主导,建设进度资料以基于时间轴的动态方式在 GIS 中表达出来。由于采用了参数化建模方法,因此道路各个部件的模型可以根据工程进度的数据发生变化。将这些变化的模型状态串联起来,利用 3DGIS 平台提供的时间轴播放功能,实现工程进度的动态展示,以延时摄影的效果给使用者以直观的信息表达[18]。系统能够形象化地表示出高速路的路基、路面、桥梁和涵洞等施工对象的建设进度[19,20],并能清晰地表示出一段时期的进度统计状况,方便管理者针对施工情况,做出合理的决策,对于专业技术人员也更为直观[21]。

三维可视化工程管理技术极大地提高了进度计量及支付流程的处理速度,强化了进度管理的规范化和标准化,提高了领导决策的速度和准确度,增强了项目管理水平。可视化的界面使得进度管理具有了动态、直观、丰富的效果,提高了人们理解、分析、判断和决策的能力,使工程项目管理方式发生了革命性的变化[22]。

4. 三维可视化养护技术

三维可视化技术是以 GIS 技术为基础,结合 3D 技术、视频技术、图形图像技术、图表技术等为一体的技术。三维可视化养护技术是借助高仿真三维场景、完善的公路数据库(包括勘测数据、设计参数、竣工资料等数据信息)[23]和 GIS 强大的空间信息管理和分析处理能力,研究针对公路养护管理的技术状况趋势预测、养护需求分析、养护方案优化比选的可视化空间分析技术。该技术主要包括分析模型和结果展示两个部分,充分利用丰富的整合的数据资源,通过分析模型解析处理和专门的算法分析,再以三维图形、二维图表等相结合和互动的方式展示分析结果,协助管理者预测公路技术状况的发展趋势,进而进行养护时间、养护规模、养护方式等需求分析,以及进行养护方案的技术经济分析、方案优化和比选,从而辅助科学决策[24]。

这一技术的成功开发和应用,实现了公路养护信息的全面、充分利用,实现了信息的直观、精确、动态、仿真表达和展示,实现了信息的高度集成和图形化互动查询,实现了对养护对象和业务的全面客观的反映,实现了宏观、中观、微观相结合的三维可视化管理。将公路养护从数字化阶段迈上了可视化、智能化的更高阶段[25~27]。

7.2.2　三维工程环境下的公路建管养一体化平台构建

1. 集成平台基本组成及其相互关系

公路一体化勘察设计、建设与运营管理一体化集成平台的体系结构如图 7-4 所示,主要包括数据和处理服务共享,公路数据和处理服务注册中心、公路服务引擎,各个构件之间密切配合,相互合作,强调其用户需求环境下的动态性要求。

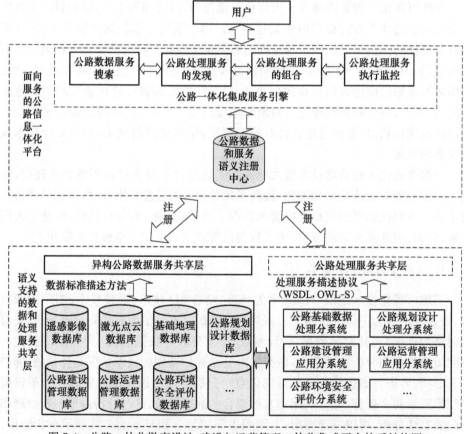

图 7-4　公路一体化勘察设计、建设与运营管理一体化集成平台体系结构图

1) 异构公路服务共享层

异构公路服务共享层从功能上来看主要包括数据共享和处理服务共享。公路现存的所有相关的数据、软件都可以抽象为服务,如遥感影像数据库、激光点云数据

库、公路规划设计数据库等组成的数据服务,以及公路基础数据分系统、公路建设管理应用分系统等组成的处理服务。服务所有公路信息系统所有功能提供者的抽象,主要涉及公路信息的发布服务、查询服务、数据存取服务、处理服务、分发服务等。

2) 公路数据和处理服务注册中心

公路数据和处理服务注册中心针对公路数据层服务、公路信息处理服务而建立,统一存储和管理它们的描述数据,以此促进分布式异构公路信息的融合运用。公路数据和处理服务注册中心元数据组织机制,对外提供高效的查询接口。其工作流程如图 7-5 所示。

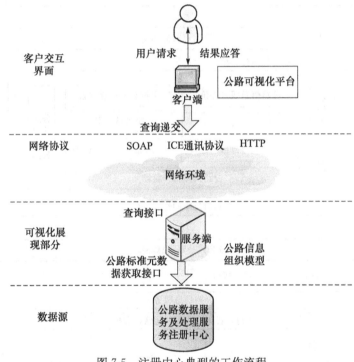

图 7-5 注册中心典型的工作流程

3) 公路一体化集成服务引擎

公路一体化集成服务引擎实现对动态变化、种类繁多、形式复杂、数据庞大的资源的组合及其协同服务的自主控制,并实现对多目标、多优先级、动态变化的服务发现、聚合以及形成无缝处理链路,达到聚合原子的公路处理服务,形成灵活的适应用户需求的开放性平台。

2. 系统构建

公路一体化勘察设计、建设与运营管理一体化集成平台是一个复合型系统,其构建模式可以用分层模式、面向服务模式和事件驱动模式混合表示。

根据公路资源的特点以及用户需求的特点,建立统一接口规范,实现开放、高效的协同工作;在逻辑上构建包括公路信息资源服务层、公路信息中间件服务层、公路信息客户层的多层服务体系结构,通过规范的协议和接口实现各层次的功能转化,如图 7-6 所示。

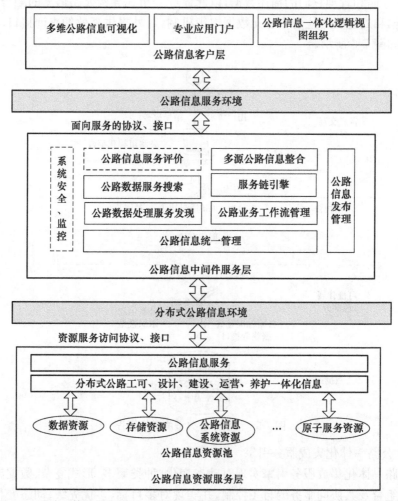

图 7-6　公路一体化勘察设计、建设与运营管理一体化集成平台体系结构逻辑分层

同时,由于公路应用丰富多样,公路信息应用服务系统是一个高度动态的复杂系统,表现在公路基础信息的动态性、系统需求的动态性等多个方面,而且系统内各个子系统的局部自成组织,相互间存在隶属关系。为了简化系统的复杂度,便于系统的管理,根据节点的特点,从物理上把节点分为不同类型的节点;在垂直方向

上把系统分为资源层、管理层、用户层,且每一层专注于特定问题的解决,以降低系统的复杂度,如图 7-7 所示。

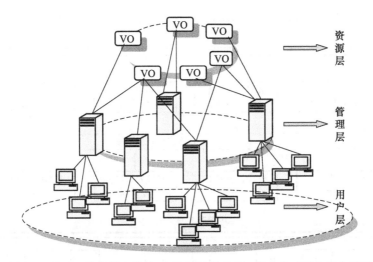

图 7-7　公路一体化勘察设计、建设与运营管理一体化集成平台概念模型

公路一体化勘察设计、建设与运营管理一体化集成平台由八个分系统和计算机业务支撑平台组成,系统架构如图 7-8 所示。从软件开发架构和模式的角度来看,公路一体化勘察设计、建设与运营管理一体化集成系统自下向上分别如下:

(1) 数据层。集中管理系统运行中所需数据资源,以数据库或文件形式存储。

(2) 数据接口层。为系统访问数据层提供统一的数据访问接口。

(3) 基础功能组件层。由一系列组件(中间件)构成,组件(中间件)的开发是公路一体化勘察设计、建设与运营管理一体化平台的"基础开发",是公路一体化勘察设计、建设与运营管理一体化平台核心功能的分类集成。组件(中间件)尽可能基于底层开发或选用成熟的、支持数据种类多的商用平台软件进行开发。

(4) 应用层。是公路一体化勘察设计、建设与运营管理一体化平台的各分系统,也可以是其他相关的具有独立功能的软件。各应用分系统通过不同的接口将各个基础功能服务有机地集成在一起,形成各具用途的"分系统"软件。各个服务之间通过消息中间件或者通用的 Web Services 协议进行通信。

(5) 用户层。各类用户通过身份认证和权限管理后,以 C/S 或 B/S 的形式进入各个应用分系统,调用相应的应用软件。

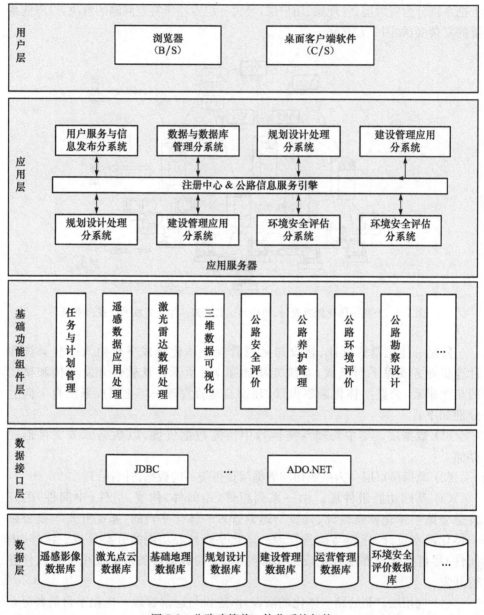

图 7-8　公路建管养一体化系统架构

7.2.3　三维工程环境下公路建管养一体化的应用

　　三维工程环境下公路建管养一体化集成平台是要面向多种任务,将目前相对分散、独立的工可、设计、建设、运营、养护管理子系统,真正地有机组织聚集起来,通过对公路工可、设计、建设、运营、养护等异构系统之间的有机集成,形成基础数据资源之间广泛的共享与互操作。

公路基础信息的聚集、交互与协同是基础,三维工程环境下公路建管养一体化集成平台主要解决公路不同施工阶段的数据共享和互操作问题。通过构建开放、可靠、高效的服务体系结构和组织管理机制,建立公路一体化勘察设计、建设与运营管理一体化集成平台。

三维工程环境下公路建管养一体化集成平台可应用在以下几个方面:

1. 公路勘察

利用三维工程环境下公路建管养一体化集成平台,以激光点云数据为基础,直接获取满足公路施工图设计要求的纵、横断面数据,直接获取满足改扩建或者是大中小设计需要的旧路路面三维信息,在无遮挡的路面上,激光点云数据可以达到厘米级高程精度。开发高精度 LiDAR 数据与常用道路设计系统的接口,通过数字放线系统实现任意纵横断面的获取以及土石方的量算,在一定程度上革新传统公路勘察设计的流程和规范。

在勘察设计和运营管理全过程中采用激光扫描技术及其成果,将取代以前大量的横断面测量,减少人为测量所带来的错误和粗差,更精确地估算土石方量,为工程概预算提供翔实的基础数据,增加工程概预算的准确性,加快设计进度,保证路线设计的合理性和准确性。通过机载激光与传统航测技术在公路勘察设计中的比较,LiDAR 技术出成果比传统航摄时间短,数据准确,缩短了路线方案设计的时间;使用 LiDAR 技术的产品 DOM、DEM 等不但缩短了设计周期,而且为路线方案设计的合理性和工程量预算的准确性打下了坚实的基础。使用 LiDAR 技术的产品 DOM、DEM 等大大减少了外业工作量,很多需外业调查和外业实测的工作可以在室内进行,缩短了设计周期。

2. 真三维道路优化设计及评价

基于机载 LiDAR 技术提供的高精度、高密度的点云数据及高分辨率的影像数据,通过高精度的数字高程模型(DEM)和正射影像图(DOM)构建地形的真实三维场景,与道路 CAD 系统完成的路线纵断面、横断面设计线数据建立道路三维工程模型进行叠合消影生成真三维全景道路工程模型。

利用带地形真实场景的三维全景道路工程模型进行公路建设项目生态环境影响评价、声环境影响评价、景观影响评价、地表水环境影响评价和环境空气影响评价,在给定公路线形设计资料的基础上,完成线形的安全性评价。公路路线指标规范符合性检查,是基于公路线形的理论运行速度预测、评价指标计算、线形的安全性评价等[28]。

通过三维全景道路工程模型提供的虚拟仿真环境进行道路安全性评价,是在给定公路线形设计资料的基础上,进行公路路线指标规范符合性检查、基于公路线形的理论运行速度预测、建立安全性评价模型和评价指标体系,完成线形的安全性评价,并基于三维全景道路工程模型、标准车及基于公路线形的理论运行速度预测所营造出的逼真的全景虚拟显示环境,进行车辆虚拟运行的三维仿真,直接检查公路设计成果的质量及安全性。

3. 公路建设质量安全智能监控

综合运用网络技术、通信技术、计算机技术等,结合相关法律法规、标准规范和现代管理理论、方法、工具,实现公路建设项目重点工程质量安全网络信息监管,各级行政主管部门与项目各相关方之间实现高效沟通和信息流转。涵盖公路重点工程概况和三维 GIS 形象进度查询以及质量安全行政许可、行政合同、行政强制、事故调查处理、行政处罚、资金控制、主要材料控制、技术控制等监管,实现了质量安全监管的系统化、制度化和常态化,理顺并履行好交通运输行政主管部门的公路建设质量安全监管职责、提高监管技术水平和信息化水平、提高监管效率、降低监管成本。从源头上降低公路重点建设工程质量安全重大隐患发生的概率,及时发现和消除隐患,最大限度地预防质量安全事故的发生。

4. 公路运营管理与智能监控

利用计算机视觉技术与数字图像处理技术,结合当前高速公路监控的需要和已有的监控设施,在各种气候和交通运行条件下,实现道路上运动车辆自动检测、运动状态检测、车辆自动跟踪、交通事件检测等目标。主要应用包括:

(1) 视频识别与目标提取

利用计算机视觉技术与数字图像处理技术,结合当前高速公路监控的需要和已有的监控设施,在各种气候和交通运行条件下,实现道路上运动车辆自动检测、运动状态检测、车辆自动跟踪等,为进一步实现交通事件自动检测奠定基础。

(2) 交通事件识别与判断

模拟人工判别交通异常的方法来实现事件的直接快速检测。在视频信号处理的基础上,实现车辆避障、车道变换、超速、慢速、逆行、停止、交通阻塞、车辆碰撞,以及是否有抛洒物、是否有明火和烟雾等事件的自动检测,是否有行人上高速公路,并实现交通流量、占有率、排队长度、车型、平均车速等交通参数的统计分析。

(3) 全天候交通信息采集和交通事件自动检测

由于高速公路所处环境比较复杂,解决夜间及恶劣气候环境下的车辆识别和跟踪,是视频智能监控能否实用的关键。系统可以在白天、夜间、晴天、阴天、雨天、雾天、雪天等复杂天气的全天候环境下,实现高检出率的交通事件检测[29]。

7.3　三维工程环境下的智能交通

7.3.1　智能交通系统体系结构

体系结构是一种规格说明,它决定了系统如何构成,确定功能模块以及模块间进行通信和协同的协议和接口。ITS 是大范围内多系统协调运作的大系统,为了充分利用 ITS 技术的潜能,系统接口必须兼容,以便分享数据,可以调整,跨地区运作,支持通用设备和恰当的通用服务。所以,ITS 体系框架是为了提供全面的引导以确保系统、产品和服务的互换性和通用性,而对设计者的选择没有任何限制。ITS 体系框架能够使不同类型的技术满足交通运输用户的各种不同服务需求,在体系结构下通用性可确保这些技术互不干扰。由此,可以了解 ITS 体系结构是为智能交通系统提供指导性的结构标准,定义通用的结构,提供模块化的系统结构,并不是实际的系统设计。

在智能交通系统体系结构中,主要包括服务领域、逻辑框架、物理框架、ITS 评价、ITS 标准等几个主要部分,这里主要介绍服务领域的定义。

智能交通系统的主要目标是为用户提供良好、高效的服务,所以,体系中一个重要的组成部分就是服务领域,确定能为用户提供哪几大类服务。在体系结构中,通过分析用户需求来确定服务领域,主要有公众和系统管理这两类用户,分别对应着系统层次和普通用户需求。

我国的 ITS 体系结构中[30],共分为 8 大服务领域,其中包含 34 项服务功能,又被细化为 137 个子服务功能,其中 8 个服务领域包括:①交通管理与规划;②电子收费;③出行者信息;④车辆安全与辅助驾驶;⑤紧急事件和安全;⑥运营管理;⑦综合运输;⑧自动公路。

美国 ITS 的服务领域包括[31]:①智能化的交通信号控制系统;②高速公路管理系统;③公共交通管理系统;④事件和事故管理系统;⑤收费系统;⑥电子收费系统;⑦铁路平交路口系统;⑧商用车辆管理系统;⑨出行信息服务系统。

日本智能交通系统的服务领域包括:①先进的导航系统;②电子收费系统;③安全驾驶辅助;④道路交通的优化管理;⑤提高道路管理的效率;⑥公共交通支持;⑦提高商用车辆运营效益;⑧行人援救;⑨紧急车辆运营。

欧洲智能交通系统的服务领域包括:①需求管理;②交通和旅行信息系统;③城市综合交通管理;④城市间综合交通管理;⑤辅助驾驶;⑥货运和车队管理。

7.3.2　智能交通系统中应用的关键技术

ITS 的研究对象是交通问题,所利用的工具不仅是交通工程理论,而且将先进的信息技术、通信技术、控制技术、传感器技术、计算机技术和系统综合技术有效地综合起来。ITS 具有多学科交叉的特点,各相关专业的关键技术构成了 ITS 的专业技术基础,其本质就是将高新技术应用到交通信息的采集、传输、处理和反馈的各个环节,最大限度地实现各类交通信息的共享,并对其进行综合分析,进而提高交通系统的运行效率和安全性能,实现交通系统的集约式发展。从技术层面来讲,ITS 涉及计算机、通信技术、信息技术、多媒体技术、控制技术等多个学科领域知识的交叉综合,各相关专业共同构成了 ITS 的专业技术基础。

1. 计算机技术在 ITS 中的应用

智能交通系统可以有效运行的关键因素之一是实现广泛的信息交换与共享,信息需要采集、传输、处理、存储和发布,计算机在信息存储、信息处理、信息共享和信息发布等方面起着重要作用。利用计算机数据库技术可以建立有关领域的数据库、知识库、方法库,利用计算机数据处理软件处理各类信息,进而建立各类信息系统。另外,计算机网络技术又为 ITS 中大量的信息交换提供了物理平台。在智能交通系统广泛应用的管理信息系统(MIS)、决策支持系统(DSS)、地理信息系统(GIS)等,无一不是以计算机技术为基础的。

2. 通信技术在 ITS 中的应用

智能交通系统通信技术分为有线通信技术和无线通信技术,其中无线通信技术又包括无线电通信技术、卫星通信技术和移动通信技术。

有线通信主要采用光纤通信,在干线通信方面已有广泛体现[32],用于构建高速公路或城市道路计算机广域网(WAN)与局域网(LAN),主要用于动态称重(WIM),道路、隧道及桥梁安全检测,高速公路收费系统,交通流量监测。

无线电通信技术包括无线电广播、无线电数据广播(RDS)和无线数字音频(DAB)、多媒体(DMB)广播,无线电广播技术已经得到大面积应用。RDS-TMC技术已经应用于动态交通信息发布和车载导航示范系统[33]。

卫星通信技术广泛应用于以车辆的动态位置为基础,进行交通监控、调度、导航等服务。我国自行开发的"北斗"卫星导航系统具有定位导航和短报文功能,不依赖任何其他通信手段就可以实现系统组网。

最常见的移动通信技术主要包括 GSM、GPRS、3G 和 DSRC。GPRS 是最常用的无线传输手段,3G 技术具有数据、音频、视频传输能力,能与 Internet 网络无缝对接,目前,基于 3G 的视频监控系统已进行产业应用。专用短程通信(DSRC)是一种专用于交通领域的短程通信系统,DSRC 技术已经广泛应用于我国的电子收费系统(ETC)中。

3. 信息技术在 ITS 中的应用

研究信息提取、信息变化、信息存储的理论称为信息论,信息需要通过载体才可以真正实现信息流动,各类信息进行加工处理后才能应用于各个领域。目前,各类信息处理、加工的相关研究与开发已经取得了很多成果。ITS 的核心交通的信息化,在智能交通系统中各类信息系统的重要作用不可言喻。例如,利用管理信息系统(MIS)对道路信息、交通状态信息、交通管制信息、交通事故信息加以管理和控制;应用决策支持系统(DSS),利用交通静态信息(包括各种城市路网信息、地域信息、公安业务信息等)、交通动态信息(包括报警信息、交通路况信息、超前控制的决策信息等),对城市道路交通实施超前计划与控制。

交通信息具有巨量性、多源异构性、层次性的特点,数据压缩、信息融合和智能决策技术的出现,为智能交通系统信息的处理提供了智能化的方法。专用的智能交通系统数据压缩技术要求运用信号处理领域内的恰当的数据压缩方法去除交通信息的时间和空间相关性,常用的方法有 Huffman 编码、LZW 编码,前沿的压缩方法有小波变换编码、分形编码等。信息融合是多源信息综合处理技术,将来自不同信息源的信息按一定的准则加以分析、处理与综合。信息融合采用的主要方法有卡尔曼滤波技术、贝叶斯估计、人工神经网络和综合统计分析技术,主要用于城市交通监控系统、智能交通安全系统和智能驾驶系统。

空间信息技术是信息技术中快速发展的一个分支,包括全球定位系统(GPS)和地理信息系统(GIS)以及遥感系统(RS)[33]。GPS 可应用于车辆调度、目标跟踪、车辆导航和动态交通流数据的采集(装有 GPS 的车辆进行跟车调查,可得到交通流速、流向等时空信息)等领域。GIS 可以应用于交通地理信息的可视化管理,交通地理信息的动态显示等,GIS 还可以用来开发用于车辆定位与导航系统、交通监控系统、交通控制指挥系统、公交智能化调度系统和综合物流系统等的专用电子地图。

4. 传感器技术在 ITS 中的应用

有效、精确地检测实时交通状态是提高交通运输系统运行效率,提高交通安全水平以及管理水平的前提。在 ITS 中广泛应用高灵敏度、高精度的智能化、集成化新型传感器,可以改善交通检测与监控的有效程度,提高运行效率。交通信息采集技术分为固定式采集和移动式采集,固定式采集技术又分为接触式交通检测技术和非接触式交通检测技术。常用的接触式交通检测技术有环形线圈感应式检测技术、地磁车辆检测(GVD)技术、气压管与压电检测技术;非接触式交通检测技术主要包括微波检测技术、视频检测技术、红外线检测技术和超声波检测技术。移动式采集技术是指将传感检测设备安装在车辆上,通过车辆的行驶,采集实时的道路交通信息。近年来发展了一系列基于车载传感设备的移动式交通信息采集技术,主要有基于RFID的交通信息采集系统、浮动车交通信息采集系统(FCD)和无线定位技术(WLT)。

5. 控制技术在ITS中的应用

交通管理和控制系统通过生成交通管理与控制方案,管理和诱导交通流,主要包括交通监视、交通控制、公共交通管理、紧急事件管理和交通组织优化控制等技术。交通监视系统通常由交通信息采集系统和电子警察处罚系统组成,用于交通动态信息采集、交通违章检测和交通信号控制等方面。交通控制系统主要包括交通信号控制和城市交通诱导技术,其中城市交通诱导系统(UTFGS)由车载诱导系统、数据融合与处理平台子系统和交通诱导信息发布子系统三部分组成。交通组织优化设计可以分为静态和动态,静态为资源管理,动态为对象管理。静态交通组织解决交通资源配置问题,其任务包括路网各节点不同流向通行能力分配和路权分配;动态交通组织主要任务是交通流分配以及指挥疏导,确保路网发挥最大效能。为了缓解交通拥堵,根据交通需求的变化改变交通组织形式的交通组织策略包括公交优先政策、鼓励拼车、限制小汽车在市区中心出行、鼓励错时出行等。

ITS广泛应用变结构控制、最优控制、模糊控制、神经元网络控制以及人工智能领域的相关研究成果进行交通管理与控制。采用动态实时控制与交通量动态预报相结合,更加有效地提高道路通行能力和服务水平。通过分布式集散控制系统对高速公路实施以匝道控制、主线控制、通道控制和网络控制的多种方式的集成控制策略。总之,通过应用先进的控制技术,可以改善城市路网、城市快速路、高速公路等道路的交通状况,减少拥堵,降低事故发生率。

7.3.3　三维工程环境对智能交通系统的支撑

三维工程环境是摄影测量遥感技术、定位与导航技术与地理信息技术集成的综合成果,该环境已不再是简单的三维模型,而是渗透了3S相关重要理论、融合了相关重要技术。因此,三维环境的构建及使用为智能交通系统的环境建设提供了基础的理论支撑和关键的技术支撑。

1. 三维工程环境对智能交通系统的理论支撑

1) 时空基准

地球空间信息基准是确定一切地球空间信息几何形态和时空分布的基础[15]。在交通领域,交通信息的位置不是由单一的坐标基准确定,而是根据应用需求配合线性参照系统(linear referencing system,LRS)共同确定。

线性参照系统主要是为解决交通网络中事件的定位和表达而设计的,通常由交通网络、线性参照方法(linear reference methods,LRM)和基准三部分组成,其核心技术是线性参照基准的建立和动态分段技术。LRM 是事件位置信息传播的有效手段,用经纬度来描述收费站的位置没有用相对于所属道路里程值更直接、更易理解,并且用经纬度描述的点与路网匹配时,因精度问题往往出现偏离道路的情况,而用 LRM 描述的点能够很好地与道路匹配。因此,实现两套坐标系统的融合和高效转换是一项必要的基础工作。

同时,交通信息在空间基准的基础上引入时间维,从而确定在某一空间位置的某个时间点或时段所处的状态和包含的属性信息。时间基准结合地理或线性参照系统就构成了 ITS 的时空基准。

2) 时空模型

智能交通应用除了必要的时空基准支持外,同时还需要合适的数据模型来存储、管理和表达与交通系统有关的多源数据,如路网几何、路网属性、路况等数据。GIS-T 数据模型经历了从平面模型到非平面模型,从基于车道模型到基于路幅(roadway)模型,跨越了从结点-弧段(arc-node)网络模型到基于定位参照体系和动态分段的数据模型的发展历程,并向三维及一体化的时空数据模型方向延伸[34]。

平面拓扑集成数据模型是表达道路网络的一种最常用方法。结点-弧段模型能基本上表达交通网络,同时支持最短路径算法和空间拓扑分析等功能,但也有诸多不足,如节点的表达方式增加了数据存储的冗余,弧段与属性记录只支持一对一的关系、不支持一对多的关系等。为解决平面模型的缺点,提高平面模型的应用范围,脱离平面强化限制,将平面模型扩展到非平面模型,将车道作为建模单位发展为基于车道的数据模型,对车道中的交通流、车道转向、车道之间的连通性等问题一并考虑。虽然这种表达方式简单,易于实现,但仍有定位实时性差、成熟算法较少、数据生产困难等因素,制约了基于车道的数据模型的发展。

20 世纪 70 年代初,NCHRP 指出动态分段技术可以克服线性参照中定长分段的缺陷,改变路段的长度以适应不同的情况,并于 1994 年提出了 NCHRP 模型。NCHRP 模型分为线性参照系统、事务数据和图形表达三个层次,并随后扩展为MDLRS(multidimensional LRS)模型。Dueker 和 Vrana 提出了一个线性 LRS 数据模型,并在 1997 年将其发展为 GIS-T 企业级数据模型。

在交通路网分析和应用中,将时间维引入现有的数据模型中也是必然。时空数据模型的研究起源于 20 世纪 70 年代,Gail Langran[35]首次总结了 GIS 数据库应用中的时态特征,标志着 GIS 时空数据建模的正式开始,其代表性的模型主要包括强调时空状态序列的过程模型,点描述某个事件上形成的时空因果联系的时间点模型以及面向对象的时空数据模型等[36,37]。MDLRS 模型就是一个适合于基于交通要素的多维时空数据的记录、表现、应用的综合时空一体化数据模型,它为交通系统中多维数据的集成管理和应用提供了一个框架,这方面的深入研究和应用也正在进行之中。

3) 动态时空分析

交通信息具有多源、多维等特性,时空数据的分析理论是提供现势性交通信息服务,开展路网信息检测、更新,预测交通流量,进行移动目标管理和查询的前提。空间分析与移动数据库管理技术的发展为开展时空数据分析提供了有力支撑。空间分析在交通领域的应用中通常需要将空间数据与交通信息结合,并融入时态特征,同时还要考虑到出行者的因素,传统的空间分析理论在 3S 与交通结合的应用中需进一步扩展。交通路网可达性,基于出行者行为(activity based)建模、分析,交通信息系统对出行行为的影响等研究,已逐步成为交通领域中时空分析的热点。

时空分析中移动目标的存储、索引和查询是开展分析应用的基础。近年来,移动数据库技术的发展,为移动目标的管理及应用提供了便利。移动数据库领域的飞速发展,为开展交通时空数据管理与分析提供了更坚实的技术后盾。

2. 三维工程环境对智能交通系统的技术支撑

1) 基于多传感器的动态信息采集

智能交通应用的数据主要包括具有地理标志的交通基础空间数据和反映道路运行状况的交通信息。基础空间数据是路网基础地理信息、逻辑网络或线路中几何位置与空间关系的几何信息、属性信息;路况、交通规则、交通管制等非空间信息构成了路网中重要的交通信息。

以空间信息技术为支撑的交通信息获取主要利用安装了 GPS/INS 和无线通信设备的移动车辆(浮动车)和高分辨率遥感相机进行采集。浮动车采集方式具有建设周期短、覆盖范围广、采集效率高、数据精度高、实时性强等优点。将近景摄影、航空摄影、卫星遥感以及红外相机、SAR 系统、机载 LIDAR 等手段应用于交通信息的采集,对浮动车数据是有效的补充,从多时相、高分辨率的航空和航天影像中进行交通要素的识别、监测,提取车辆类型、运行速度等特征,获取道路流量信息和拥堵状况等。通过地球空间信息技术采集交通信息,根据不同数据的特征、层次、状态进行筛选和融合,是对传统交通数据获取方法的重要拓展,丰富了交通数据采集的手段和方法,保证了高质量、高精度和现势性交通信息的生成。

2) 多源信息融合处理

信息融合(information fusion)是 20 世纪 80 年代发展起来的一种自动化信息综合处理技术,它充分利用多源数据的冗余性、互补性和计算机的高速运算能力与智能化技术,增加信息处理的置信度和可靠性,能够将不确定、离散、甚至相互矛盾的复杂信息转化为抑制性的解释和描述[38]。

路网信息融合是将不同来源、层次、精度的路网信息,组织和集成多源空间数据和交通信息,处理路网特征实体间的空间与语义关系,并考虑时态性特征,将多种来源的信息整合成统一的几何分布、拓扑、语义、时态的路网信息数据集。使用较多的融合方法主要有加权平均法、Kalman滤波、Bayes估计、Markov链、统计决策理论、模糊逻辑、神经网络、粗糙集理论等。

交通信息源融合处理主要涉及定位参考融合、多源数据类型融合和语义融合三个方面：定位参考融合主要是对交通信息的空间基准和线性参照进行便于多模态的路网管理；多源数据类型融合则是将矢量地图、遥感影像、视频录像、感应线圈信息等多种来源的数据进行集成；语义融合体现在多种数据信息的属性一致性、数据标准统一，从而满足不同应用需求，实现数据共享。

3) 交通数据挖掘与知识发现

数据挖掘与知识发现(data mining and knowledge discovery, DMKD)技术是一种有效、方便、快捷的数据分析手段，以便从海量数据中获取有用的知识以用于决策分析和管理，已与空间信息相结合发展为一门新的学科——空间数据挖掘。

交通数据挖掘很大程度上依赖于空间数据信息，可以将其认定为空间数据挖掘的一个特殊层面，它能有效地进行出行规律发现、交通事件探测、交通状态识别等特征级的知识发现，同时，配合实时获取的车辆状态和路况信息为动态路径规划、车辆监控管理和实时动态优化提供必要的数据级信息支持。

4) 交通信息发布与自适应表达

交通路网信息不同于常规的空间信息，除了具有地理参照外，还具备线性参照特征，同时具有多层次、多车道等特性。用户多样化和显示终端的限制对交通路网信息的可视化表达提出了新的挑战，应用简单的图论、空间分析方法和可视化理论难以满足其分析与表达要求，线性参考、动态分段、渐进式传输以及自适应可视化表达等技术应用到交通路网信息的传输和表达中能更好地反映实际路网结构，抽象出路网的逻辑层次与组织方式，增强交通信息的表达效果。线性参考和动态分段技术引入到交通信息的表达中为路网提供了明确的位置参照，解决了同一路段多个属性并存或某条道路具有分段属性等问题。渐进式传输是采用一些数据压缩方法，实现主要的轮廓数据先传递给用户，然后辅之以细节，从而缩短用户等待的时间，减轻服务器端负担，提高传输速度。

自适应可视化表达则集成了空间数据简化算法、制图综合的理论对空间对象进行几何变换和内容综合，实现无级比例尺显示，它能够根据显示终端的大小，自动确定显示的地理空间范围和内容，并对空间对象进行比例尺的无级变换，最终在显示的内容和比例尺方面取得平衡，实现细节层次模型的动态可视化。同时，能够对时空信息进行融合和符号化，实现时空信息的个性化表达。

参 考 文 献

[1]　傅羽辉. 交通管理信息化建设浅析. 今日科苑. 2010, (6):160.

［2］　交通信息化现状与发展. http://www. doc88. com/p-542882734259. html. 2012-06-07.

［3］　中交宇科交通空间信息技术应用的践行者. http://www. cnr. cn/allnews/201011/
　　　t20101105_507272682. html. 2010-11-15.

［4］　闫凤良,董宝田. 综合交通信息系统的整合与改善. 交通管理,2006(5):98-100.

［5］　王国锋,许振辉,周伟. LiDAR 数据在公路测设中的精度改善技术研究. 公路,2011,(3):
　　　165-166.

［6］　张磊. 建管养一体化数字高速. 公路交通科技(应用技术版). 2011,(S1):146-149.

［7］　任福田,刘晓明,荣建,等. 交通工程学. 北京:人民交通出版社,2003.

［8］　王国锋,宋鹏飞,张蕴灵. 智能交通系统发展与展望. 公路,2012,(5):217-218.

［9］　Shladover E. AHS Demo'97"Complete Success". Intellimotion,1997,6(3):1-1.

［10］　Shladover S. E. Progressive Deployment Steps Leading Toward an Automated Highway
　　　System (AHS). Transportation Research Record No. 1727, Transportation Research
　　　Board,Washington DC,2000:154-161.

［11］　Row S J. IntelliDrive:Safer. Smarter Greener. http://www. fhwa. dot. gov/publications/
　　　publicroads/10julaug/04. cfm. 2011-04-07.

［12］　陈超,吕植勇,付珊珊,等. 国内外车路协同发展现状综述. 交通信息与安全,2011,1(29):
　　　102-105.

［13］　Bishop R. Intelligent vehicle applications worldwide intelligent systems and their applica-
　　　tions,IEEE,2000,15(1):78-81.

［14］　Tan H S,Huang J H,DGPS-based vehicle-to-vehicle cooperative collision warning:engi-
　　　neering feasibility viewpoint. IEEE Transactions on Intelligent Transportation Systems,
　　　2006,7(4):415-427.

［15］　Kikuchi H,Kawasaki S,Nakazato G. ITS in Japan:Current status and future directions.
　　　7th World Congress on Intelligent Transport Systems,Turin,2000:3149-3152.

［16］　真三维道路智能设计方法及系统. 发明专利(中国). ZL201010192359. 5,2012-03-07.

［17］　汤文生,华小宾,陈仪东. 基于 GIS 的可视化数字公路平台的研究与开发. 中外公路. 2012
　　　(1):275-278.

［18］　许振辉,王国锋,秦涛,等. 基于 LiDAR 技术的道路智能设计系统. 第一届全国激光雷达
　　　对地观测高级学术研讨会,北京,2010.

［19］　许振辉,秦涛,刘士宽. 三维道路建模及可视化方法研究. 公路,2011(3):161-164.

［20］　许振辉. 基于设计数据的道路三维动态建模. 交通科技,2010(7):19-21.

［21］　孟庆昕,刘晓东. 基于 LiDAR 数据的道路设计方案三维浏览研究. 公路,2011(9):58-59.

［22］　郭力,吴剑,华晓宾. 三维可视化工程形象进度管理技术研究与开发. 中外公路. 2012(1):
　　　296-300.

［23］　王茂文. 公路三维实时交互式可视化技术研究. 公路工程,2009(2):161-164.

［24］　GISGPS 技术在高速公路养护管理中的应用. http://www. doc88. com/p-79353575319.
　　　html,2011-04-17.

［25］　立得空间. 基于实景三维 GIS 数字公路的技术与应用. http://szzj. fwxgx. com/index. aspx? type＝content&newsid＝963.

[26]　王国锋. 我国交通工程发展面临的问题和对策. 中国公路,2006(10):87-92.

[27]　王国锋,王小忠,许振辉,等. 真三维道路智能设计系统及其应用. 公路,2011(3):151-156.

[28]　张贵兵. 信息技术在公路养护管理中的应用. 内蒙古科技与经济,2006(15):84-85.

[29]　周忠,郭威. 高速公路三维空间可视化监控系统,2006(12):35-36.

[30]　中国智能交通协会. 中国智能交通行业发展年鉴(2010). 北京:电子工业出版社,2011:85-90.

[31]　http://www. edu. cn/zui_xin_ye_wu_5170/20070108/t20070108_213178. shtml,2008-09-26.

[32]　中国智能交通协会. 中国智能交通行业发展年鉴(2010). 北京:电子工业出版社,2011:91-94.

[33]　国家遥感中心,面向 21 世纪空间信息技术的发展趋势以及我国空间信息技术发展对策. 北京:国家遥感中心,2002.

[34]　李清泉,左小青,谢智颖,GIS-T 线性数据模型研究现状与趋势. 武汉大学学报,信息科学版,2004,20(3):31-35.

[35]　Lang R G. A review of temporal database research and it's use in GIS applications. International Journal of Geographical Information Systems,1989(3):215-232.

[36]　佘江峰,冯学智,都金康. 时空数据模型的研究进展评述. 南京大学学报(自然科学版),2005,41(3):259-267.

[37]　姜晓轶,周云轩. 从空间到时间-时空数据模型研究. 吉林大学学报(地球科学版),2006,36(3):480-485.

[38]　张汝华,杨晓光,严海. 智能交通信息特征分析与处理系统设计. 交通运输系统工程与信息,2003,3(4):27-33.

第8章 工程应用案例

本章在第 7 章的基础上，结合具体的工程应用案例，介绍工程环境构建在公路勘察设计、公路可视化管理以及在智能交通中的应用。

8.1 三维工程环境在公路勘察设计中的应用

8.1.1 应用背景

1. 国内外应用现状分析

计算机辅助设计(CAD)自从 1963 年由美国麻省理工学院一位研究生提出以来，成为工程设计领域的研究热点，深刻影响了当今工业和工程界各领域[1]。

20 世纪 60 年代初期，计算机应用到公路设计中，当时只是利用计算机运算的高速度来完成一些繁冗复杂的大量计算工作，如平面和纵断面的几何线形设计、横断面和土石方的优化计算、结构计算以及输出数据图表等，而且这些功能都是由独立的程序完成的。20 世纪 70 年代，道路路线设计优化拓展到二维和三维选线，作为可视化三维设计的基础——数字地面模型(DTM)开始应用。数字地面模型这一概念，首先是由美国麻省理工学院的 Chaires L. Miller 教授于 1955 年提出的。当时的研究目的是如何应用从摄影测量获得的数据通过数字化计算的方法来加快公路设计。数字地面模型是伴随着电子计算机高速运算和大存储量而日益成熟起来的，它是公路三维可视化设计的核心，公路平、纵、横和三维设计就是从 DTM 中提取各种信息得来的[2]。

我国公路和铁路 CAD 的研究始于 70 年代后期。自 1979 年起，交通部和铁道部组织有关科研院所和设计单位先后对铁(公)路的数字地面模型、纵断面优化技术、平面及空间线形优化技术等进行了研究，取得了一批实用的研究成果。比如，长沙铁道学院联合铁道部专业设计院及铁道部第三勘测设计院开发完成的"铁路线路纵断面优化设计系统"、长沙铁道学院联合铁道部第二、第三勘测设计院开发完成的"铁路线路平纵面整体优化设计系统"。

80 年代末期至 90 年代中期，随着计算机图形学和 AutoCAD 等图形支撑软件的发展，线路计算机辅助设计技术也从单纯的数值计算分析发展为图形交互式自动设计，开发出了集地形资料处理、工程费计算、图形交互设计、纵断面自动设计以及绘制线路平、纵断面图为一体的一套完整的计算机辅助设计系统。到 90 年代中期,国内已经能方便地获得公路路线计算机辅助设计用的数字地形信息,现场设计部门在航测技术的研究与应用方面、计算机辅助勘测与设计方面以及计算机辅助成图方面均做了大量的研究与开发工作。

国内外比较典型的道路 CAD 系统有:突出公路几何设计与排水设计的德国CARD/1 系统,该系统实用性强,对硬件要求低,界面友好,操作简易[3];以数据采集、处理和图像输出为一体的芬兰 ROADCAD 道路系统;具有先进图像处理、交互设计技术,体现了计算机硬件与公路设计软件的完美结合的挪威 NovaCAD 系统;英国的 MX 系统能用于铁路、公路、矿山、排水、机场、港口及其他土木工程设计的著名软件,它采用了不同于以往的基于横断面进行设计的方法,即用一种全新的"串"的概念来表达构筑物以及地形表面,对几何形体的表述具有充分的灵活性,适用于各种复杂的土木工程设计;国内的纬地系统(HICAD)以图形软件 AutoCAD支撑二次开发实现,在国内应用较为广泛[4,5]。

CARD/1 是完成测绘、道路、铁路和管道勘测设计的土木工程 CAD 系统,是一种高度集成、功能广泛、图形交互的计算机辅助设计系统。用户可以借助CARD/1 软件的三维建模功能依据道路设计数据快速建立道路模型并进行三维浏览演示,或导出至 3DMAX 软件中来制作生动直观的全景透视图。系统可接受各种数据来源;设计过程无需考虑出图内容;设计调整后,绘图成果可实时刷新;修改绘图约定文件可实现图表的个性化,以满足不同国家和地域图式的要求。高效的二次开发平台可充分延伸您的应用领域,尽显您的设计才华。各种回归分析和辅助设计工具渗透于系统的全过程,使设计工作变得高效、轻松和严谨。

纬地道路辅助设计系统(HintCAD)[6]是路线与互通式立交设计的大型专业CAD 软件。该系统由中交第一公路勘察设计研究院结合多个工程实践研制开发,汲取国内外专业软件之所长,推陈出新,它是先进的工程设计理念和尖端的计算机软件技术的结晶。系统具有专业性强、与实际工程设计结合紧密、符合国人习惯、实用灵活等特点。系统使用 BjectARX 及 Visual C＋＋编程,支持 AutoCADR14/R2000 平台和 Windows9X/NT/2000 等操作系统,系统主要功能包括:公路路线设计、互通立交设计、三维数字地面模型应用、公路全三维建模(3DRoad)等,适用于高速、一级、二级、三级、四级公路主线,互通立交,城市道路及平交口的几何设计。

EICAD 是集成交互式道路与立交设计软件[7],主要用于公路、城市道路、互通立交工程的各阶段设计。EICAD 系统主要包括:平面设计、纵断面和横断面设计三个部分。该系统输出成果可以直接供"道路、桥梁三维建模程序——3Droad"使用,建立道路桥梁的三维模型。EICAD 的优势在于先进的路线设计理论"新的导线法"和立交匝道线形设计理论"复合曲线模式法",随着 EICAD 软件推广,这些设计理论和思想已经被道路勘察设计行业广泛接受,并成为当今主流的路线与立交线形设计方法。EICAD 基于 CAD 平台,充分发挥了图形平台完备的系统开放性和丰富的个性化能力,使用 ObjectARX 进行开发,能够真正快速地访问 CAD 图形数据库,大大提高设计效率。

2. 应用目标

真三维道路智能设计系统除了要支持传统的平面、纵断面设计和土石方量计算、调配以外,还涉及附属构造物设计、道路三维模型和地面三维模型的生成以及带地面景观的道路模型的动态测览和视频输出等。因此,真三维道路智能设计系统是一个复杂、庞大的系统。在该系统中,各个子系统间的关系较传统的 CAD 系统更加密切,它们的协调性关系到整个可视化设计系统的功能实现。

公路三维可视化设计的方法,使公路规划与设计的表现手段从原有的传统工艺流程提升到全新的数字技术阶段,能够解决长期以来传统的设计手段对公路规划设计的表现和评估不够直观、真实、精确的难题,同时将起到优化公路设计、加快项目开展进度。对公路三维可视化进行研究有重要的意义:

(1) 将推动公路勘测设计可视化、智能化进程。人在三维空间中具有很强的形象思维能力,计算机具有极强的数据处理能力,但理解和推理能力差。如果用计算机将道路设计数据转换成可视化的直接对象就可借助人的智能来快速准确地理解这些道路设计数据,以便有效地对道路设计结果进行决策。

(2) 公路可视化设计更形象直观。公路设计结束后,在未进行施工前,需要对道路设计的各项指标进行检验。传统的二维平面不能直观显示道路建成后的实际效果。而且随着经济的快速发展,对道路通行能力的要求越来越高,汽车的高速行驶,不仅需要道路平、纵、横三者协调完美,而且道路与其两侧地形景观是否协调一致也是影响汽车行驶的关键因素。建立一个逼真的、立体的、可交互的、含地形地貌环境特征的道路与地形整体三维可视化,将使道路设计能充分考虑到道路与环境的协调,使设计者能更好地把握道路设计质量,提高道路运行能力。

(3) 可方便查询三维相关地理信息。利用计算机技术把道路平面设计数据与地理空间数据建立含地形地貌环境特征的待建公路工程三维景观,将高程数据与正射影像叠加,生成三维影像景观建模,并进行场景布置,设计要素分析、多媒体查询、实时动态公路设计场景漫游等。它能够真实、动态地反映公路勘察设计结果,随着道路三维可视化地理环境的建立,设计人员可以在计算机上看到细节与真实公路一样的景观,道路设计者如果观察到某些地方需要修正,可以直接让观察者在三维空间中实时查询这些地方的属性,如三维坐标、地表属性等。利用这些数据及参数,可以方便退回到初始设计进行修改,从而为公路设计提供更精确的依据。

（4）为设计者、决策者等提供更加直观的交流平台。公路三维可视化平台有助于跨越专业鸿沟。公路设计是一项涉及面很广、决策性很强的综合性工作。公路三维可视化设计与地理空间信息查询的研究与应用将为决策者提供更加直观的决策依据，为各个专业的配合协调提供了更加方便直观的工具，同时方案评审者也可参与到实际线路的设计过程中，凭借直观的三维公路提出自己的见解。公路设计可视化平台不仅能生成地面三维模型和道路三维模型，还能动态浏览带地面景观和公路景观的三维模型和视频输出等。设计者还可以利用其完成路线的工程可行性评价、路线的初步设计优化、施工图设计优化及为后期道路养护和运营提供完整的基础三维数据。

8.1.2　三维工程环境在地震灾区中的应用

四川省绵竹至茂县公路（以下简称绵茂路）是四川省公路建设施工难度最大、平均造价最高的二级公路之一。绵茂路是四川公路领域号称"天下第一难"的一条公路。路线起始于四川省绵竹市二环路北转盘，终点与待建的茂北公路相接。在绵茂项目中，传统测量方法根本无法实施，采用 LiDAR 技术很轻松地采集了绵茂路全程范围内的点云数据和影像数据，制作了真三维地形场景模型，真实再现了该区域的地形地貌，山高林密，地质灾害多的特点彻底展现在道路工作者面前。

在绵茂路中，隧道部分占路线的一半以上，需使用平、纵设计数据结合隧道模板自动建模，边坡部分为保证精确度，使用纬地横断面设计数据建模，如此两种建模方式的有效结合，是该项目中三维道路模型展示的关键。该项目中采用人工交互的办法将两种建模方法成功应用，得到了很好的三维道路建模效果，如图 8-1 所示，成功地将预建的绵茂路及周围环境展现在决策者面前。

图 8-1　四川绵茂项目环境

8.1.3　系统实现及主要功能

1. 开发及运行环境

真三维道路智能设计系统,运行在微软的 Windows 平台下,因为道路设计直接在真三维的环境中进行,同时还能对设计方案实现三维可视化。其基础数据是海量的 DEM 数据,所以该系统对计算机硬盘、内存和显示卡的要求都很高。

1) 硬件环境
- CPU:奔腾 4,2.4GHz 以上
- 主频:800MHz 以上
- 内存:1GB 以上
- 显存:256MB 以上
- 硬盘:80GB 以上
- 显卡:VIDIA 系列三维显卡或其他普通显卡
- 刷新频率:75Hz 以上

2) 软件环境
- 操作系统:Windows XP
- 编程语言:VC++6.0、VS2008、VB. net、OPENGL2.0 或更高版本三维图形库
- 数据库系统:Office Access 2003
- 界面优化:DevComponents. DotNetBar Version:7.1.0.0

2. 数据存储设计

系统同时采用两种数据存储方式,数据库存储和文件存储。采用 Access 数据库,文件采用自定义格式的二进制文件。

传统的三维地理信息系统采用栅格文件来存储 DEM 和遥感影像数据。对于 DEM 文件每一个像元存储着空间坐标和图像的灰度值,不同的灰度值表示不同的高程(grii 格式数据);对于遥感图像,每一个像元和 DEM 文件一样也存储着空间坐标,像元存储的 RGB 值对应地物的色彩。对地面的仿真通过 DEM 文件与遥感影像空间坐标的匹配叠加,之后在三维空间中以三角形为最小单位渲染整个地形[8,9]。

该系统自定义的地形模型文件,是将 DEM 和遥感影像融合在一起的一种数据格式。通过 OPENGL 实现对文件中数据的动态调度和海量三角形的渲染工作。

矢量文件是地理信息系统中的一个重要存储方式。对于二维的地理信息矢量

文件的存储格式是经典的点、线、面。当矢量文件扩展到三维空间以后,原来的 X、Y 又加上了 Z。由于三维空间的元素远远要比二维地图复杂得多,如复杂的建筑物有成千上万的面,并且每一个面对应着不同的纹理信息。所以,用基本的矢量文件来存储这么多复杂的三维空间数据显然是不合适的。

该系统自定义地形模型文件的同时,还定义了一种矢量数据文件,用于存储矢量数据。在整个文件系统中,所定义的矢量数据文件相当于一个索引文件,具体体现在两个方面:其一,对于复杂的三维模型,矢量数据文件仅仅记录三维模型文件的存储位置,以及大量的纹理图像的位置。其二,自定义的地形模型文件一般不是从程序中直接打开,而是打开其对应的矢量数据文件。也就是说矢量数据文件记录了自定义地形模型文件的路径。矢量数据文件中只存储数据量较小的坐标信息以及属性信息。

该系统中的道路设计数据文件,采用标准的专业道路设计软件的设计数据文件格式。

3. 系统功能设计

1) 系统功能设计

真三维道路智能设计系统从设计角度,可分为基本功能和业务功能。基本功能是指作为地理空间信息系统所必备的一些数据管理、导航、空间量测等功能。业务功能主要是进行处理、计算,最终得出针对道路三维选线与道路建模的功能。两部分功能之间并非独立的,业务功能的一部分是对基本功能的扩展,另一部分则是独立于基本功能的算法或系统的实现。一些基本功能又可以在业务功能实现的基础上执行。

(1) 基本功能部分

系统管理:打开,关闭,保存,另存为,设置,选项,系统退出。

导航:选择鼠标浏览方式,整体浏览方式,对象浏览方式,缩放尺度,设置路线漫游,观察方式。

量测:水平测量,垂直测量,任意方向测量,面积测量。

(2) 业务功能部分

工程管理:自定义设置、新建工程、保存。

平面线形设计:平面线形绘制,鼠标交互调整,参数调整,保存。

纵断面设计:变坡点编辑,桥梁、隧道编辑,保存。

横断面设计:横断面要素编辑,保存。

道路模型构建:带 Z 值中心线构建,道路模型构建,桥梁模型构建,隧道模型构建。

信息查询:地点查询,书签查询。

工程统计:土石方统计。

飞行漫游:飞行路线添加,修改,删除,保存,飞行浏览。

视图:定制工具栏,编辑栏,飞行面板,查询面板,工具面板,图层面板,场景隐藏,全屏,选择界面风格,皮肤。

帮助:软件使用说明书。

2) 功能模块划分

根据系统的具体功能,为了研发和管理的方便,将以上具体功能归纳为不同的模块。各模块之间相互联系,不可分割,共同构成真三维道路智能设计系统。具体功能模块的划分如图 8-2 所示。

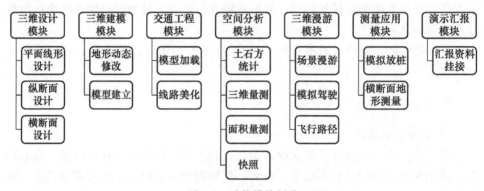

图 8-2　功能模块划分

4. 技术路线

利用高精度数字地面模型和高分辨率影像,将高精度的数字地面模型和高分辨率影像进行叠加,结合自定义数据(DWG 格式矢量数据、TIF 格式影像数据、Shp 格式矢量数据、兴趣点 POI 数据、3DS 模型数据等)生成高精度、高信息量的地形场景模型数据。真三维道路智能设计系统以此作为基础数据,进行道路三维设计(平面线形设计、纵断面设计、横断面设计),并通过计算土石方量等统计手段,选择合适的设计方案,将设计数据保存成专业道路设计软件的数据文件,实现与专业道路设计软件的数据交换,从而使设计数据更加详细、准确。最后利用设计好的平纵横数据进行道路模型的构建。通过计算道路模型与数字地形场景的空间位置关系,实时修改地形模型数据,快速生成与修测后地形无缝吻合的真三维道路模型。为了更好地评价道路模型的质量,系统提供三维空间分析功能,对道路模型及周边地形进行视域分析、坡度分析、环境分析等。该系统在技术上突破了传统的道路设计必须在二维地形图上进行的瓶颈,使得设计结果被更直观地表现出来。图 8-3 为真三维道路智能设计系统的总体设计图,图 8-4 为该系统的技术路线图。

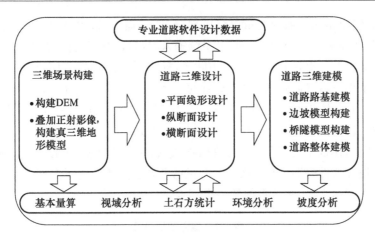

图 8-3　系统总体设计图

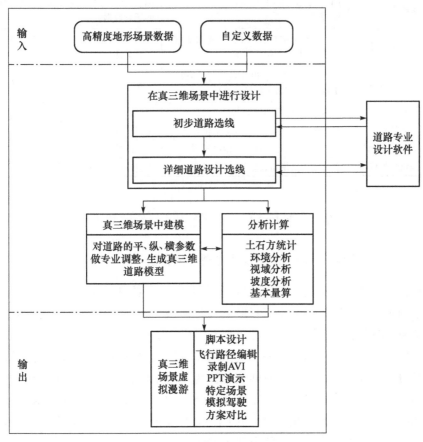

图 8-4　系统技术路线图

　　输入、输出是一个系统的重要组成部分,通过输入、输出可以实现用户与计算机的交流,从而实现系统功能。所以系统输入输出接口的设计,要考虑系统所实现的功能。输出设计直接和用户需求相联系,输出设计的出发点应该是保证输出方便地服务于用户,正确地反映用户所需的有用信息。输入设计要根据输出设计的需求而定。真三维道路智能设计系统根据实现功能的不同,设计不同的输入输出。详细的输入输出设计如表 8-1 所示。其中,将道路设计数据输出成专业道路设计软件(纬地、CARD/1 等)可接收的数据格式文件,并在道路三维建模时能够输入专业道路设计软件(纬地、CARD/1 等)的数据格式文件,从而实现了与专业道路设计软件的数据交换,是该系统的一个亮点。

表 8-1　输入输出设计

	输入	输出
工程管理	DEM、CAD 数据、Shape 数据、栅格影像等	编辑后的 DEM 数据,叠加矢量信息后的场景数据
道路三维设计	真三维场景模型、CARD/1(或纬地)设计数据、道路初始化数据	道路平、纵、横设计数据文件,道路设计工程文件
道路三维建模	CARD/1(或纬地)设计数据、道路设计工程文件、交通工程模型文件	道路三维模型、交通工程模型文件
信息查询	兴趣点位置、名称等信息	兴趣点在真三维场景中的信息
空间量算	真三维场景模型、真三维道路模型	空间量算距离、面积值
飞行漫游、模拟驾驶	真三维场景模型、真三维道路模型	飞行漫游、模拟驾驶视频录制
汇报资料挂接	真三维场景模型、真三维道路模型	兴趣点资料信息可视化

8.2　三维工程环境在公路可视化管理中的应用

8.2.1　三维工程环境下的公路可视化管理应用背景

　　在真实三维环境中进行工程项目的规划和设计,特别是在逼真的三维可视化环境中的规划、设计与评估,是工程勘测设计领域,包括铁路、公路、水利、电力、石化等领域,实现高质量、优化设计的重要新手段[10],具有广阔的应用前景。

　　现代大型土木工程施工是一个复杂的系统工程,整个施工过程涉及的信息量大,周期长,并且有很多问题随时间变化。为及时了解、跟踪施工进度及施工现场情况,避免施工决策的失误,必须吸收其他学科的研究成果,采用新技术和新方法来加强施工管理和监控。我国台湾的 Cheng Min-yuan 应用 GIS 软件 Arc/Info 和无线电技术开发了一个施工监测系统 AicSched,成功地用于预制装配式建筑的现场施工控制[11]。天津大学钟登华等结合水利水电工程施工导流管理的特点,研制出基于 GIS 的施工导流管理决策支持系统,对大型土木工程的施工管理具有借鉴意义。

研究三维可视化平台的目标是借助计算机虚拟现实技术,模拟现场状况,让领导动态、直观地了解工程进度,为及时发现高速公路建设中的问题和不足提供重要参考。同时为日后高速公路的业务数据展示提供一个良好的平台,为打造数字化高速公路奠定一个稳固的基础。

传统的公路工程进度是以图表、报表及统计表的形式呈现的,难以与工程的具体位置及桩号建立直观的联系。高速公路从设计、施工到运行管理涉及各种各样的数据,及时掌握和综合应用这些动态变化数据,不仅对公路建设过程具有重要的应用价值,而且也为今后的高速公路信息化管理奠定坚实的数据基础。工程建设三维可视化管理系统将主要应用于建设过程中的总体计划、设计、进度及工程相关信息的三维可视化、形象化展示及工程管理;同时用于建设过程中的资料整理及建立完整的建设过程数据库系统,为今后的运营管理提供基础数据。

公路建设管理水平的高低,直接影响到工程项目的质量经济效益和政府形象。新疆维吾尔自治区在 20 世纪 90 年代的世行贷款项目中开始引进项目管理理论和方法,采用国际项目招标方式,缩短了工期,降低了造价,保证了工程质量,实现了建设项目管理的一次飞跃。先后组织开发应用了计量支付软件、建设项目管理系统等,在实际项目管理过程中得到应用,实现了项目管理信息化从无到有的转变。经过多年的项目管理工程实践的积累及网络信息技术的飞速发展,公路建设项目管理迎来了又一次飞跃的发展机会,设计施工总承包管理模式为项目依法管理和宏观质量进度费用控制提供了机制保障,3DGIS 及网络通信技术的发展为建设单位、承包商、监理对项目全过程和宏微观相结合的过程管控提供了技术可行性。

将项目管理信息化系统应用到工程管理实践,以现代项目管理方法为支撑,以可视化技术为手段提高工程的项目管理水平,是一件十分迫切和重要的任务,这也是本项目研究要着力解决的问题。

国外项目管理系统经过以下几个发展阶段[12]:计算机项目管理软件加速发展的契机出现在 20 世纪 80 年代,随着 PC 的出现和普及,基于 PC 的项目管理软件得到了迅速的普及。到 80 年代中后期,项目管理软件实现了从仅能对单一项目进行管理向可以对多个项目进行同时管理的飞跃,大部分项目管理软件专注于项目管理过程的某一种单项需求。到 80 年代后期,很多软件开发商把目光放在各种功能的集成上,开始在功能集成上下工夫。这一阶段出现了很多优秀的多种功能集成的项目管理软件。例如,Primavera 公司开发的 Primavera Project Planner,Cores 公司开发的 Artemis,Scitor 公司开发的 Project Scheduler 7 等,但这些应用软件并不能满足我国公路建设领域的实际情况。90 年代中期,因特网开始在全世界普及。同样,基于因特网的项目管理软件和项目管理模式也开始出现,并迅速得到众多项目参与方的认可和推广。

在国内,项目管理软件在我国工程建设领域的应用经历了从无到有、从简单到复杂、从局部应用向全面推广、从单纯引进或自行开发到引进与自主开发相结合的过程。国内的科研机构在这方面同样做了大量细致的工作,如东南大学进行了高速公路工程进度管理系统数据库设计。同时也相应开发了一些应用软件系统,主要有陕西公众、珠海同望、北京路普软件、北京豪力海文以及长沙理工大学等开发的工程建设项目管理系统。但是,这些系统大都是在单机应用的水平上或局限于一些具体的公路工程建设项目,或者以公路建设项目档案管理系统为主,对工程进度未能实现适时的可视化展示,归纳如下:直接生搬硬套国外的管理软件,往往达不到预期的效果;国内相关软件都是针对某一工程项目特定的工作流程定制的;过去对公路行业信息管理需求没有比较清楚的认识,没有整体的系统开发设想和解决方案,造成各个工程子系统间的不协调、不统一,不能给业主提供完整的信息管理服务;大多数现有解决方案里,都没有采用可视化的信息分析技术,如 3DGIS 建设过程仿真和重要施工现场或隐蔽工序的实时视频监控,整个方案过于局限于过去的技术,没有直接让管理者容易理解和使用的用户信息集成界面,来提供丰富直观的视图和报表,为有效的项目管理提供强有力的支持。

计算机技术、网络技术、数字通信技术以及三维可视化技术的飞速发展,给公路工程项目管理系统的软件开发带来了新的机遇和活力,主要表现在:计算机软硬件基本性能指标飞速提高(如 CPU 速度、大容量的可用内存、部件及部件式软件开发等),提供了新的编程手段和方法;多媒体技术的发展大大增强了应用软件的用户友好性,提供了更加丰富的系统界面,丰富了公路工程管理软件的内涵和外延,加快了软件开发的速度;三维可视地理信息系统以数字正射影像(DOM)、数字地面模型(DEM)、数字线划图(DLG)和数字栅格图(DRG)作为处理对象的 GIS 系统,结合了三维可视化技术与虚拟现实技术(VR),应用于公路工程项目管理系统中,能体现全线工程有关单位的空间属性,能够准确、及时、形象地反映全线工程的进度,为系统地运行结果提供了较好的外在表现形式;计算机网络化和数字通信技术的发展,为业主、监理、承包商三者之间的联系及公路工程项目管理系统的运行和推广提供了新的技术手段,公路工程管理系统得以从传统的单机系统进入多机的网络化系统,信息、数据的传送更为方便、快捷,满足各阶层使用和管理人员的需求。

三维可视化平台,前期通过激光雷达测绘技术得到了全线地形的 DEM、DOM等建立数字地面模型的数据,时间短,精度高,可用于在 3DGIS 平台直接展现,提供不同飞行路线、高度、角度观测的功能,提供高程、地表断面线、空间距离量算工具。其关键技术可以涵盖从公路建设工程可行性研究、勘察设计,建设、运营管理、养护服务全过程数字化业务,使能够实现三维工程环境下的公路可视化管理。

8.2.2　三维工程环境在库阿段高速公路可视化管理中的应用

G314 线(乌鲁木齐—喀什—红其拉甫)是国家高速公路网中连霍主干线吐鲁番—库尔勒—和田及伊尔克什坦高速公路联络线中的一段。库车县至阿克苏段是 G314 的重要组成部分,是新疆维吾尔自治区最重要的两大公路干线之一,同时也是西部大通道的组成部分。

库阿高速公路项目位于阿克苏地区,地处天山山脉以南,塔里木盆地边缘以北,位于北纬 41°42′~41°01′,东经 82°51′~80°07′。起于库车县,经新和县、温宿县、阿克苏市,终点到阿克苏市建化厂。起点与正在建设中的库尔勒—库车高速公路的终点相接,终点为阿克苏市西南侧,距阿克苏市约 10km 的建化厂。路线总体走向由东向西,拟建公路全长 259.856km。工程特点如下:

(1) 本工程项目工期相对较短,主要工程内容以桥梁、路基土方为主,土方量比较大。

(2) 本工程施工组织跨越两个冬季、每年冰冻期长达四个月,对施工工期影响较大,冬季结构土方需停工,有效工期短。

(3) 库阿高速公路与现有南疆铁路存在三处交叉,三处交叉的施工是本工程又一个重点、难点。

库阿高速公路作为自治区第一个公路工程设计施工总承包试点项目,建设里程长、投资规模大,涉及多标段、多子项目、多专业、多管理层次、跨区域,并且受地域与气候因素影响较大,再加上工期紧、质量要求高、参与单位众多的内外制约因素都对建设管理提出了很高的要求,所涉及和处理的工程信息种类繁多、信息沟通频率大幅度增强、信息管理难度很大,更需要建立一套完整的适合大型工程项目管理特点的工程项目信息管理解决方案,将进度控制、质量控制、投资控制以及合同管理的信息集成,以支撑大型工程项目的管理工作。设计施工总承包管理模式要求建设单位的管理职能从全面、全过程项目管理转变为服务、监管、协调,如果没有先进的可视化形象进度管理技术支撑,可能造成项目宏观监管和微观现场管理在信息层面的脱节,这又对项目管理信息化提出了将纷繁芜杂的海量现场管理数据适时动态整合转变为可视的工程实体模型的需要,库阿高速在勘察设计上采用 LiDAR 技术建立了全线高精度数字地面模型,也为项目的可视化管理开发提供了技术和数据支撑。

1. 系统建设目标

系统建设目标是,面向现代大型高速公路建设项目的建设管理,结合设计施工总承包先进管理模式,建设网络化、集成化的业务管理系统,实现流程规范化、标准化,决策手段科学化的管理创新;建设业主指挥部、总承包指挥部、分指挥部、监理、各参建单位全面的网络协同平台和信息沟通平台,包括网络 OA、手机短信、预警、GIS 等技术手段,全面提升管理沟通效率;以 3DGIS 为手段结合赢得值分析建设二、三维联动的仿真模型,形象化、可视化地展示设计成果和建设进度成果。

总承包单位以项目为基础的全过程系统管理目标是,解决单位工程、分部工程、分项工程等在设计、施工、采购等环节进度的一致性和衔接,实现项目建设全过程的综合协调与优化,达到对整体进度的要求。以设计方案及设计变更为主线,项目管理过程深度集成工程技术应用,实现竣工文档的自动生成编制,实现知识的积累和知识的再利用。以激光雷达提供的三维数字地面模型为基础,建设数字公路平台,实现勘测设计、建设管理、管养运营跨阶段的数据共享整合。

2. 总体架构

公路工程项目总承包可视化信息管理平台建设的整体方案按照图 8-5 进行架构。

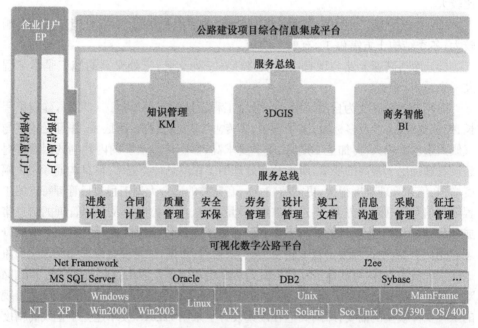

图 8-5　总体技术框架图

公路工程项目可视化信息管理平台,运用 GIS 数据处理和可视化展现技术,依托公路测绘和工程设计资料和数据,结合项目管理的进度计划、合同计量、质量管理等项目管理数据,在与空间属性数据进行加工拟合的基础上,建立 WebGIS 的公路工程建设过程综合展现系统,涵盖了征迁管理、采购管理、信息沟通、竣工文档管理、劳务管理、安全环保、质量管理、合同计量、进度计划等关键应用,为交通厅指挥部、监理和项目总承包单位提供形象、直观而且紧密链接翔实的工程管理信息的可视化的工程计划、组织、指挥、协调和控制的管理工具,提高项目管理的便捷性、准确性和科学性。通过对这些应用的智能集成,以企业信息门户的方式提供统一简捷的集成平台和用户界面。

8.2.3 系统设计

1. 理论基础

本项目管理信息系统的理论基础是项目管理知识体系指南(PMBOK),结合《建设项目工程总承包管理规范(GB/T 50358—2005)》推行的如过程管理、动态控制、PDCA 循环、赢得值等理论、工具、技能和方法,通过本平台的实施,为企业嫁接先进的与国际接轨的项目管理方法体系,内容主要涵盖:范围管理、综合管理、进度管理、沟通管理、成本管理、质量管理、人力资源管理、风险管理、设计管理、采购管理等建设项目管理的全部环节。

2. 业务思路

系统以工程总承包管理思想的业务思路,将在统一的企业项目管理框架体系采用多个展现层面设计方案,参见图 8-6。

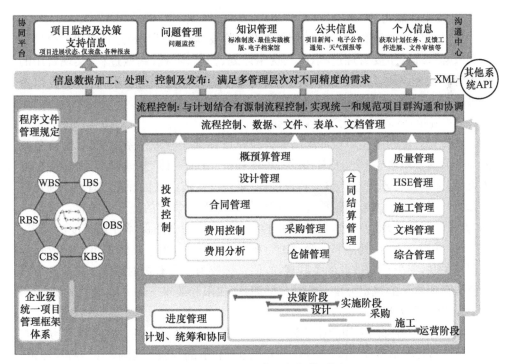

图 8-6 企业项目管理框架体系图

1）以计划进度为基础

在企业级统一项目管理框架下，通过对项目组织结构、项目工作结构的科学分解和定义，编制层级明晰科学合理的进度计划。以计划进度管理为基础，衍生出业务计划，如设计计划、质量计划、费用计划、人力和设备资源计划等达到将各项业务以计划形成串联的目的。各业务计划的执行过程可以反馈回主进度计划进行查询跟踪，如图8-7所示。

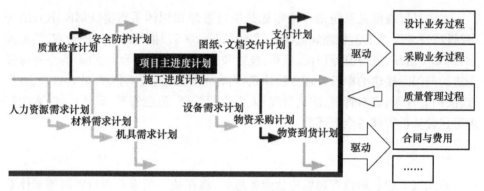

图 8-7　执行过程反馈

2）费用控制为核心

通过与计划进度相对应的各阶段如设计阶段、施工阶段、试运行阶段的合同管理和采购管理等主要管理过程，以及费用计划、控制、考核、纠偏过程，实现费用的可控管理和企业效益最大化的目标。费用控制以计划进度为基础，计划进度以费用最优化为目标，相互关联。

3）"五位一体"标准化管理为重点

系统充分反映业主单位库阿高速公路建设标准化管理体系的要求，配合总指挥部全面落实质量、安全、工期、造价、环境保护"五位一体"管理要求，通过平台的约束，将标准化管理贯穿于整个建设过程，对建设实施全过程管理。有利于强化总指挥部"五位一体"体系的管理理念，加强管理方面竞争力的提升。同时，"五位一体"管理以职能管理为目的，围绕费用控制目标，帮助全面保障计划进度的完成。系统对"五位一体"及其他职能管理进行模块式开发，各项职能管理可以自成一体又相互关联，充分反映彼此的关联规律，使系统成为一个有机的整体。并对各参建单位按管理体系的规定分配了相对应的职责、权限和要求。

4）以流程为纽带

参建各方、各部门之间的业务关系和工作关系以工作流程的方式建立，系统以与计划结合的有源制流程控制，实现统一和规范项目群的沟通与协调。以流程为纽带，提供交通厅领导、厅指挥部、总指挥部、总监办、驻地监理、分指挥之间业务和工作联系的平台。支持诸如合同、计量、采购、支付、事务等审批和指令传递流程，以达到系统管理规范化、标准化和流程化的目标，工作业务与工作联系平台如图 8-8 所示。

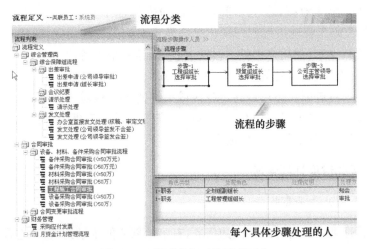

图 8-8　工作业务与工作联系平台

5）多层次、跨区域的管理

系统以总指挥部为核心，支持从厅指挥部、总监办、总指挥部、驻地监理、分指挥部到工区的多层次和远距离、跨区域的管理，将与整个建设项目管理相关的业务范围、组织结构范围、空间分布范围纳入管理系统，不留缺漏，并定义出清晰的管理界限，强化了范围管理，实现全方位、多层次的管理要求（图 8-9）。

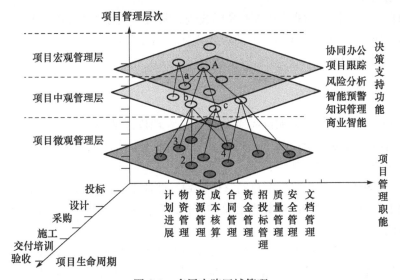

图 8-9　多层次跨区域管理

6）高度集成化的管理平台

运用 GIS 数据处理和可视化展现技术,依托公路测绘和工程设计资料和数据,结合项目管理数据,在与空间属性数据进行加工拟合的基础上,建立基于WebGIS 的公路工程建设过程可视化综合展现系统的构建协同沟通平台,通过有效控制和授权发布,向用户提供项目进度状态、各种报表等决策和支持信息,问题追踪管理,标准制度、规范规程、电子档案等知识信息,发布的公共信息和专属性的个人信息。项目进度状态可以通过有线或无线的远程传输的视频,在本机适时观看现场动态状况,也可以运用 GIS 技术以已完工计量的工程量重构工程实体的全方位立体图形,展现工程的形象进度。

8.2.4　可视化进度计划管理

1. 进度计划管理需求

进度管理是项目管理最基础的任务,有了计划才能主动约束、动态预控项目实施。进度计划管理所涵盖的范围包括设计、采购、施工等项目建设总承包全过程,采用多层进度计划管理模式满足不同管理层对管理的需求。设计计划、采购计划、施工进度计划保持必要关联,以反映不同阶段计划间相互制约的关系。

项目执行过程中,定期对现场实际进度进行反馈跟踪(包括设计、采购、施工),将实际数据从终端录入,反映至系统,并与计划进度进行比较分析,及时寻找偏差和原因,评估对项目建设的影响,并在保证里程碑计划和节点计划不变的基础上,调整后续进度计划。

目前,进度计划管理多以图表等形式进行管理,不能直观看出工程完成情况,急需将二维的图表式管理用三维的形式立体的展示工程完成进度,给用户提供形象、直观的管理工具。

2. 进度计划管理

充分考虑工程项目的实际特点及总承包管理模式的特点,在动态可视化的进度策划、控制、数据分析统计上进行重点的规划工作,使计划管理系统运行后达到以下几个方面的要求及效果:

(1) 架构自下而上层层汇总的整体计划反馈体系,通过底层数据的更新工作,完成对上期计划完成情况的数据汇总,充分满足不同领导层对各计划层次完成情况了解的需求。

(2) 项目关键的结构化数据的采集及分析工作,通过大量的配套报表及其他形式模板文件来极大地方便用户进行每周、每月及总体数据的采集及分析工作。

(3) 在即时、准确、全面掌握项目进展的情况下,项目控制人员定期通过检查施工实际进度情况来与项目计划目标进度执行情况时进行比较,若出现偏差,便可分析产生的原因和对工期的影响程度,找出必要的调整措施,及时完成赶工计划的编制工作,在保证项目质量和不增加施工实际成本的条件下,确保项目能完成既定节点目标,里程碑计划。

在工程项目计划和执行过程中,需要在不同管理层次对项目的实施进行计划和控制。由于项目管理"渐进明晰"的特点,在项目开始之初不可能把项目的详细计划全部编制完成,计划编制是一个自上而下逐层细化和随项目进程动态调整明晰的过程,这种过程就形成了各层次进度计划。

利用项目 WBS 的数据层次体现多级计划的思想,并实现各项目相关方(厅指挥、总指挥、分指挥部、分包商)进度控制和评价指标的统一。

本项目进度计划考虑分四级进行管理,如图 8-10 所示,多级计划的流程图如图 8-11 所示。

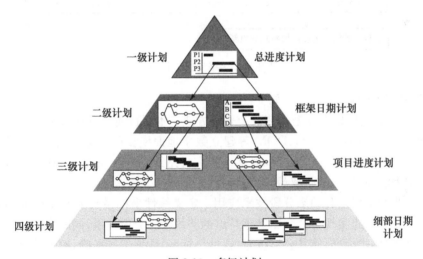

图 8-10　多级计划

(1) 一级进度计划——项目里程碑节点计划(进度计划纲要,厅指挥部层面);

(2) 二级进度计划——工程总体网络计划(总指挥部层面);

(3) 三级进度计划——施工承包商标段详细进度计划(分指挥部层面);

(4) 四级进度计划——承包商滚动计划(月、周计划)(分指挥部层面)。

3. 三维可视化形象进度管理

1) 关键技术及思路

为了实现建设目标,必须要解决以下几个问题:①原始地形地貌数据的获取及表现方式;②建设过程随实际工程进度自动生成公路及构造物三维模型;③点击工程对象直接获取进度计划、工程量、计量支付、质量检验相关数据;④现场实时视频监控和报表进度数据的符合性验证等技术难题。

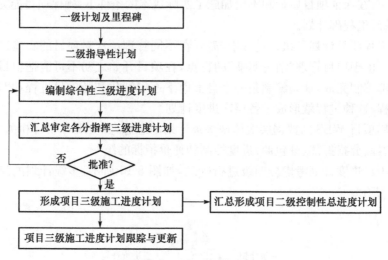

图 8-11　多级计划流程图

针对以上问题,解决方法如下:

(1) 原始地形地貌数据的获取及表现方式。本项目前期可通过激光雷达测绘技术得到全线地形的 DEM、DOM 等建立数字地面模型的数据,时间短,精度高,可用于在 3DGIS 平台直接展现,提供不同飞行路线、高度、角度观测的功能,提供高程、地表断面线、空间距离量算工具。

(2) 线性坐标系和动态分段技术应用。定义线性坐标系与大地坐标系的自动转换算法,并以此实现符合公路管理特点的路线动态分段技术,同时定义属性数据更新的数据格式标准,使其公路桩号(线性坐标系)数据保持准确,符合公路管理人员的基于桩号管理的操作习惯。系统提供通过公路管理数据库的路线及桩号信息自动绘制业务对象的功能,实现空间数据和属性数据的自动同步更新。同时,我们在 GIS 数据整理工具中也提供业务数据的 GIS 定位功能,可手工修正业务数据的 GIS 相关空间属性信息。基于线性坐标系实现对进度、质量等工程构造物的桩号定位。

(3) 建设过程路基模型的分段分层建立。根据工程计量的路基起讫桩号及填筑高程信息,结合设计资料的路基典型断面形式自动戴帽形成路基的分段、分层模型。

(4) 建设过程结构物模型的分期构建。根据结构物的构件分解,结合工程进度数据分期生成基础、下部结构、上部结构等实体模型。

(5) 图形对象和工程技术及管理数据的集成。公路、结构物等实体模型在

GIS 体系里提供了很全面的和属性数据库的管理技术和方法,这样用户直接点击图形对象即可获取全面的工程技术及管理数据,实现二三维一体化的工程可视化应用。

（6）重要工点、工序及预制场等部位实时视频监控。随着 3G 技术的发展及网络覆盖的快速扩展,以前工程施工现场因缺乏通信基础设施支持所受的限制已可得到突破,本项目推荐采用通过电信 EVDO 实现对重要工点、工序及预制场等部位的无线视频监控,并和三维可视化技术紧密集成,也可作为对报表数据真实、准确性的验证辅助手段。

2）三维可视化工程管理平台建设主要工作内容

（1）对工程建设的数据提出三维模型数据加工,使之保证各种比例尺数据无缝拼合、精度无损失、图层数据无缺失。

（2）公路建设专题图层数据主要包括：路线,路基、桥梁、涵洞等主要构造物图层,服务区、收费站等沿线设施图层,建立公路路网桩号系统与大地坐标系统的一一对应关系,误差控制在合理范围。

（3）确定"图形和属性基础数据库"的数据共享和数据调用接口方式,保证数据的安全使用和调用效率。

综上所述需要建设的功能模块内容如表 8-2 所示。

表 8-2　功能模块内容

主要功能模块	描述
数据加工处理	支持通用的空间数据格式转换;支持常用坐标系转换;支持比例尺转换;支持 GIS 空间数据的浏览、编辑、查询分析等功能; 公路路线 GIS 数据创建、编辑、导入功能; 图层设计包括:公路路网专题图层设计、公路路网技术等级专题图层设计、公路路网桥梁专题图层设计、公路路网隧道专题图层设计、公路路网渡口专题图层设计、公路路网收费站专题图层设计、公路路网服务站专题图层设计、公路路网监控点专题图层设计、公路路网规划专题图层设计等基础图层加工功能
三维可视化综合展现系统功能要求	包括:地图显示控制、地图信息搜索和定位、数据查询、三维模型显示、固定点视频监控设备信号接入、指挥车行车轨迹和视频信号接入、气象监测设备信号接入、应急路线智能选取、专题地图制作、数据统计、专题公路统计报表、系统维护等功能

3）三维可视化综合展现系统功能

（1）三维信息搜索和定位。用户可指定区划、路线,实现在三维场景中的定位;用户可对地名、路线等信息的模糊搜索定位;路线用户可指定里程段、指定桩号位置,实现在三维场景中定位;用户可指定桥梁、隧道及其他相关点位要素,实现在三维场景中定位。

（2）数据查询。通过指定条件对所有公路信息进行查询检索,三维场景自动定位到查询检索所在的位置,并将查询结果以列表方式显示出来。结果可支持

Excel 表格输出和联机打印。

（3）固定点视频监控设备信号接入。在三维场景中显示固定点视频监控设备的位置信息，并利用三维标签的形式展示监控设备的识别号、设备位置等信息，通过鼠标点击调取该摄像头的实时连续影像数据。

（4）无线移动视频信号接入。通过接收指挥车、监理车上安装的 GPS 定位设备传来的位置坐标信号，在三维场景中显示车辆的实时位置和运行轨迹。通过调用某一车辆上的无线视频设备，可以获得该摄像头的连续影像数据，从而使管理者可以方便地了解现场情况。

（5）建设数据统计可视化查询分析。指定常用指标统计内容，统计结果以表格和统计图方式展现，表格可以输出至 Excel，统计图可以另存为指定大小的图片文件，与此同时，三维场景自动定位到数据统计所在的位置。

4）应用效果介绍

在三维可视化平台中，根据实际情况要求，将在三维场景中显示传统矢量图层、卫片航片图层、平视（视频）图层、横断面信息等。并且根据实际业务需要，采用公路＋桩号的形式进行地点定位（通过公路线性坐标系与经纬度坐标系的转换完成）。以跨河桥梁施工过程为例，其应用效果如图 8-12～图 8-16 所示。

图 8-12　跨河桥梁建设前期

4. 统计管理

统计管理模块主要实现工程进度管理各类指标的汇总、分析，反映项目建设的健康状况和项目进度执行情况，方便用户查询、分析、判断，辅助高层决策。

进度计划统计分析一般包括时间统计、人力资源统计、机具统计三个维度，时间统计表现为项目时间进度的分析，人力资源和机具的统计分析确保项目进度计

图 8-13　桥墩效果图

图 8-14　架桥面效果图

图 8-15　桥面效果图

图 8-16　跨河桥梁完成效果图

划的合理性和可执行性。在项目的实施过程中,通过对当前项目的进度、资源使用、完成工程量、费用支出与原计划目标进行对比分析,来判断项目目前的执行状态,便于在发现偏差时能及时分析和解决问题。项目执行情况统计分析的主要方法有:临界值监控与问题分析;横道图比较分析;各类曲线、报表统计分析等。

　　质量状况统计分析是通过对检验批、分项工程、分部工程、单位工程的质量检验评定合格率的统计汇总,反映一次性检验合格率;对质量事故、质量通病的级别、发生频率统计,反映质量效果;对原材料检验不合格品率、混合料检验不合格品率的统计,反映质量过程控制的效果;质量培训、教育、技术交底、质量检查、质量整改等统计,可以反映质量措施在施工过程中的落实情况和效果。将上述统计与质量计划目标相比较,便于及时发现偏差,分析原因,采取措施,消除偏差。

　　除此之外,还有费用、安全、环保、采购等统计,系统可以根据用户需要统计的项目和要素灵活设置统计项和表现方式,方便用户统计和查询,辅助决策。

8.3　三维工程环境在智能交通中的应用

　　前述章节对三维工程环境对智能交通系统的理论与技术支撑进行了探讨,在现实应用中时空基准、时空模型相对时空动态分析较易实现,未来三维工程环境将与智能交通系统建设同步发展、日臻完善,前者将更加全面地渗透到后者的系统当中。在目前的实际工程应用中,因为高精度三维模型场景与真实环境的无限接近,可以作为对现实世界的还原,因此派生出了许多依赖真实交通环境的应用,如精确智能导航、交通标志视认性有效性评价、事故现场仿真等。

8.3.1 精确智能导航

1. 3D 地图特点

导航地图对导航精度起到了决定性作用。早期的 2D 地图,只能使用二维坐标,由于缺乏高度的测算,因此使用时常出现问题。比如,当车辆在桥上行驶,但桥下还有一条近路,只具有二维导航能力的 GPS 会错误诱导驾驶员"飞出"桥。这种令人啼笑皆非的错误判断在早期的 GPS 导航设备上屡见不鲜[13]。导航的 3D 化并不是一个最新概念,有一些号称是 3D 导航的地图,多半是对建筑物进行了 3D 化处理,而用户体验最直接的道路,特别是立交桥,却由于技术难度、部门分割和资金门槛一直处于 2D 的阶段,这成为大多数导航地图的瓶颈所在。激光雷达、多角度遥感成像、三维模型快速构建等技术使得快速地大面积获取道路基础设施 3D 信息成为可能,提供高精度的真 3D 地图供精确智能导航使用。3D 导航地图采用"立体道路"模式。在该模式下,当 GPS 能够收到四颗及以上卫星的信号时,它能计算出本地的三维坐标,经度、纬度、高度,地图界面内的街道、建筑、车辆全部是 3D 立体式设计,在驾驶的时候不用去理解地图,不用去考虑它的周围环境和道路起伏,因为车载 GPS 屏幕上都已经能够形象地显示出来了。

3D 数据在电子地图中的作用如下[14]:①立体,即在体现平面的长和宽的同时增加了高度的表达,在城市中凡是具有长宽高的物体,如标志性建筑、立交桥、各类市政设施、地形起伏等皆可采用 3D 形式表达;②仿真,只要有相关的参数,3D 技术在理论上可以复制一个和现实生活一模一样的虚拟环境,给我们的出行带来更直观的视觉体验,如通过地标性建筑物很快地确定自己的相对位置;③直观,现有的导航电子地图,一般通过不同颜色、线条粗细来区分道路的等级和上下层关系、不够直观,采用 3D 数据来表达道路错综复杂的关系以及建筑物的朝向、外观,就可以很直接地通过观察地图数据中的信息来进行参考定位和正确行驶。

2. 3D 地图在精确智能导航中的作用

3D 地图在目前国内导航产业的应用具体表现为三维路口放大图、三维建筑物、多图层信息叠加[14]。

1) 三维路口放大图

三维路口放大图顾名思义是为了帮助使用者在面对高速、高架、环路或城市快速道路的分歧处,以及城区复杂的交叉路口时,使用三维技术模拟现实中的道路、行驶方向箭头、路标、道路两旁建筑、车道线、物理隔离带、红绿灯等信息,以更清晰直观地指示行进方向。三维路口放大图根据作用不同分两种表现手法:①三维路口分歧模式图,将属于同一种类型的路口,利用三维技术统一表现包含进入和退出路段及转向箭头指示的内容,一类路口可以用同一张图片表达,重在表示走向关系;②三维实景路口放大图,现实生活中许多复杂路口用模式图很难清晰表达,需要依据实地拍摄的照片,利用三维仿真化逼真表现路口实际的景像,使用者行进至此这可以按照实际的方向继续顺畅地前进,如图 8-17 所示。

（a）三围路口分歧模式图　　　　　　　（b）三维实景路口放大图

图 8-17　三维路口放大图

2）三维建筑物

三维建筑物能够使客户在陌生或者复杂的环境中感觉身临其境,从而轻易地定位或者找到目的地。三维建筑物根据表达范围不同也可分为 3D LandMark 和 3D Build Model。现阶段国内导航产业主要应用的是 3D LandMark。3D Land-Mark 是指地标性的建筑物,所选取的都是大型的或者具有历史意义、消费者感兴趣的、为大众所熟知且容易辨认的重点建筑,如博物馆、电视塔、大厦或者其他重要建筑。

3）多图层信息叠加

"静态的道路基础设施数据＋动态的道路交通状况数据"是近几年地图服务领域发展的一个重要方向。动态的道路交通状况数据包括实时路况、交通管制、占道施工、交通突发事件等信息,这些信息以矢量图层方式叠加在 3D 地图之上,这就是三维工程环境发挥的"数据资源整合平台"功能。用户可以选择接收信息,原本静态的地图就增加了媒体发布功能。

更为重要的是,静态数据与动态数据的融合派生出了新的智能应用——智能动态导航。智能动态导航摒弃了原始的"最短几何路径"导航,采用参考路况信息估算行程时间后的"最短时间路径"导航,提示用户走不同的路线避开拥堵,导航更加智能。

3. 3D 导航数据未来发展的方向和趋势

现有的 3D 导航数据两大亮点一是基于 3D 模型的精确导航,二是基于信息整

合的智能导航。在可见的未来,3D 导航数据仍将沿着这两条主线发展,具体表现
如下:

　　1) 建筑物连线式、连片式

　　由于受硬件处理能力、储存空间以及国家政策等限制,现有的导航产品中
3D 数据的数量很少,且多呈散点状分布。随着硬件、软件、储存水平的提升,
3D 导航数据首先可以实现连线式,即将城市的某个重要路段两侧的所有建筑
物以 3D 形式连线表达;进而实现连片式,即由含有高度、建筑物底座、屋顶形
状信息构建的 3D Build Model,让人们体验真正的 3D 实景导航,如图 8-18
所示。

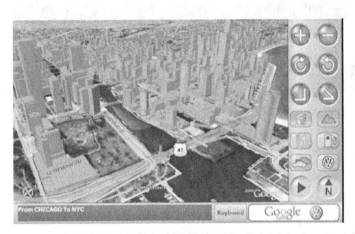

图 8-18　由二维底座构建的 3D Build Model

　　2) 道路实景动态化

　　现阶段消费者所接触到的 3D 数据最通常的是 3D 路口放大图,其优点是可以
对复杂的路口予以直观地表达,但是静态不动的图片形式仍然不能清晰直接地指
示使用者具体应该走的线路,甚至在个别地方由于模拟视角与实际视角的偏差,在
面对复杂路口时仍然有误判的概率存在。在连片式的 3D 建筑物实现后,各个路
口的形态已经基本显现,再使用 3D 技术对复杂的立交结构、市政设施、交通标示
等予以再现的话,则可以动态、实时地比对 3D 模拟与实际的吻合程度,帮助使用
者做出正确的判断。

　　3) 地形立体化

　　我们现在所接触到的导航电子数据除了路网、兴趣点是平面的以外,对于平
原、丘陵、山地、水系等也都是采用颜色区分的平面模式。未来技术人员可以将
DEM 数据导入生成 3D 地形数据,用实际的高差、贴图来区分不同地形的形态、纹
理和色彩,给使用者带来更加直观的导航体验,如图 8-19 所示。

图 8-19　带 DEM 地形数据三维导航效果

4）地图增加媒体发布功能

通过新增图层的功能,可将兴趣点在地图上呈现,加入地图的新闻系统。用户在地图中可以查看到基于位置的相关新闻信息、路线公示、微博内容、美食信息等。交通事故信息可以将现实中较大事故的相关信息即时在地图点中进行呈现。地图中可以展现用户的微博足迹的文字和图片信息[15]。

虽然 3D 数据在增强导航电子地图表达现实世界的能力方面起到了不可估量的作用,各地图厂商也都在积极地储备、宣传带有 3D 效果的产品,并积极寻求连片式 3D 数据的生产之路。但现阶段,3D 数据在导航产品中真正全面推广应用,还存在一系列的问题。如由海量数据对硬件环境要求的成倍增长引发的成本、资源、技术的投入问题;激光扫描的高精度成果数据目前还只应用在科研及少量的工程领域,国家也还未明确地界定何种精度的三维数据是可商用化的,等等。综合现在的市场接受程度及国家政策,在导航电子地图中实现连片式的 3D 数据效果,还需要一个较为长期的适应过程。

8.3.2　交通标志视认性及设置有效性模拟评价分析

该项工程应用是基于三维软件平台开发的"交通标志视认性及设置有效性三维虚拟评价平台",构建一套道路交通标志三维仿真评价和测试平台,用于道路交通标志系统的视认性和设置有效性综合评价。实现三维路网及场景快速建立、交通标志动态设计、车辆模型及观测控制、交通标志系统评价等功能。

1. 案例应用背景

道路交通标志是用图形、符号、文字向驾驶员及行人传递法定信息,用以管制、警告及引导交通的交通语言[16]。它向交通参与者传达道路相关信息,是其在道路上正确安全行驶的向导,在道路交通的安全、畅通、有序方面起到了积极的作用。道路交通标志的视认性是指在规定的时间内,道路标志能被道路利用者正确识别并被理解的能力。

巴林大学的研究人员运用问卷调查的方法对 28 个交通标志进行了视认性的评价。其研究结果表明,驾驶人对现存交通标志的识别具有严重的问题,驾驶人能正确识别的交通标志只占总标志的 50%～60%[17]。由此可见,交通标志引起的交通事故除了一部分是因为驾驶人责任心不强、操作失误而引起的外,其余更多事故是由于交通标志设计和设置的不合理而导致的驾驶人认知障碍、判断失误而引发的。因而交通标志的设计、设置不仅要考虑到道路交通的实际情况,更应该考虑驾驶人的心理因素,满足视认性要求,使驾驶人对交通标志的感知、反应、判断到信息处理这一视认过程得到有效提高。

从我国道路交通事故统计年报中也可得到类似结论:驾驶人直接违反交通标志标线的交通事故数在总交通事故中所占比例并不高,而在各种交通控制方式下的事故分布中,标志标线控制方式下的交通事故却超过了 50%,高于无任何控制方式下的事故发生率。

传统的道路交通标志视认性评测手段分为实车动态评测法及室内静态评测法[18],两者各有优缺点。新型的交通标志视认性评测系统,需要融合实车动态评测法及室内静态评测法各自的优点,既能涵盖各类动态道路环境,又能实时模拟车辆运行状态,这就是基于驾驶模拟器的交通标志视认性及设置有效性评价系统。

2. 案例应用内容

新型模拟驾驶仿真系统,是综合利用微电子、计算机、传感器、数据通信等技术开发的,能正确模拟汽车驾驶动作并获得实车驾驶感觉的仿真装置,常用于驾驶人驾驶技能培训及驾驶行为测试,包含驾驶模拟座舱、通信系统和控制中心三部分[19],如图 8-20 所示。驾驶模拟座舱内含驾驶场景系统、计算机实时成像系统、数据采集与处理模块和标志视认性评测模块、汽车仪表仿真系统等。

该系统利用三维虚拟现实仿真技术通过计算机实时成像系统生成各种高仿真驾驶模拟场景,如山区公路、高速公路、雨雾雪天等场景,如图 8-21 所示。在虚拟现实仿真环境的基础上,通过对由驾驶员和交通标志所构成的人机系统的研究,建立了评价公路交通标志人机效率的指标体系,开发交通标志人机效率评价子系统和基于虚拟现实技术的交通标志设计及仿真评价子系统,搭建一套道路交通标志三维互动虚拟仿真和评价平台。

图 8-20　新型模拟驾驶仿真系统

图 8-21　雨天场景模拟

依托该平台的两套子系统,将实际道路交通标志的设置情况设计到驾驶虚拟场景中(或将各类驾驶虚拟场景及各类道路交通标志予以随机组合),测试一组或若干组驾驶人驾驶状况,将采集的相关指标数据输送到内嵌的交通标志视认性评测模块中,生成交通标志视认性结果,满足实际路况下驾驶和车辆运动状态下行驶的双重要求。

通过该评测系统,完成了以下应用:①从认知心理学、生理学及人机工效学的角度系统总结交通标志的认知规律;对交通标志汉字笔画结构进行的试验研究,确定了适宜的笔画字高比,研制了公路交通标志专用字库。②对影响交通标志视认性的雨雪雾等环境条件进行试验研究,建立现行道路条件下交通标志的视认模型和信息量模型,提出路网条件下指路标志系统信息分级及信息发布原则。③对指路标志的方向系统进行系统研究并建立其文字大小、颜色、图案等技术参数。④对新型主动发光标志、视错觉标线、振动标线等安全设施进行理论和试验研究,确立并完善其技术指标体系。

3. 案例应用效益

应用效益主要包括以下三点:①为产品标准的制定提供了试验数据,对于节约建设成本,提高安全设施自身的结构安全性具有指导意义;②对交通安全的贡献,按照示范工程效果和国际研究机构研究报告推算,由于交通标志标线的警告效果,在危险路段可降低交通事故 40%;③交通标志标线视认性和有效性的提高减少了误驶率,节约了行驶时间,按照示范工程效果推算,对于不熟悉道路的驾驶人员可节省 12% 的行驶时间。

"交通标志视认性及设置有效性三维虚拟评价平台"的开发将更好地发挥交通标志咨询服务,解决由于标志设置不当而造成道路使用者迷失方向和影响行进信心,由此产生误驶、延误,甚至导致交通事故等不良问题提供一个有效的信息化与三维可视化评价平台。

4. 道路交通事故现场仿真测试

据世界卫生组织统计,世界每年因为交通事故造成的死亡人数达 120 万,受伤人数达 5000 万,并且对人员造成的伤害将是永久性的伤害。我国的道路交通安全形势非常严峻,统计数据表明,每 5 分钟就有一人丧身车轮,每 1 分钟就会有一人因为交通事故而伤残。每年因交通事故所造成的经济损失达数百亿元。可见交通事故已经成为一个严重的社会问题,它不仅给国家和民众造成严重的经济损失,而且也给很多家庭带来了痛苦和不幸,影响了社会的安定,而且破坏了正常的交通秩序,阻碍了交通运输,影响了国民经济的发展[20]。

事故发生后如何客观、科学地分析,找出事故的真正原因,是目前交通管理部门要解决的主要问题。由于交通事故发生过程在瞬间完成,许多细节无从知道,极易造成错觉,并且与事故发生息息相关的路面状况、车辆系统、人为因素千差万别,错综复杂,因此道路安全问题超过了一般人仅凭意识就可以理解的程度,事故处理不能凭主观臆断。公平、公正、严密地查明交通事故真相,分析事故原因,认定事故责任,在交通事故处理中显得尤为重要。事故分析的过程主要是根据事故现场的采集、记录、调查与分析,将事故涉案车辆由碰撞后的终止位置反推回碰撞过程,再反推回碰撞前的运行状态,来分析事故原因,然后根据有关法律规定进行责任认定。目前,我国在事故分析及责任认定上仍处于人工的分析判断阶段,这种方式显然含有极大的人为因素,近年来发展起来的事故重建及辅助分析技术,为事故分析提供了科学的手段。

使用计算机重现仿真交通事故现场技术对交通事故进行现场重现,并对过程进行模拟分析、仿真测试。根据事故现场的采集、记录、调查与分析,将事故涉案车辆由碰撞后的终止位置反推回碰撞过程,再反推回碰撞前的运行状态,来分析事故原因,然后根据有关法律规定进行责任认定。

现场还原过程中道路情况至关重要,包括道路的线性几何参数、现场路面摩擦性能以及道路周边环境,都是事故现场场景重建过程中的重要组成部分。借助三维道路平台,可以快速、精确地构建该场景,为事故现场还原仿真提供逼真的环境。再配合事故重建所需的交通事故现场特征,如碰撞后车辆位移、损坏程度、拖痕长度、路面情况等(图 8-22),运用力学动量守恒与能量守恒的基本理论,对事故发生过程进行推理与验证。动量守恒理论以碰撞前的动量与碰撞后的动量总和相等为依据,根据车辆行驶方向与碰撞后的相关位置,来判断事故前、后的车速变化及碰撞角度并完成参数检测。能量守恒则以事故发生后车辆位移、损坏程度、碰撞角度等因素为依据,运用碰撞力学理论,来研究动能与位能的变化,从而推导出碰撞前、后车速和碰撞角度。重建工作就是将实际案例资料或实验资料,通过统计回归分析预测、事故现场模拟及碰撞轨迹分析等方法，来研究事故发生前、后车辆速度运行轨迹，最后将运算的结果或模拟的运行以屏幕显示或打印的形式输出，具体说明事故发生过程。

图 8-22　事故现场重建与现场特征提取

参 考 文 献

[1]　廖明军,王凯英,王杨.公路路线三维可视化设计研究进展.森林工程,2004(6):53-55.

[2]　符锌砂.公路实时三维可视化系统构架.中国公路学报,2007,20(6):31-33.

[3]　CARD/1.百度百科.http://baike.baidu.com/view/2886175.htm.2012-08-31.

[4]　王晓东.公路涵洞参数化设计绘图系统开发研究.南京:东南大学.2006.

[5]　王彦军.路线三维可视化设计理论与方法研究.广州:华南理工大学.2005.

[6]　纬地道路辅助设计系统教程.http://www.docin.com/p-219914913.html.

[7]　EICAD集成交互式道路与立交设计软件.http://wenku.baidu.com/view/5fdd2ac09ec3d5bbfd0a74da.html.

[8]　张军海,李仁杰,傅学庆.地理信息系统原理与实践.北京:科学出版社,2009.

[9]　邬伦,刘瑜,张晶.地理信息系统——原理、方法和应用.北京:科学出版社,2004.

[10]　胡志贵.真实三维环境重建及其在可视化规划设计与信息管理中的应用.铁道勘察,2004(1):32-33.

[11]　黄恩才,赵彤,于敬海,等.地理信息系统在土木工程中的应用.天津理工学院学报,2003(3):96-99.

[12]　田希雅.铁路建设工程项目管理基础数据平台研究.北京:北京交通大学.2007.

[13]　佚名.GPS入门——3D导航地图.大众硬件.2008(4):96.

[14]　刘艳琴.浅谈3D数据在导航电子地图中的运用.数字技术与应用,2011(8):178-179.

[15]　中华人民共和国交通部,公安部.GB5768-1999.道路交通标志和标线.北京:中国质检出版社,1999.

[16]　Hashim A,Abdul-Rahman. Assessment of drivers' comprehension of traffic signs based on their traffic,personal and social characteristics. Transportation Research,2002,F(5):

361-374.

[17]　初秀民,严新平,章先阵,等.道路交通标志标线视认性虚拟测试系统设计.武汉理工大学
　　　学报,2005,27(4):135-138.

[18]　金会庆.道路交通事故防治工程.北京:人民交通出版社,2005.

[19]　隽志才,曹鹏,吴文静.基于认知心理学的驾驶员交通标志视认性理论分析.中国安全科
　　　学学报.2005,15(8):8-10.

[20]　吕涛.道路交通事故三维再现系统的设计与开发.成都:四川师范大学.2009.

第 9 章 总结及展望

9.1 三维工程环境应用的优势

三维工程环境应用具有以下优势：

1. 工程环境构建模式不同

工程建设与工程建设环境紧密相连，目前工程建设环境是二维的，过于抽象，且数据获取手段单一、数据精度差、效率低、劳动量大、破坏环境，采用本项目中提出的高精度真三维工程环境，针对精度高、数据量大的特点，紧密结合公路设计行业的需求，充分挖掘基础数据的价值，实现了海量、多源、异构数据的融合；通过分布式数据库技术、海量数据管理技术实现了海量、多源、异构数据的组织、管理和调度，构建高精度真三维工程环境平台，引领了工程设计和管理从二维向三维的转变。

2. 三维工程环境基础数据获取方式不同

国内外现阶段大多采用单一化的数据获取手段，精度及数据应用都有较大局限性。本书提出采用机载、车载、地面三维机载扫描数据集成技术，将这三种技术加以综合和灵活应用，并从数据挖掘的角度达到多源扫描技术的集成，更好地应用于公路勘察设计的各个阶段。

3. 高程基准建立方式不同

目前国内外高程坐标转换方式是通过采用水准测量获取地面控制点的高程，再根据地面控制点的 WGS-84 坐标，计算出转换参数对激光点高程进行转换，但复杂地形水准测量施测困难，严重制约着地面点的高程测量。利用高精度真三维工程环境实现了 GPS 精密测高技术与激光扫描技术的集成，极大地提高了激光点的高程精度，解决了复杂区域、长距离、带状工程建设中无控制、测量难等问题。

4. 设计模式不同

传统道路设计方法沿用平、纵、横二维表达方式，抽象、难以理解，同时缺乏与三维工程环境的有效衔接。本书利用高精度点云、影像和各种专题数据构建高精度真三维工程场景,实现了高精度真三维工程环境中的道路智能设计,将道路设计过程和结果从二维图纸空间跃升入三维立体空间,使设计人员可以在计算机上看到与真实现场一样的细节景观,使道路设计能够充分考虑环境的融合与协调,推动了设计方法和设计模式的革命性改变。

5. 工程模型构建方式不同

传统工程模型构建通常采用动画制作和静态三维渲染模式,建模烦琐,费时费力,动态调整难。本书提出了一种实时动态参数化自动模型构建方法,利用设计数据能够快速构建与高精度三维工程环境无缝接合的道路真三维模型,能够进行准确、直观、快速的设计方案比选和展示,在高精度三维工程环境中实现了对设计成果的精细检验,为工程后期建设、管理、养护、安全运营等奠定了真三维的数字化平台基础。

9.2 三维工程环境的应用方向

随着工程建设的发展,工程建设逐渐延伸至西部复杂地区,其技术实现越来越难。本书提出了三维工程环境构建新理论,解决了二维难以全面精确表达等问题,在国内外率先设计开发了真三维工程环境平台,引领了工程设计从二维向三维的转变。未来三维工程环境的主要应用方向如下:

1. 道路交通管理

受制于体制机制原因,以往的道路交通管理条块分割、各自为政,表现在数据管理上存在如下缺陷:①与道路交通管理有关的数据零散破碎;②行业链条上规划、设计、施工、养护、路政、运营各环节数据无法继承使用,数据冗余与数据匮乏同时存在;③数字政务实施过程中各部门分别独立建设自己的数据采集管理系统,工程量庞大重复建设浪费严重;④数据存储没有统一标准,不便于更新、统计、分析,信息利用率较低。在目前的行政体制下,通过技术手段实现数据继承与数据共享是促成各部门协同合作提高综合管理水平的最佳方式。

三维工程环境在构建构成中定义了统一的时空基准及时空模型,因此可以对各种数据资源进行整合。与交通有关的数据都可以按地理属性关系存储在三维道路管理平台中,这样各类数据不仅便于可视化显示,同时更加方便查询、统计与分析数据以提供辅助决策,可使道路交通管理更加精细化、科学化与智能化。

依托于三维工程环境搭建的静态数据平台,采用 RS 应用于交通数据的采集和更新,通过对高分辨率、大比例尺影像的特征提取、变化检测、目标识别以及与多源数据融合实现来获取现势性强的地理数据,并以此作为路网等基础地理信息的更新依据；借助在三维工程环境中进行 GIS 建模，配合通信和网络技术，实现车辆和路网的动态监测，以及应急事件的快速响应和处理；依托路网信息，配合历史和实时的动态交通信息进行长、短期交通流量预测；基于路网、车辆、环境和出行者行为等因素来探索交通需求的生成机理，研究路网拥堵形成原因和传播特性，完善应急条件下的人员疏散和交通疏散理论；应用 GPS、摄影测量和遥感技术进行交通设施的病害监测，实现对桥梁、路基等交通设施的变化检测，以及对路面病害的检测和识别，通过 GIS 将病害与路网信息关联，做到实时监测、及时维修，保障交通基础设施的安全，确保交通系统的正常运转。

2. 智能导航

从公安部调查的数据中获悉，截止到 2011 年，全国机动车总保有量达 2.25 亿辆。其中，汽车 9846 万辆、摩托车 1.02 亿辆。伴随着机动车保有量的增长，导航仪市场也迅速发展，2008 年国内导航仪市场规模约 80 亿元，2010 年则达到了 134.1 亿，复合增长率达到 35%，是国内汽车电子市场发展最迅猛的行业。但是与发达国家相比仍很低，2009 年美国 GPS 普及率为 65%、欧盟为 73%、而国内普及率仅约为 15%。中国的导航产业正从发育期向高速成长期发展，特别是基于实时交通信息的智能导航系统是未来人们所希望的，具有极大的应用价值和市场前景。

依托于高精度的三维导航地图，车载终端通过接收卫星的定位数据，计算出车辆的当前姿态（位置、速度和状态等信息），借助 GIS 的图形界面能方便地显示 GPS 接收机所在位置并实时显示其运动目标的轨迹，利用无线通信技术接收实时交通信息，进而通过路线图或语音的方式来引导用户行驶，设定个性化的行车路线或路径规划方案，满足个性化导航需求。此外，高精度 GPS 技术的使用在很大程度上提高了车辆的定位精度；浮动车技术和高分辨率影像的应用能提高交通信息的现势性；而不少学者从用户认知、界面负载、数据传输等方面研究移动终端的可视化策略可以满足用户自适应需求。

3. 物流管理

应用 3S 技术的物流管理模式是集地图显示、车辆定位与监控、通信传输为一体，实现以货物流为基础，信息流与货物流相互印证，对运输工具、监管区域和监管货物实行全方位、全过程有效监控和高效配送的新一代物流作业管理体系。它依托于 GIS 强大的空间分析、建模，以及便捷的查询、匹配功能，同时借助无线通信线路及 GPS 实时定位和网络 GIS 的发布功能，及时掌握物流现状。通常配备 3S 集成系统的物流监控中心不仅提供实时监控、行车记录回放、信息管理等基本功能，而且还提供了相关的数据库查询管理、客户在线查询等功能，更主要的是能实现物流选址、配送路线选择、成本估算等功能，从而实现库存管理、运输配送的效率最优化和利润的最大化。3S 技术在物流上的应用提高了车辆、货物和驾驶员安全系数,并在很大程度上提高了监管部门的管理、监督和服务能力。

4. 交通信息服务

通过车载终端和无线网络的配合,实时获取车辆的绝对或相对位置信息,从而根据用户需求为其提供与位置相关的交通信息服务或实现决策支持。交通信息服务不仅为具备车载终端用户提供了一种方便、快捷、实用的增值服务,而且随着商业网点信息、路况信息、天气信息等多种与空间信息的融合将为所有出行用户提供功能更加强大、全面、人性化的信息服务。

5. 道路交通安全

将高精度的真实场景三维地图装载于车辆终端,借助多传感器、智能识别、智能控制等技术,根据车身安装的传感设备、雷达、红外、摄像机等设施,通过终端系统中的三维地图和数据库,实现道路障碍的自动识别、紧急情况自动报警、道路转弯处自动转向、安全车距提示、超速提醒等多种功能的辅助驾驶。同时,可以实时接收来自道路管理部门的各种指导信息(如气象、监管等),从而保证实现安全驾驶。另外,三维工程环境为通信系统与监管、交警、消防、养护、管理、救援等连成有机的整体提供了一个集成平台,可方便地为道路管理者提供现场紧急处理、事故信息发布以及道路养护管理等服务。

9.3　未来发展趋势

任何领域的发展都离不开需求的牵引与技术的推动,"安全、畅通、舒适"是交通发展的不懈追求,近年来对运行效率以及生态环境的重视也逐步成为交通发展的新理念,这些目标必将引领三维工程环境的发展方向。近十年信息与通信技术领域云计算、物联网、3S 集成、3G、WiFi 的出现与发展,为三维工程环境构建及应用不断向前发展提供了有力的技术支撑与保障。

9.3.1　需求牵引导向的发展方向

1. 道路安全领域

提升安全水平与运行效率始终是交通运输发展的两大核心主题。安全水平的提升经历着从被动向主动、从"人、车、路"独立发展向人车路协同推进的演变,车路协同主动安全按照"以人为本,车路协作,预防为主"的指导思想,采用先进的信息、通信以及系统集成等技术,以车载系统与道路基础设施的协同工作作为出发点,实现车路协同的主动性、预防性安全，这一方向应用将引领未来智能交通系统的发展。从国内外车路协同系统发展的历程和现状来看，尽管各国对车路协同称谓不一，内容也不尽相同，但都是以道路和车辆为基础，以传感技术、信息处理与通信技术为核心，以出行安全和行车效率为目的，并将道路交通基础设施的智能化及其与车载终端一体化系统的协调合作作为研发方向和突破重点。

以美国、欧盟和日本为代表的国家和地区对车路协同系统的应用场景的定义基本一致。主要包括：①盲点警告。当驾驶员试图换道但盲点处有车辆时，盲点系统会给予驾驶员警告。②前撞预警。当前面车辆停车或者行驶缓慢而本车没有采取制动措施时，给予驾驶员警告。③电子紧急制动灯。当前方车辆由于某种原因紧急制动，而后方车辆因没有察觉而无采取制动措施时会给予驾驶员警告。④交叉口辅助驾驶。当车辆进入交叉口处于危险状态时给予驾驶员以警告，如障碍物挡住驾驶员视线而无法看到对向车流。⑤禁行预警。在可通行区域，试图换道但对向车道有车辆行驶时给予驾驶员警告。⑥违反信号或停车标志警告。车辆处于即将闯红灯或停车线危险状态时，驾驶员会收到车载设备发来的视觉、触觉或者声音警告。⑦弯道车速预警。当车辆速度比弯道预设车速高时，系统会提示驾驶员减速或者采取避险措施。其中，2009 年美国运输部启动的智能驾驶（intellidrive）与欧洲的 SAFESPOT 研究计划研究表明，车路协同系统（V2I）最适宜解决急转弯路段车辆偏离车道和路口会车两种交通风险。通过路侧设备采集路面状况、路口会车等运动信息，再通过嵌入式视频处理模块快速识别与定位突发事件，实时得出决策结果并通过路侧专用短程通信网络 DSRC 警示附近车辆急转弯处逆向快速行驶车辆、路口横向闯红灯车辆等危险信息。一旦有车祸发生，系统将该信息传递至危险发生处一定距离的缓冲区内，所有短程通信设备向附近车辆发送警示信息并要求车辆相应减速或变更车道，有效避免类似连环撞车的重特大交通事故发生；同时，路侧决策设备还会将风险信息发送至控制中心请求进一步调度处理。

进一步完善车路协同系统通信协议标准化，在相关技术的探讨、实验之后，大规模推广和应用车路协同技术，将是未来的发展方向。

2. 道路畅通领域

当道路基础设施形成一定规模、机动车保有量达到一定数量时，提高道路交通运行效率与质量就成为一个亟待解决的问题。随着城市化与工业化进程的加快，受益于国家优先发展交通运输的产业政策，近些年我国通车里程与机动车保有量不断增加，随之而来的道路车辆拥挤、环境污染加重等新问题日益突出。传统的修建道路方式受土地及资金限制无法进一步提高路网通行能力。因此，依照交通的系统属性，从系统的观点出发，将车辆和道路综合考虑，运用各种高新技术系统地解决道路拥堵、污染加重、出行不便、物流效率低下等问题是智能交通系统着力解决的问题。

面对城市道路拥堵问题,交通管理科技都会经历三个阶段:①交通系统管理阶段,这一阶段主要是通过干道拓宽和打通断头路等方式新建道路、完善路网,同时通过交通组织、交通渠化、交通设计等方式充分挖掘道路网潜力;②交通需求管理阶段,通过摇号、拍卖、收取中心城区拥堵费、重点区域尾号限行、错时上下班、差别化停车费、货车禁行等方式控制需求增长降低交通总量,同时优先发展公交与公共自行车系统积极引导转换出行方式;③智能交通管理阶段,通过实时采集动态交通流量数据、模型计算预测未来交通状态、智能生成交通诱导方案达到最大限度发挥路网效能的目的。

连接城市间的公路网有其自身的特点及问题,如:单条公路的替代性公路少、封闭性强,一旦发生拥堵短时间内较难恢复畅通;公路跨度大气象环境复杂多变,大雾及沙尘天气最易诱发交通事故导致交通瘫痪;收费环节不可避免地降低了公路运行效率;客运与货运混行,客运极易受货运影响;定挂运输、返程空载导致物流运输效率低下。因此,构建交通基础设施状态感知和动态监管体系、营运车辆实时状态感知网络、推进不停车收费 ETC 功能和规模应用、发展基于无线通信的交通走廊交通状态信息推送服务成为未来智能交通在公路交通行业落地的几大发展方向。

建立公路交通基础设施、运载工具和交通运行环境的三大感知网络,实现对国家高速公路网和重要国省干线公路的可视、可测和可控,动态掌握路网的运行状态,对特大桥梁、隧道、枢纽、重点路段等关键设施实施状态感知、实时监管,为公路网的协调运行提供有效手段,在遇有灾害和突发事件时,能够对路网实现动态调度管理和应急处置。

构建营运车辆实时状态感知网络,包括实现对集装箱运输供应链和甩挂运输的智能化、可视化监管和信息服务;实现对危险品运输车辆、农副产品运输车辆、长途客运车辆的全过程安全监管;实现面向运输企业和公众的运输信息服务;实现多部门协调联动遏制超载超限运输。

电子不停车收费(ETC)应用功能和规模拓展,包括基于 ETC 的交通数据采集和信息服务、开展 ETC 功能扩展研发与示范应用、发展 DSRC 交互平台并引入新一代移动通信技术、探索城市道路与公路收费的技术一致性;扩大 ETC 的应用规模和范围,包括实施跨省区域乃至全国 ETC 联网、搭建统一的全国跨省市联网电子收费结算体系等。

发展基于无线通信的交通走廊交通状态信息推送服务,开发用于信息服务的多元化车路通信设备,如专用短程通信、无线电数据广播通信、车辆自组织网络通信;开发基于实时路况信息的动态路径导航服务;基于车路信息交互的多元化个性化定制信息服务。

9.3.2　技术推动的发展方向

三维工程环境构建信息处理的工作流程与通用信息领域的工作流程是一致的,即"数据采集-数据处理-数据应用",三阶段对应的产出是"数据-信息-知识"。物联网、云计算、3S 技术、3G、DSRC 这些技术的飞速发展及概念的出现,将助推这一领域的快速发展。

物联网是通过各种信息传感设备,如传感器、射频识别(RFID)技术、全球定位系统、红外感应器、激光扫描器、气体感应器等各种装置与技术,实时采集任何需要监控、连接、互动的物体或过程,采集其声、光、热、电、力学、化学、生物、位置等各种需要的信息,与因特网结合形成的一个巨大网络。其目的是实现物与物、物与人,所有的物品与网络的连接,方便识别、管理和控制。物联网在体系结构上可分为感知、网络和应用三个层次。感知层完成实体的信息获取,即通过各种传感设备采集实体信息;网络层完成信息的传递、融合和处理,将采集到的数据通过通信网络传输到因特网;应用层指的是与行业需求相结合,实现广泛的智能化。近些年,随着物联网技术与因特网技术的发展,交通运输领域的情况出现了新的变化。在公众出行需求不断扩大、交通运输工具数量不断增长的背景下,现有交通基础设施的潜力以及效力都没有能够充分地发挥出来。在交通运输领域,利用"物物感知"的物联网技术,交通运输的管理将在现有基础上更加智能,交通运输的问题处理将更加迅捷。

云计算(cloud computing)概念的直接起源是 Amazon EC2(elastic compute cloud 的缩写)产品和 Google 分布式计算项目,云计算是分布式处理(distributed computing)、并行处理(parallel computing)和网格计算(grid computing)的发展,云计算是通过网络将庞大的计算处理程序自动分拆成无数个较小的子程序,再交由多台服务器所组成的庞大系统,经计算分析之后将处理结果回传给用户。通过云计算技术,网络服务提供者可以在数秒之内,处理数以千万计甚至亿计的信息,达到和"超级计算机"同样强大的网络服务。

交通数据有以下特点:①数据量大;②应用负载波动大;③信息实时处理要求性高;④数据共享需求;⑤高可用性、高稳定性要求。如果交通数据系统采用烟筒式系统建设方式,将产生建设成本较高、建设周期比较长、IT 管理效率较低、管理员工作量繁重等问题。随着 ITS 应用的发展,服务器规模日益庞大,将带来高能耗、数据中心空间紧张;服务器利用率低或者利用率不均衡,造成资源浪费;IT 基础架构对业务需求反应不够灵敏,不能有效地调配系统资源适应业务需求等问题。云计算通过虚拟化等技术,整合服务器、存储、网络等硬件资源,优化系统资源配置比例,实现应用的灵活性,同时提升资源利用率,降低总能耗,降低运维成本。因此,在智能交通系统中引入云计算有助于系统的实施。

是导航定位、摄影测量与遥感和地理信息系统的统称,是空间技术、传和计算机技术、通信技术相结合,多学科高度集成的对空间信息进行采、管理、分析、表达、传播和应用的现代信息技术。它是地球科学的一个前,是地球信息科学的重要组成部分,是数字地球的基础。美国劳工部在年初已经将地球空间信息和纳米、生物等技术一起列为正在发展中和最具前三大高新技术。

3S 技术为 ITS 信息采集、数据库建设提供了关键技术。借助 3S 技术在处理分析基础地理数据、路网数据等空间数据的优势,合理地组织、管理和发布交通信息将有助于提高交通系统的运行效率,降低交通事故的发生率。通过交通信息的分析和对交通数据的挖掘,掌握人们在不同时段、区域的出行规律,为交通管理部门进行交通规划、交通诱导、车流量预测提供支持,为缓解交通拥堵提供理论依据。3S 技术在交通领域经过多年的应用与发展,正在建立适合交通系统的时空基准、时空数据模型和时空数据分析等理论基础,开创了以信息源采集、信息融合处理、交通数据挖掘、交通信息传输表达为代表的技术方法,应用于交通管理、物流管理、智能导航、交通信息位置服务和交通安全等领域。

以 3S 为代表的空间信息技术、云计算技术以及物联网概念将为三维工程环境的发展提供技术保障,为实现跨区域、大规模的三维智能交通集成应用、协同运行,建立一个高效、便捷、安全、环保和舒适的综合交通运输体系。

9.4 应 用 展 望

三维工程环境是二维电子地图、三维虚拟模型的延续,又是二者的突破,其资源整合与精确模型两大优势将 3S 技术集成提升到了一个新的高度。3S 技术在我国国民经济建设中的地位日趋重要,已经成为国家中长期科技发展计划的重要内容,将为我国综合国力的提高、信息化社会的建设、高新技术产业的发展、和谐社会的构建起到巨大的推动作用。

1. 加强道路交通安全,减少能源消耗,构建节约型和谐社会

随着经济的快速发展,工业化与城镇化进程加快,我国道路交通迎来了快速发展期。看出我国交通事业的飞速发展,同时也提出了难题:①管理好数目如此庞大的车辆,使之能够高效、顺畅地运转,需要投入大量的人力、物力,但就我国目前的情况来看,车辆与道路的信息化管理还很落后,智能交通系统只在个别地区开展试验性研究,要在全国范围内达到车辆与道路的信息化管理还有很多工作要做;②随着车辆数目增多,交通拥堵日益严重,能源需求与消耗量增加,与我国构建节约型社会轨道相偏离。因此,交通信息化对改善我国目前以及未来的交通系统运行状

况、提高资源利用率、降低能源消耗、减少环境污
都将起到举足轻重的作用。

2. 完善道路交通系统信息化、智能化，实现交通现代

交通运输行业一直是维系整个社会资源供求环节的重要组成部分，其发展中的行业地位与日俱增，特别是在我国加入 WTO 后，随着我国经济发展，我国交通运输将面临前所未有的机遇和挑战，提高出行效率、减少能源消耗，降低交通事故率也成为现代化交通面临的主要问题，而这些正是信息化交通、智能化交通的发展方向。支撑三维工程环境建设的 3S 技术以其特有的空间数据处理和空间分析能力，通过对各种交通数据的获取、存储、管理和分析，借助于计算机技术、通信技术的集成，开展交通应用，为现代交通朝信息化、智能化方向发展提供了技术保障，也将成为实现交通现代化跨越式发展的直接动力。

3. 优化道路交通基础设施，加快产业发展，促进交通经济快速增长

我国交通运输领域中，三维工程环境应用尚处于起步阶段，但是支撑三维工程环境的 3S 技术已经开始得到重视和发展，并步入推广、运用阶段。有些城市的出租车服务、物流配送等行业已经开始利用交通地理信息系统技术对车辆进行监控跟踪、调度管理，合理分布车辆，以最快的速度响应用户的乘车请求，降低能源消耗，节省运行成本。车辆导航产品已经成为人们的一种日常电子产品，并得到越来越多用户的青睐。以 3S 技术为基础的交通地理信息产业正在形成，并将成为地理信息产业重要组成部分和新的增长点，同时也将进一步完善交通产业链，从而促进交通经济快速、稳步增长。

3S 技术在各个领域的成功应用，为空间信息科学带来的前所未有的发展空间。作为维系国运、民生的交通事业，也应抓住空间信息科学发展的机遇，努力寻找结合的突破口，不断完善自身理论体系和关键技术，迎接智能化、信息化所赋予的挑战。三维工程环境与交通的集成应用将开创新地球空间信息技术发展新的业绩，为国家的经济建设、公众服务以及和谐社会的可持续发展提供新的技术途径。